分析・解析の超プログラミング

Python科学技術研究所

JN201264

平林純

■免責

本書に記載された内容は、情報の提供だけを目的としています。したがって、本書を用いた運用は、必ずお客様自身の責任と判断によって行ってください。これらの情報の運用の結果について、技術評論社および著者はいかなる責任も負いません。

本書記載の情報は、2024年12月現在のものを掲載していますので、ご利用時には、変更されている場合もあります。

また、ソフトウェアに関する記述は、特に断わりのないかぎり、2024年12月現在でのバージョンをもとにしています。ソフトウェアはバージョンアップされる場合があり、本書での説明とは機能内容や画面図などが異なってしまうこともあり得ます。本書ご購入の前に、必ずバージョン番号をご確認ください。

以上の注意事項をご承諾いただいたうえで、本書をご利用願います。これらの注意事項をお読みいただかずに、お問い合わせいただいても、技術評論社および著者は対処しかねます。あらかじめ、ご承知おきください。

■商標、登録商標について

・本書に登場する製品名などは、一般に各社の登録商標または商標です。なお、本文中に™、®などのマークは特に記載しておりません。

はじめに

本書を手にしたあなたは、すでに魔法使いです。Pythonという現代の魔法を武器に、目に見えない世界を見通して、古今東西の知識を手に入れて、不可能に思える難問を解き明かし、世界を自由に操ることができる存在です。この本は、数十種の魔術を簡単に使うことができるようにする、“なんでもできる”魔法のレシピが詰まった書物です。

最初のページを開いてみれば、人の心拍や感情を映像解析で可視化する魔術が手に入り、芸能人や政治家が話す言葉の真偽を簡単に見通す読心術が使えるようになります。また違うページを開いてみると、地理空間情報や天体情報を扱う魔術が使えるようになります。そして、明治・江戸時代や平安時代の景色を眺めたり、さらにはアフリカ大陸で生まれた人類が地球上に広がっていく最終氷期にタイムトラベルしたり、その逆に未来の世界を眺めに行ってみたり。

時には、グリコ森永事件やゾディアック事件といった、国内・海外の未解決犯罪を相手に犯人の行動や居場所を解き明かす、「魔法使い」と呼ばれる探偵にも変身します。そして、マリー・アントワネットが恋人フェルゼンに送った暗号に込められた言葉を解き明かして涙する。

本書は、プログラミング初心者から最先端の実践的な技術を追い求めるエンジニアまで、好奇心旺盛な小中高生から知識あふれるシニア世代まで、すべての方々に役立つ内容が詰まっています。高価なPC環境も特に必要ありません。本書を開き、興味を惹く場所を読み始めたら、あなたの中にある辞書から「不可能」という言葉がいつの間にか消え失せて、新たな冒険への招待状を手にしてる……。

この本を手にした今この瞬間、時間と空間、科学と芸術、すべての世界を自由に行き来する、目に見えない未知の世界を旅する魔法使いの旅が始まります。魔法の力があなたを連れて行く先は、昨日までとは違う、新たな発見に満ちた豊かな世界です。

2025年　早春　平林純

本書の読み方・
プログラミング環境の構築方法

本書の読み方

本書には30話ほどの題材が並んでいます。どの話題でも、明日誰かに話したくなるような面白い話を楽しみながら、科学やさまざまな知識を使い、そしてPythonプログラミングを活用して、話題にまつわる謎や課題を解決していきます。それらの題材は、芸能人の会見から歴史の謎や未解決事件の犯人捜し、あるいは名画の裏側や画家の目を再現したり、時には、機械学習で若人が作るロック音楽を未来に聴きにいったり、AR(拡張現実)で現実世界をゲーム世界に変えてみたり……ジャンルは多岐にわたります。

どの話から読み始めてもかまいません。ページをめくり、興味を惹かれた話題から眺めていくのが、本書の楽しみ方です。そして、すべての話題について、ただ読んで楽しむだけでなく、読者の皆さんが、Pythonを使ったプログラミングやデータ処理、あるいは科学的な分析を自分でも試して追体験したり応用したりすることができます。そのために必要なPythonコードは、Jupyter Notebookとして下記のサポートサイトからダウンロードして、すぐに使えます。

○本書サポートサイト

https://gihyo.jp/book/2025/978-4-297-14710-5

Python環境のインストール

本書では、プログラミング言語としてPythonを使います。

- 単純な文法
- 人に依存しづらい書きやすく読みやすい構文ルール
- さまざまな処理を容易に実現する膨大な数のライブラリ

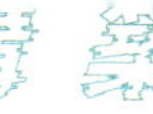

といった特徴をふまえて、幅広いジャンルで「まずはPythonで書いてみる」ことが多くなっています。以下、Pythonプログラミング環境を構築する例として、Python環境を簡単に作ることができるAnacondaを使ってWindows 11 64-bitマシンにインストールする手順を紹介します。

▼図1　各OS（64bit、32bit）用のAnacondaインストーラーをダウンロードできる

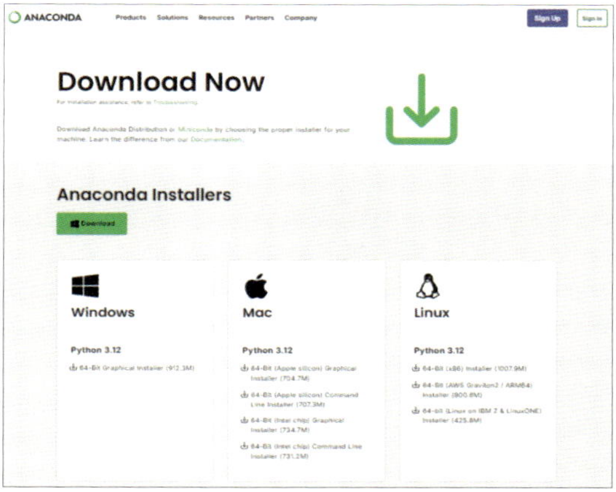

個人や小規模組織なら無料で使うことができるAnaconda Inc.提供のAnacondaは、下記のダウンロードサイトから、各種OS（Windows・macOS・Linx）向けに64-Bit/32-Bit向けのインストーラーをダウンロードすることができます（**図1**）。そこで、AnacondaインストーラーPython 3.xx（Graphical Installer）をダウンロードします。そして、インストーラーを実行すると、ダイアログの指示に答えていくだけで簡単にインストールが完了します。**図2**は、本説明執筆時のAnaconda最新バージョンのAnacondaインストーラーPython 3.12（Graphical Installer）を使ったインストール手順です。

○ Anacondaダウンロードサイト
https://www.anaconda.com/download/

Pythonやライブラリのバージョンを使い分ける

Python にはさまざまなライブラリが用意されています。Anacondaをインストールすると、数多くのライブラリも同時にインストールされます。たとえば、ブラウザ上でPythonコードを書いたり、インタラクティブに実行したりすることができるJupyter NotebookやJupyter Lab、さまざまなグラフ（チャート）を描画することができるmatplotlibや科学計算ライブラリのSciPy、わかりやすくデータ処理を行うpandasなど……たくさんのライブラリがインストール

▼図2 Windows 11 (64 bit) でのAnacondaインストール手順

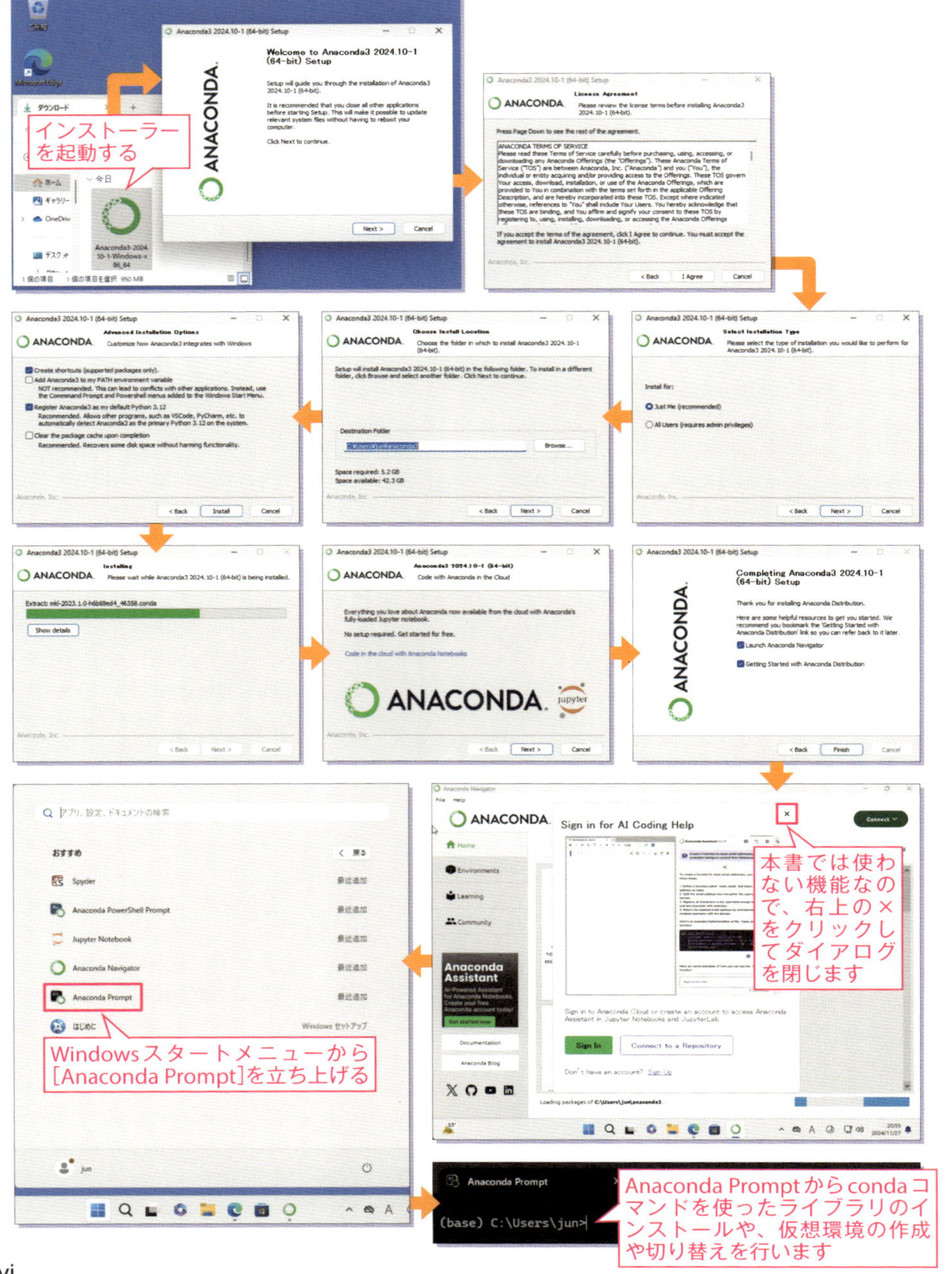

されます。

Windowsであれば Anaconda Prompt（プロンプト）を立ち上げて、あるいはmacOSであればターミナル（コマンドライン）を立ち上げて、Anacondaでライブラリのインストールなどを行うためのコマンドcondaを、次のように実行すると、

▼図3　Anaconda Prompt上で「conda list」と入力すると、インストールされているパッケージを確認することができる

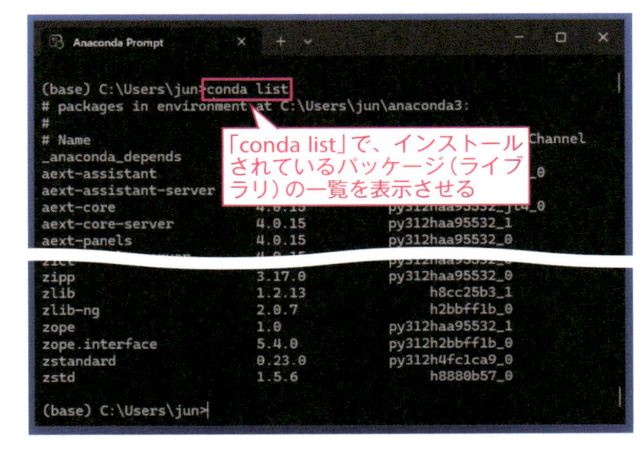


```
conda list
```

インストールされたライブラリの情報一覧が表示され（**図3**）、多くのライブラリがインストールされていることを確認できます。

Anacondaには、たくさんのライブラリが標準で付属してきますが「ライブラリ間の依存関係などの理由から、使うライブラリのバージョンを指定してインストールしたい」「必要なライブラリだけをインストールしたい」という場合も多いものです。そしてライブラリだけでなく、使いたいライブラリが要求する動作条件などの理由から、Pythonのバージョン自体を切り替えて使いたくなることも少なくありません。そこで、Pythonのバージョンを指定した仮想環境を用途に応じて作り、その仮想環境上に必要なライブラリをインストールしていきます。

本書掲載のプログラムを実行する場合、各話ごとに仮想環境を作成するのがお勧めです。もちろん、幅広く使うことができる仮想環境を作成するのでもかまいません。

仮想環境の作り方

Anacondaをインストールした直後は、仮想環境はありません。ためしに、

condaコマンドを使って、次のように環境一覧を表示させてみると、

```
conda info -e
```

▼図4　Anacondaのインストール直後は、仮想環境はなく、base環境だけしかない

```
(base) C:\Users\jun>conda info -e

# conda environments:
#
base                  * C:\Users\jun\anaconda3
```

図4のような出力がされて、基本の環境であるbase環境しかないことを確認できます。

それでは、仮想環境を作成してみましょう。

```
conda create -n sdbook2025 python=3.12
```

この例では、使うPythonのバージョンを3.12として、sdbook2025という名前の仮想環境を作っています。仮想環境の名前はわかりやすく自由に名付けることができます。また、Pythonのバージョンは用途や好みに応じて決めることになります。このコマンドを実行すると、仮想環境にインストールするコマンド一覧などが表示された上で、新たな仮想環境が作成されます(**図5**)。

▼図5　conda createコマンドを使い、新たな仮想環境を作る

```
Anaconda Prompt - conda cre
(base) C:\Users\jun>conda create -n sdbook2025 python=3.12
Channels:
 - defaults
Platform: win-64
Collecting package metadata (repodata.json): done
Solving environment: done

## Package Plan ##

  environment location: C:\Users\jun\anaconda3\envs\sdbook2025

  added / updated specs:
    - python=3.12


The following NEW packages will be INSTALLED:

  bzip2              pkgs/main/win-64::bzip2-1.0.8-h2bbff1b_6
  ca-certificates    pkgs/main/win-64::ca-certificates-2024.9.24-ha
  expat              pkgs/main/win-64::expat-2.6.3-h5da7b33_0
  libffi             pkgs/main/win-64::libffi-3.4.4-hd77b12b_1

Proceed ([y]/n)? y


Downloading and Extracting Packages:

Preparing transaction: done
Verifying transaction: done
Executing transaction: done
#
# To activate this environment, use
#
#     $ conda activate sdbook2025
#
# To deactivate an active environment, use
#
#     $ conda deactivate


(base) C:\Users\jun>
```

仮想環境一覧を表示するコマンド、

```
conda info -e
```

これを再度実行する

▼図6　仮想環境の一覧を表示して、仮想環境が作成されていることを確認する

```
(base) C:\Users\jun>conda info -e

# conda environments:
#
base                  * C:\Users\jun\anaconda3
sdbook2025              C:\Users\jun\anaconda3\envs\sdbook2025


(base) C:\Users\jun>
```

▼図7　conda activateコマンドで仮想環境に入る

```
(base) C:\Users\jun>conda activate sdbook2025

(sdbook2025) C:\Users\jun>
```

と、仮想環境が作られていることを確認できます(**図6**)。

それでは、作成した仮想環境"sdbook2025"に入りましょう。そのために、次のようなcondaコマンドを実行します。

```
conda activate sdbook2025
```

これで、仮想環境"sdbook2025"に入る(有効にする)ことができ、実行中の環境名を表すコマンドプロンプトの行頭が(base)から(sdbook2025)に変わります(**図7**)。

もしも、今使っている仮想環境から出たければ(base環境に戻りたければ)、

```
conda deactivate
```

とすると、仮想環境から出て、Anacondaの標準状態に戻ることができます。

また、作った仮想環境を削除したくなったら、

```
conda remove -n sdbook2025 --all
```

というようにコマンドを実行すると、インストールしたライブラリも含めて、-nオプションで指定した仮想環境が削除されます。

使いたいライブラリを仮想環境に追加する

作ったばかりの作業環境“sdbook2025”は、余計なライブラリはインストールされていない「まっさらに近い状態」です。そこで、condaコマンドを使って、使いたいライブラリをインストールしていきましょう。

まずは、仮想環境“sdbook2025”に入り、作成時に標準インストールされたライブラリを最新の状態にしておきます。

```
conda activate sdbook2025
conda update --all
```

そして、必要なライブラリをインストールしていきます。まずは、Webブラウザを使ってインタラクティブに開発を行うことができるJupyter NotebookやJupyterLabをインストールしましょう。次のようなコマンドを実行すると、表示される確認に対して[y]を押すだけで、ライブラリのインストールが終わります。

```
conda install conda-forge::notebook

conda install conda-forge::jupyterlab
```

次に、Jupyter NotebookやJupyterLab上からも仮想環境を簡単に切り替えて使うことができるように、作成した仮想環境をJupyter NotebookやJupyterLabが使う計算環境＝カーネルとして登録しておきます。そのために、次のようなコマンドを実行します。

```
ipython kernel install --user --name=sdbook2025
```

このコマンドを実行すると、アクティブにしている現在の仮想環境が、—nameオプションで指定した名前のカーネルとして登録されます。登録されたことを確認するために、次のようなコマンドを実行すると、

```
jupyter kernelspec list
```

指定した名前のカーネルが確かに作成されていることがわかります(**図8**)。

▼図8　Jupyter NotebookやJupyterLabが使うカーネルとして、仮想環境を登録する

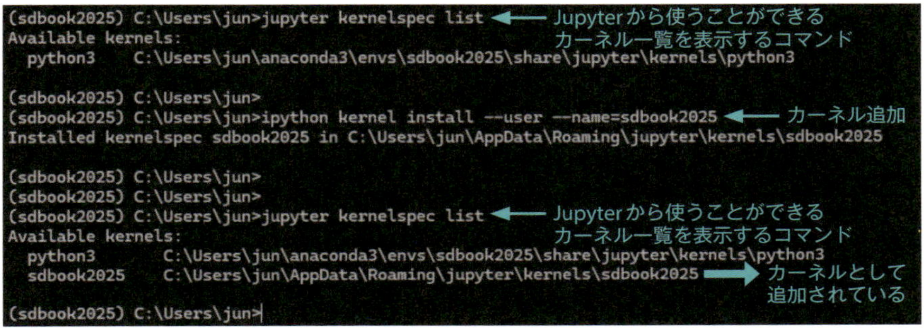
(sdbook2025) C:\Users\jun>jupyter kernelspec list
Jupyterから使うことができる
カーネル一覧を表示するコマンド
Available kernels:
python3 C:\Users\jun\anaconda3\envs\sdbook2025\share\jupyter\kernels\python3
(sdbook2025) C:\Users\jun>
(sdbook2025) C:\Users\jun>ipython kernel install --user --name=sdbook2025
カーネル追加
Installed kernelspec sdbook2025 in C:\Users\jun\AppData\Roaming\jupyter\kernels\sdbook2025
(sdbook2025) C:\Users\jun>
(sdbook2025) C:\Users\jun>
(sdbook2025) C:\Users\jun>jupyter kernelspec list
Jupyterから使うことができる
カーネル一覧を表示するコマンド
Available kernels:
python3 C:\Users\jun\anaconda3\envs\sdbook2025\share\jupyter\kernels\python3
sdbook2025 C:\Users\jun\AppData\Roaming\jupyter\kernels\sdbook2025
カーネルとして
追加されている
(sdbook2025) C:\Users\jun>

あとは、Jupyter NotebookやJupyterLabと同様に、用途に応じて使いたいライブラリをインストールしていきます。たとえば、画像処理や機械学習機能を簡単に使うことができるOpenCV(Open Source Computer Vision Library)ライブラリをインストールする手順は次のようになります。

まずAnaconda.org(https: //anaconda.org/)ブラウザでアクセスして、[Search Anaconda.org]から“OpenCV”と検索すると、関連ライブラリの一覧が表示されます(**図9**)。その最新版をクリックすると、インストールするために必要なコマンドが表示されるので、下記のようなコマンドを実行してOpenCVライブラリをインストールします。

```
conda install conda-forge::opencv
```

そしてまた、OpenCVと同じように、定番ライブラリや用途に応じて必要なライブラリ、たとえばmatplotlibやSciPyあるいはpandasなどをインストールしていきます。

```
conda install conda-forge::matplotlib

conda install conda-forge::scipy

conda install conda-forge::pandas
```

なお、ライブラリによっては「condaコマンドを使ったラインストールができない」場合もあります。そうした場合には、Pythonに標準で付属するパッケージ管理システムのpipなどを使ってインストールすることになります。

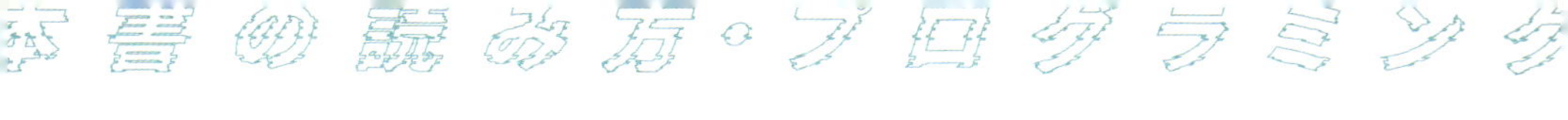

▼図9　condaコマンドを使ってライブラリ(OpenCV)を追加する

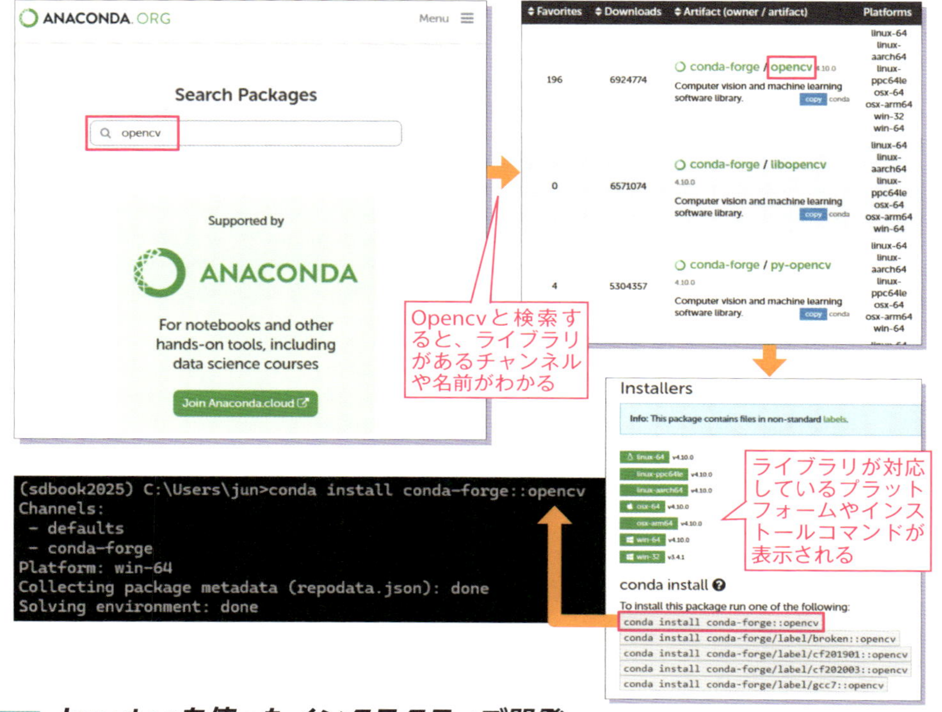

Jupyterを使ったインタラクティブ開発

Pythonプログラミングを行う際は、ブラウザ上でインタラクティブにPython開発ができる、Jupyter NotebookやJupyterLabを使うのが便利です。

Jupyter NotebookやJupyterLabを使うには、Anaconda PromptやmacOSのターミナルから、

```
jupyter notebook
```

あるいは、

```
jupyter lab
```

といったコマンドを実行すると、ブラウザが起動して、ブラウザ上でインタラクティブな開発ができるようになります(図10)。

▼図10　ブラウザ上でのインタラクティブなPython開発

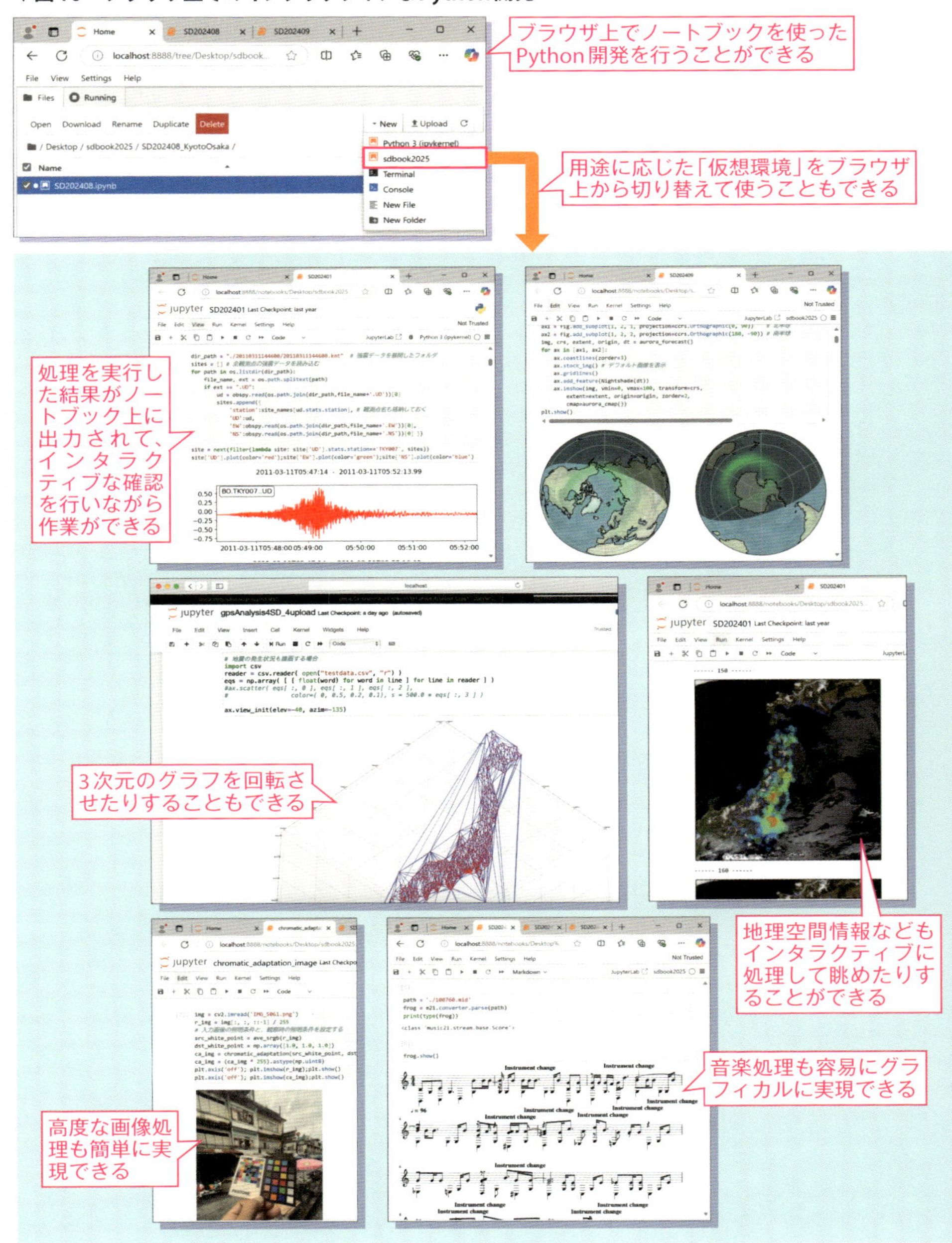

Jupyter環境を使う場合、既存のノートブックを開いたり・新しいノートブックを作成し、使いたい仮想環境を計算カーネルとして設定します。そして、ノートブックのセルにPythonコードを書いて、そのセルで、Shift + Enterを押すと、セルに書かれたコードが実行されます。処理結果はセル下部に出力され、インタラクティブに眺めることができます。ノートブック上では、処理内容や出力結果だけでなく、作業メモを書いたりすることもできます。その結果、思考の過程や試行錯誤した作業の過程を含めてすべて、わかりやすくノートとして残すことができます。

本書で使われているコードも、すべてJupyter上で作成されていて、本書のサポートページからJupyter Notebook形式のノートブックとして、ダウンロードできます(注：ノートブックで使うカーネルとして、自分で作成した仮想環境を設定する必要があります)。

○本書サポートサイト(再掲)

https://gihyo.jp/book/2025/978-4-297-14710-5

Google社提供のColaboratory(Colab)を使う

本書には、時にはGPU(Graphics Processing Unit)を使った機械学習処理なども登場します。そんな場合、高性能な計算機がなくても簡単に試し楽しむことができるように、Google社が提供するColaboratory(Colab)を使います。Colabは、GPUなどを含む計算環境を無料で使うことができるJupyter環境です。Colabを使う場合には、ColabのサイトにGoogleのアカウントでログインします。

○Google Colab

https://colab.research.google.com/

iPhone、iPad向けのPython環境「Carnets」

本書では、スマホやタブレットで遊ぶ話も含まれています。時には、iPhoneやiPadといったApple社のiOSデバイス上で、Pythonを使ってAR(拡張現

実)アプリを動かして遊ぶ話も含まれています。そこで使うのは、iOSデバイス上で動くPython環境であるCarnets-Jupyterです。Carnetsは無料ソフトでもありますし、精力的に開発が進められているオープンソースソフトウェアでもあります。iOSデバイスを持っている方であれば、App StoreからCarnets-JupyterもしくはCarnets-Jupyter(with scipy)をインストールして使ってみるのがお勧めです。

目次

第3章 画像分析の技術 91

第4章 工作の技術 139

第1章
画像可視化の技術
画像可視化の技術

第1章 画像可視化の技術

1-1 TVやネットの有名人会見 緊張や不安をカメラで透視!

顔が写った動画から心拍数の変化を推定する

目には見えない「人の心」を可視化せよ!

「ソフトウェアと少しの道具で、目では見えない不可視なモノを眺めたい！」「今現在の世界を正確にとらえ、未来を科学原理で予測したい！」「未来だけでなく、過去の歴史や謎も解き明かしたい！」「ありとあらゆる点を線で繋げたい!」……そんな内容が詰まった本書、最初のミッションは「目に見えない“人の心”を可視化せよ！」です。

「忍ぶ心・気持ち」は顔の色に出る!?

「この人たちは、今、一体どんな気持ちや精神状態なんだろう？」と思うことがあります。たとえばニュース映像の中で世界に向けて演説をする政治家だったり、街頭でインタビューに答える市民だったり、芸能レポーターに囲まれてスキャンダルを追及されるタレントさん……だったり。

人が語る言葉とその人の本音や気持ちが違うことは多々あります。平静な顔をしていても内心はドキドキ！ということもよくある一方で、百人一首には平兼盛の「心の内を隠し忍ぼうとしても、なぜか(顔)色に出てしまうもの……」という歌もあります。

そこで、撮影動画(映像)をもとに、「その人の心・気持ち・精神状態」を分析してみましょう。

緊張すれば心臓ドキドキ! 顔の色から心拍数の変化を読み取ろう!

ストレスを受けて緊張したり興奮したりすると、交感神経が働いて心拍数が上がります。逆に、気持ちが穏やかに落ち着けば、副交感神経の働きが支配的になる結果、心拍数は下がります。つまり「心の状態」に応じて心拍数は刻々と変化します。

▼図1　スマホで脈波をセンシング

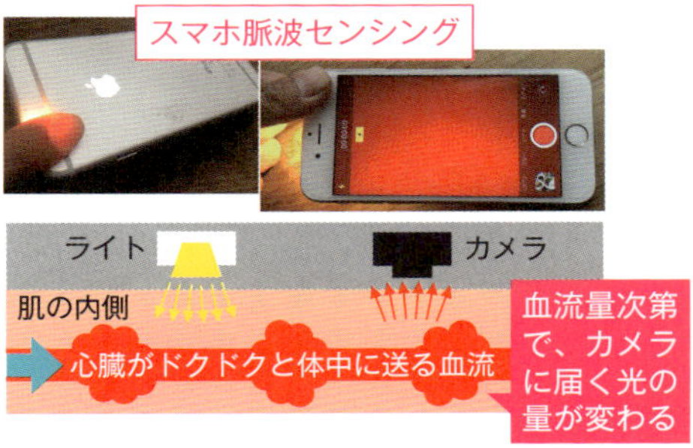

スマホ脈波センシング
ライト
カメラ
肌の内側
心臓がドクドクと体中に送る血流
血流量次第で、カメラに届く光の量が変わる

筆者の前著(『なんでもPythonプログラミング』)で、指先をスマホで撮影して、その色の変化を動画から分析することで、脈拍や動脈硬化を推定する手順を紹介しました。それは、指先の色は「皮膚内部の血流量」を反映しているため、肌の色から「血液の脈流＝脈拍」はわかる！という原理にもとづく検証でした(**図1**)。その原理を使えば、動画中の「顔色」から「心拍数変化」を読み取ることもできます。

そこで、自分の顔を動画撮影して、Pythonコードで頬の肌色変化を図示してみた結果が**図2**です。動画に写された顔の色から、鋭いノイズや緩やかな明るさ変化を取り除くと、「1秒あたり1.5回くらいで明暗を繰り返している＝脈拍90bpm(beat per minutes)くらい」ということがわかります。

動画を眺めても、わたしたちの目では「顔色が周期変化をしていること」を認知することはできません。けれど、適切に色の解析を行えば「動画からの脈拍推定」ができるのです。

刻々と変わる顔の位置や顔の向き、そんなときはpyVHRを使ってみよう!

人物が写る動画では、顔の場所や向きは刻々と変わります。そのため、正確な「心拍数の推定」を実現するためには、「顔検出」や「肌の場所や動きを検出し

▼図2　自分の顔を動画撮影し肌色の変化をPyhotnで分析

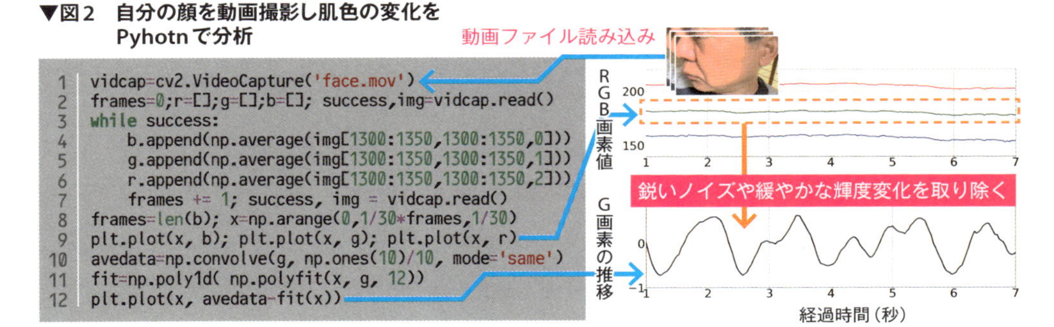

▼図3 動画からデータ分析をする手法

1 動画から顔形状や肌領域を抽出し、肌の色変化から血流量変化を推定する手法

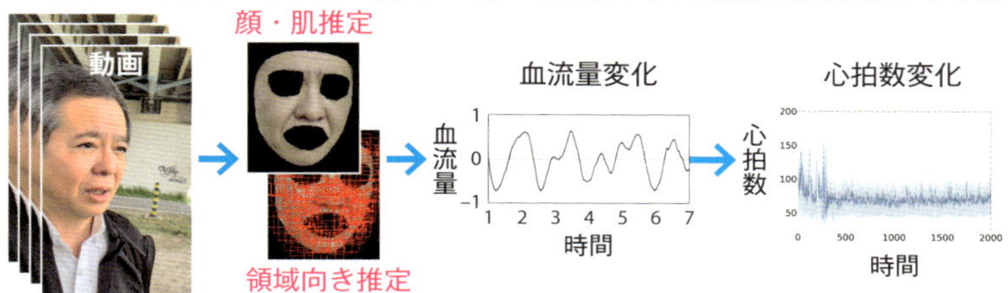

2 深層学習を用いて、動画から血流量の変化を直接推定する手法

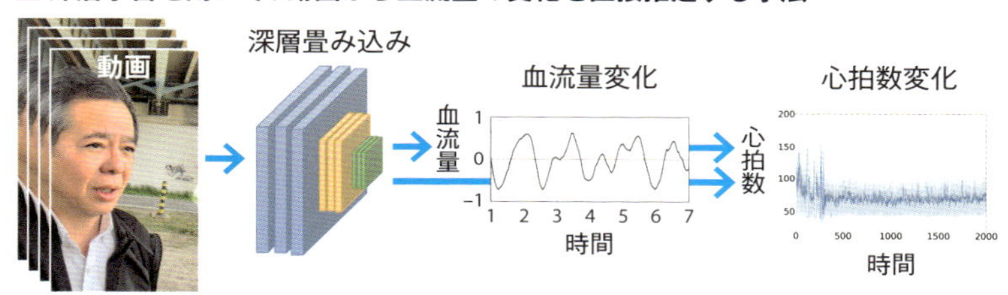

た上での心拍数推定」が必要です。そんなことが簡単にできるPythonパッケージがpyVHR(Python framework for Virtual Heart Rate)です。

pyVHRは、映像からの脈拍推定を「さまざまな手法」を使って行うことができるPythonパッケージです。「1動画から顔形状や肌領域を抽出し、肌の色変化から血流量変化を推定する手法」を使うことができますし(図3 1)。「2深層学習を用いて、動画から血流量の変化を直接推定する手法」も使えます(図3 2)。今回は、pyVHRで手法1を用いた心拍数推定をしてみることにします。

pyVHRのインストールはとても簡単です。たとえば、GPU機能を使わないCPU処理版であれば、

```
$ conda create -n pyvhr python=3.8
$ conda activate pyvhr
```

といったように仮想環境を作ったうえで、pyVHRを動かすのに必要なパッケージ(torch、numba、kaleido、tables、mediapipe、torchvision、scipy、scikit-learn、plotly、ipywidgets、pandas、lmfit、h5py、scikit-posthocs、autorank、matplot、opencv-contrib-python、notebook、PySimpleGUI)を、

```
$ pip install ~
```

とインストールしていきます。そして、仕上げとして、CPU処理版のpyVHRを、

```
$ pip install pyVHR-cpu
```

というようにしてインストールすれば、準備完了です。

ちなみに、pyVHRには「映像からの心拍数推定ができるシンプルなGUIアプリ」も、Python コードとして付属しています。pipでpyVHRをインストールしたディレクトリ、

```
$ pip show pyVHR-cpu
```

で確認できるsite-packagesディレクトリ中に、/pyVHR/realtime/GUI.py があるので、そのディレクトリで、

```
$ python GUI.py
```

といったように動かせば、動画ファイルからの顔・肌抽出や脈拍変動推定をGUIで行うことができます。ちなみに、**図3**に示した顔の部位表示や肌領域の可視化結果は、添付GUIアプリを使って分析・表示を行わせてみた例です。

宮迫博之さんと田村亮さんの記者会見、動画解析で「心の緊張状態」を可視化する!

それでは、動画から「緊張・興奮状態を反映した心拍数の推移」を分析してみましょう。対象とする動画素材は、宮迫博之さん(元雨上がり決死隊)と田村亮さん(ロンドンブーツ1号2号)が、2019年に行った「闇営業や所属事務所との騒動に関する2時間半の会見」です。

宮迫さんと田村亮さんの「心の状態」を可視化するために、まずは会見の動画ファイルを動画サイトからダウンロードして、Jupyter Notebookを、

```
$ jupyter notebook
```

で立ち上げます。あとは、動画読み込みと心拍数分析を行う数行程度のPythonコードを書き・セルを実行するだけで、(pyVHRの力で)心拍数推移をグラフ表示できます(**図4**)。

▼図4　複数の肌領域から脈拍を算出するコード

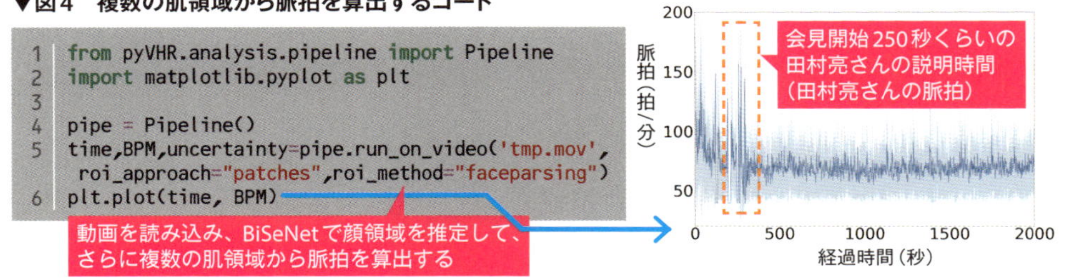

会見冒頭、宮迫さんの心拍数は120近い数値です。それは明らかに交感神経が過剰に緊張した「過緊張」と呼ばれる状態で、強いストレスにさらされていることがわかります。……しかし、驚くべきことに会見が始まってからわずか1分で、心拍数としては標準的な約70程度にまで下がり、「落ち着いた」状態になっています。さすが百戦錬磨のタレントさん！と心から驚かされます。

ちなみに、グラフ横軸で250秒あたりの時間帯、会見開始4分後くらいに見受けられる「高い心拍数」は宮迫さんのものではありません。それは「自分の口からも……」と田村亮さんが話を始め、田村亮さんが画面を占める割合が増えたことによる、田村亮さんの緊張を示す心拍数だからです。「会見冒頭は緊張していたけれど、落ち着きを取り戻し始めた宮迫さん」とは違って、「数分程度では緊張状態が治まらない田村亮さん」の感情が、映像の色分析から見えてきます。

人間の視覚認知能力では識別できない微妙な顔色変化でさえも、映像を分析すると明瞭に浮き上がらせることができ、脈拍の変化や心の動きを知ることもできるのです。

「心が見える」電脳メガネが欲しい!?

「顔色をうかがう」という言葉があります。言葉の意味は「人の表情などから、心の状態や気持ち・機嫌を知ろうとする」こと。それを実現するのが、今回の顔色分析です。

目の前にいる人や、カメラの向こうの世界にいる人、その顔色を注意深く眺めれば、心の状態や気持ちが実感できるかもしれません。「顔色から人の気持ちを可視化する電脳メガネ」を作ってみれば、どんな世界が見えるでしょうか？

1-2 スマホのカメラとPythonコード数行で目に見えない空気の動きを可視化する！

画像処理を使ったシュリーレン法は超簡単

スマホカメラだけで空気流を可視化する!?

「スマホのカメラだけで空気の流れを見えるようにするアプリを作ってみた」という神原 啓介さん(@kambara)のtweet注1が、日本のさまざまなサイトで、あるいは、HACKADAY注2のような海外サイトで人気になりました。「透明で“見えない”空気」を、スマホカメラで撮影するだけで「温度の違い・空気の動きをスマホ画面に写し出す」というアプリは、とても魅力的です。

そこで、このtweetを見習って、iPhone/iPadといったスマホやタブレットとPythonで「目に見えない透明な気流を可視化する計測カメラアプリ」を作ってみましょう。

空気の屈折率(密度)が違う領域を光の屈折で可視化するシュリーレン法

神原さんが作ったアプリは、Background-oriented schlieren(BOS)法＝背景指向型シュリーレン法と呼ばれる撮影・可視化手法を使っています。

空気は「温度に応じて密度が変わる」こともあれば、「周囲の圧力で縮んだり・広がったりして密度が変わる」こともあります。そして、気体の密度変化が生じると屈折率も変わります。

屈折率が違う領域がある場合、屈折率差がある領域を通過していく光線は、屈折する(曲がる)ことになります。結果として、見える景色が歪む(ゆが)む……つまり「逃げ水」「陽炎(かげろう)」「蜃気楼(しんきろう)」といった現象が生じます。

そうした「光の曲がり・見える景色の歪み」を介して、気体の状態を可視化するのがシュリーレン法です。シュリーレン法を使うと、たとえば、

注1） URL https://twitter.com/kambara/status/1546830410021146626
注2） URL https//hackday.com/

▼図1 シュリーレン法による計測例
（https://images.nasa.gov/details-ARC-1971-AC71-4077
https://commons.wikimedia.org/wiki/File:Schlieren-Soldering-Iron-Heat.jpg）

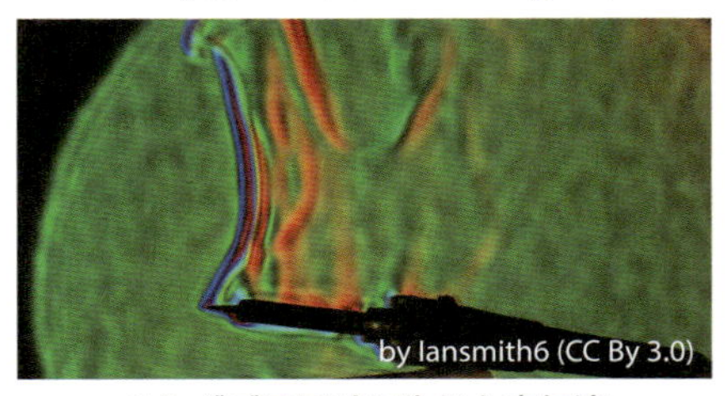

ハンダゴテ周りに生じた空気流

スペースシャトル周りの衝撃波

・熱されたハンダゴテ周りの気流
・スペースシャトル周りの衝撃波

といった、さまざまな気体の状態を可視化することができます（**図1**）。

BOS法はシュリーレン法の一種で「刻々の撮影画像が、本来の背景画像からどう歪んだか（画像パターンがどう微小変位して見えるか）を画像処理などで算出・可視化」する手法です（**図2**）。

▼図2 BOS法の説明と本記事での背景画像特徴

「屈折率差がある領域」がない場合

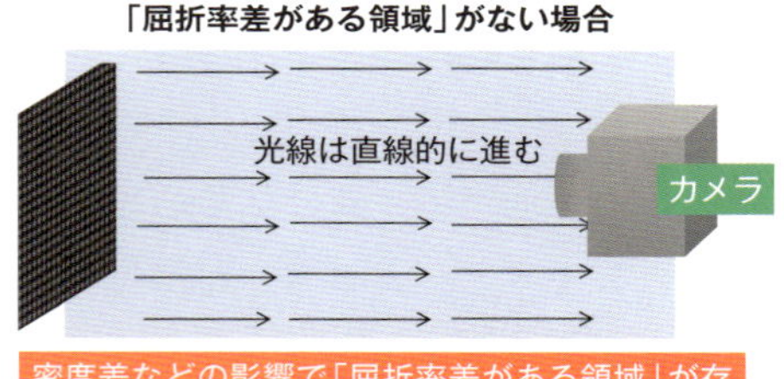

密度差などの影響で「屈折率差がある領域」が存在すると、光線が曲がり、違う場所が見える

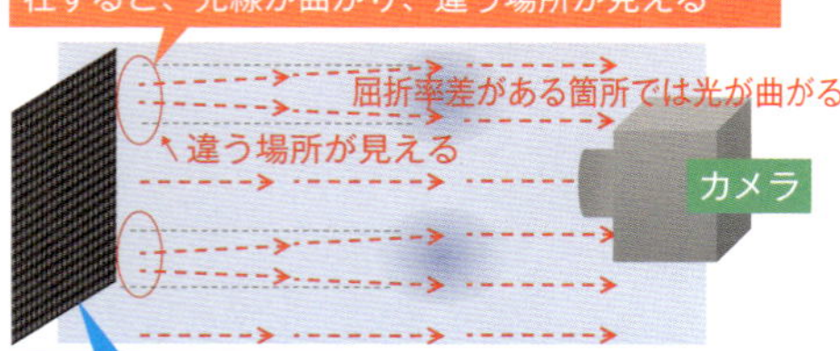

「近傍画素距離と画像値差が比例する」ような、たとえば2次元3角波画像を使うと、画素差分で光線変角量が簡易推定できる（本記事での実装）

カメラ機能と画像処理OpenCVが使えて順を追った処理確認もできるCarnets

それでは、iPhoneまたはiPadを対象に「簡易的なBOS法による気流の可視化処理」をPythonで書いてみましょう。

まずは、Python環境を選びます。iOS上またはiPad上で動く主要なPython環境アプリは、Pythonista、Pyto、Carnets for Jupyter、Junoといったところです。今回行う処理内容であれば、どのPython環境アプリでも（多少の差はあれ）簡単に実現できます。そのうえで、

・無料で気軽に使うことができる
・Jupyter Notebook環境なので、順を追った処理確認ができる
・画像処理ライブラリOpenCVが付属する

という利点から、今回はCarnetsを使います。

Jupyter Notebook、iOSを使うためのお手軽モジュールをダウンロードする

まず手始めに、Carnets注3をApp Storeからインストールしましょう。次に、本記事コード(とコードから呼ぶお手軽モジュール群)を、iPhoneやiPadデバイス内でもiCloud内でも「好みに応じた場所」に、ダウンロード＆展開しておきます。

簡易BOS法による気流の可視化を行うPythonコード(Jupyter Notebook)

注3) URL https://apps.apple.com/jp/app/carnets-jupyter-with-scipy/id1559497253

▼図3　簡易BOS法による気流の可視化処理を行うPythonコード(Jupyter Notebook)

```
import sys, os
sys.path.insert(0, os.getcwd())
```
カレントフォルダをPythonパスに登録

```
from uikit.ui_uiview import *
from avfoundation import take_movie_extended_editted as tm
import time, cv2

ui_view = create_uiview_full(name = 'sample')

def process_image(npimg):
    global processed_frames
    if len(tm.iAmages)==0:
        if tm.processed_frames > 10:
            tm.images.append(npimg)
    elif len(tm.images)==1:
        tmp_img = cv2.absdiff(npimg, tm.images[0])
        npimg[:,:] = 15*tmp_img[:, :]
```
撮影・処理画像プレビュー用のView定義

「初期画像からの差分画像を生成する」ユーザー処理関数の定義

望遠カメラを選択しているのは拡大率が高いから

```
tm.video_shooting_setup( ui_view,
    'AVCaptureDeviceTypeBuiltInTelephotoCamera',
    'AVCaptureSessionPreset640x480',
    process_image )
```
動画撮影処理にViewと処理関数を紐付け

画像保存用バッファの初期化／撮影開始

```
tm.images.clear(); tm.video_shooting_start(.3)
time.sleep(20); tm.video_shooting_close(ui_view)
```
20秒間撮影＆処理をした後全処理終了

はbos.ipynbです(**図3**)。また、BOS法で使う背景画像(2次元の3角波画像)はbackground.pngです。ちなみに、ファイル格納場所としてiCloudを選んだ場合は、そのフォルダを最初にCarnetsから開いたときに「Carnetsがそのフォルダへのアクセス権を求める」ダイアログが表示されるので[OK]を押しておきましょう。

画素値差分だけの手抜き実装でも、ガスライターの先の高温気流が見えてくる!?

Jupyter Notebookの冒頭セルでは、

- カレントフォルダをPythonパスに登録(使うモジュールは同梱されています)
- 撮影・処理画像プレビュー用のView定義
- 「初期画像からの差分画像を生成する」ユーザー処理関数の定義
- 動画撮影処理にView・処理関数を紐付け

を行います。ユーザー処理関数部分で行うのは、「画素差分値≒光線変角量」となる背景画像を事前に用意しておくことで、「画素値の絶対値差分をとるだけ」というとても単純な処理です。そして、次のセルでは、

▼図4　ガスライター先の高温気流を撮影・可視化した例

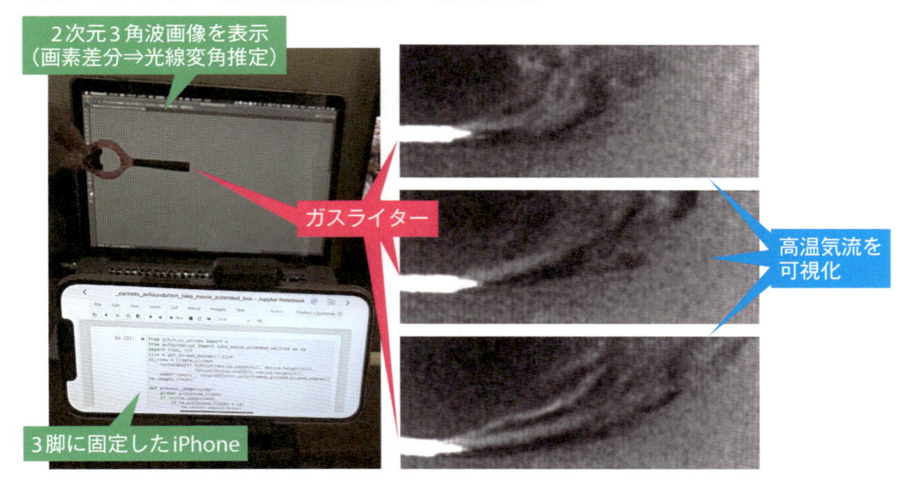

・画像保存用バッファの初期化／撮影開始
・20秒間撮影＆処理/終了処理

を行います。

背後のディスプレイに「事前に用意した背景画像」を表示して、撮影を開始すると、(撮影画像の安定化のために設定した)所定の待ち時間の後、ユーザー処理関数が呼び出されるようになります。ちなみに、ユーザー関数が呼び出されるまでは「カメラ画像のプレビュー表示」が行われ、ユーザー関数が呼び出されるようになると「簡易BOS法による可視化結果」が表示されるようになります。

計測例として、ガスライター先の高温気流を撮影した例が**図4**です。肉眼では「炎すらよく見えない」にもかかわらず、処理画像を眺めれば「高温の気流が噴出している」様子が確認できます。処理行数を増やし、「あなたなりの最高の処理手順」に変更すれば、さらにきれいに可視化できることでしょう。

▼図5 iPhoneやiPadデバイスに搭載されている各種センサ・機能群、処理例

1-3 世界を飛ぶ航空機の飛行情報 全地球を結ぶ空の道を可視化する！

航空機情報をリアルタイムに手に入れる

航空機に乗って遠い異国へ行ってみたい！

コロナ時代になる前は、格安航空券があふれていました。けれど、最近は円安も重なって航空券も高くなり、外国散策は手軽ではありません。

「航空機に乗り、どこか遠くへ行ってみたい！」という衝動に襲われると、航空機の位置や情報を世界地図上でリアルタイムに表示するFlightradar24(FR24)注1を眺めて(**図1**)、世界旅行の妄想をしたりします。

▼図1　Flightrader24

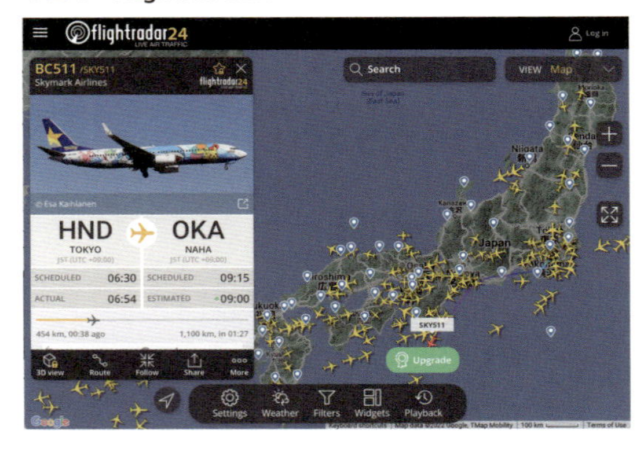

しかし、空想の力は無限大だとはいえ、それにも限界があるものです。「平面的な世界地図」上に表示された「航空機アイコン」を眺めるだけでは、あまりにリアルからほど遠く、世界を旅する境地にはなかなかたどり着けません。

そこで、FR24からリアルタイムの航空機情報を手に入れて、Google Earthで「リアルに3次元レンダリング」する地球の上に映し出すことで、「世界旅行の妄想」を容易に実現できるようにしてみましょう。

PythonでFlightradar24のデータを取得する

FR24の「航空機運行状態表示ページ」は、JavaScriptを使って、

・FR24サーバに検索条件を送出

注1）URL https://www.flightradar24.com

・条件に応じたデータをJSON形式で受信
・世界地図上に航空機アイコンを表示

といった処理をしています。そこで使われる情報を(自分のコードから)取得するために、FR24サーバへの検索条件送信とJSONデータ読み取りを簡単に行うことができる、PythonパッケージFlight RadarAPIをインストールします。また、Jupyter Notebook上で地図表示できるfoliumもインストールしておきましょう。いずれのインストールも、pipで、

▼図2　FR24から情報取得し地図表示する

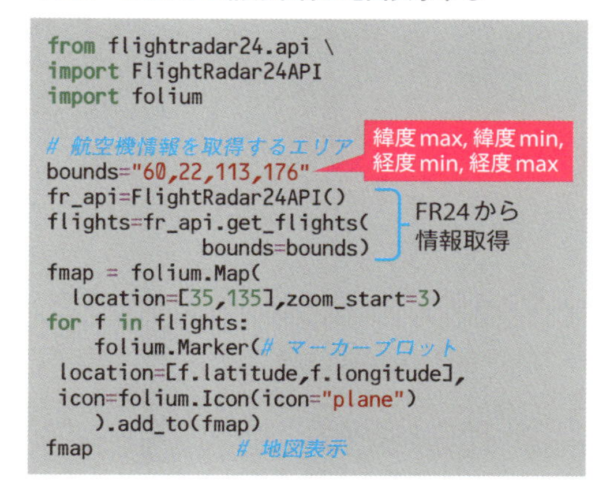

```
from flightradar24.api \
import FlightRadar24API
import folium

# 航空機情報を取得するエリア
bounds="60,22,113,176"
fr_api=FlightRadar24API()
flights=fr_api.get_flights(
             bounds=bounds)
fmap = folium.Map(
  location=[35,135],zoom_start=3)
for f in flights:
    folium.Marker(# マーカープロット
 location=[f.latitude,f.longitude],
 icon=folium.Icon(icon="plane")
    ).add_to(fmap)
fmap           # 地図表示
```

緯度max, 緯度min, 経度min, 経度max

FR24から情報取得

```
$ pip install FlightRadarAPI
$ pip install folium
```

とするだけです。

あとは、10行程度のPythonコードを書けば(**図2**)「日本周辺を飛行する航空機の情報(現在位置・方向など)を取得」して、FR24のように「世界地図上に航空機位置を表示する」ことができるようになります(**図3**)。なお、今回は行いませんが、時系列的な情報をTimestamped GeoJsonという形式でfoliumに渡してやると、地図上で航空機をアニメーション表示させることも可能です。

▼図3　foliumで表示された地図上の航空機位置

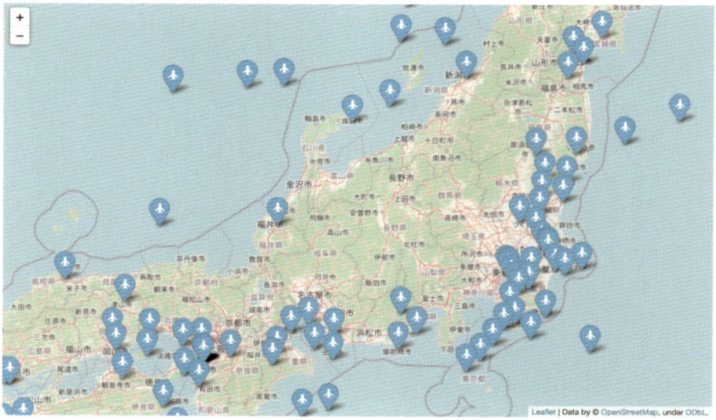

Google Earthで3次元表示するための航空機の位置・方向情報を作ってみよう!

次は、衛星・航空写真などを使い「自然の地形や人が暮らす街並みを3次元的にインタラクティブに眺める」ことができるGoogle Earthを使い、FR24から得た航空機情報を3次元表示させてみます。表示させる航空機情報は、10秒に1回のペースで60分間にわたり、FR24から取得しておきます(**図4-a**)。

▼図4 FR24から一定期間情報取得を行い、KML形式ファイルとして出力する

(a)

```
import time
from datetime import datetime

flights = []; timeStamps=[]
for i in range(60*6*4): # 10秒に1回、60分の取得を続ける
    flights.append(fr_api.get_flights(bounds=bounds))
    timeStamps.append(datetime.now())
    time.sleep(10)
```

得られる情報例

- latitude：緯度（度）
- longitude：経度（度）
- heading：進行方向、北から時計回り（度）
- altitude：飛行高度（フィート）
- ground_speed：スピード（ノット）
- number：便名
- airline_icao：航空会社

(b)

```
import numpy as np
# (lat,lon,heading,l)の単位は(deg,deg,deg,m)
def dstLatLon(lat, lon, heading, l):
    lat0=l/(40000*1000)*360 # 地球1周(m)/360°
    lon0=l/(40000*1000)*360/np.cos(np.deg2rad(lat))
    lat0=lat0*np.cos(np.deg2rad(heading))
    lon0=lon0*np.sin(np.deg2rad(heading))
    return lat+lat0, lon+lon0
```

航空機方向を（機体位置からの）相対緯度経度に換算

(c)

```
f = open('flightsHaneda2.kml', 'w')
f.write("<?xml version='1.0' encoding='UTF-8'?>\n")
f.write("<kml xmlns='http://earth.google.com/kml/2.2'>\n")
f.write("<Document>\n   <name>flight</name>\n")
for i, t in enumerate(timeStamps):
    fs = flights[i]
    for fl in fs:
        lat_d, lon_d = dstLatLon(fl.latitude, fl.longitude,
                                 fl.heading, fl.ground_speed*5)
        alt = fl.altitude*0.3048 # 飛行高度(フィート)をメートルに
        f.write("<Placemark>\n      <TimeSpan>\n          <begin>")
        +'%04i-%02i-%02iT%02i:%02i:%02iZ'%(
            t.year, t.month, t.day, t.hour, t.minute, t.second)
        +"</begin>\n        </TimeSpan>\n")


  f.write("        <coordinates>"
        +str(fl.longitude)+","+str(fl.latitude)+","+str(alt)
        +" "+str(lon_d)+","+str(lat_d)+","+str(alt)+"</coordinates>\n")
        f.write("   </LineString>\n</Placemark>\n")
f.write("</Document></kml>\n"); f.close()
```

航空機の位置・飛行高度・進行方向を準備する

情報取得時間を埋め込んでおく

航空機の位置・飛行高度・進行方向を設定する

作成したKMLファイルを、Google Earthで読込・表示するには、左側バーの[プロジェクト]→[開く]→[パソコンからファイルをインポート]を選択という手順を行います。

そして、時系列的な航空機の位置や方向情報を、Google Earthが読み込むことができる「3次元地理空間情報形式(KML形式)」として出力します。**図4-b、c**はその処理を行うコード例です。**図4-b**は表示内容に航空機の向きを反映するためのヘルパー関数、**図4-c**は.KMLファイルとして保存する処理です。ちなみに、本コードが出力するKMLファイルは、航空機が1機だけであれば、航空機を追いかけるアニメーション表示も可能です。

日本・世界を航空機がつなぐ「空の道」

FR24から得た航空機情報をKMLファイルに変換して、Google Earth上で表示した例が**図5**です。「日本周辺を飛ぶ航空機」や「東京の羽田空港や大阪の伊丹空港に離着陸する航空機」が、地形や街並みに重なり立体的に表示されています。

日本列島周辺を飛ぶたくさんの航空機を眺めると、日本と世界をつなぐ「空の道」を実感します。そして、空港に離着陸する航空機群を眺めれば、航空機に乗り込み・異国へ向かう旅人のような気分になってきます。

ヒマラヤ山脈の山中にあるブータン王国パロ空港にも行ってみよう!

中国とインドにはさまれたブータン王国。首都ティンプー近郊のパロ空港(**図6**)は、高い山に囲まれた谷間にあり、離着陸が世界一難しい空港として知られています。パロ空港に着陸しようとする「(インド発)ロイヤルブータン航空540

▼図5　FR24から得た航空機情報を埋め込んだKML形式ファイルをGoogle Earthで表示する

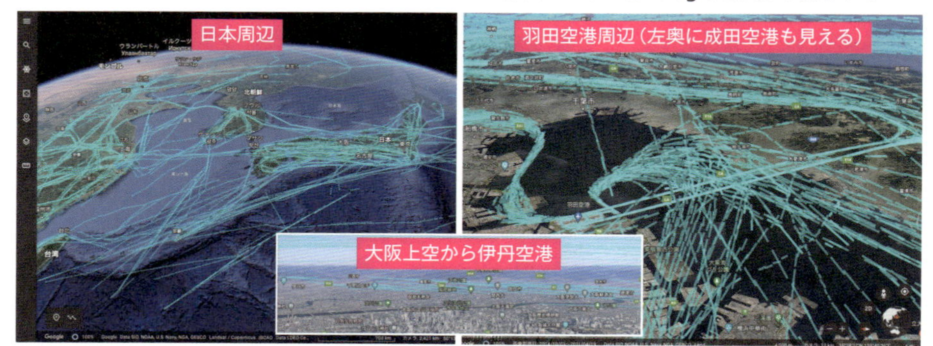

▼図6　ブータン王国のパロ空港（Tiben01，CC BY-SA 4.0<https://creativecommons.org/licenses/by-sa/4.0>，via Wikimedia Commons）

便」を、Google Earth上で3次元的に眺めたのが**図7**です。山壁への衝突を避けながら、谷間にある滑走路に見事にランディングしていくさまが見てとれます。

地球上空を縦横無尽につなぐ航空機。それを立体的に眺めてみれば、世界を旅する心地にもなるはず。行ってみたい場所や、そこへと向かう航空機を見つけ出し、その飛行機に乗る空想旅行に出かけてみるのはいかがでしょうか。

▼図7　パロ空港に着陸していくブータン航空540便

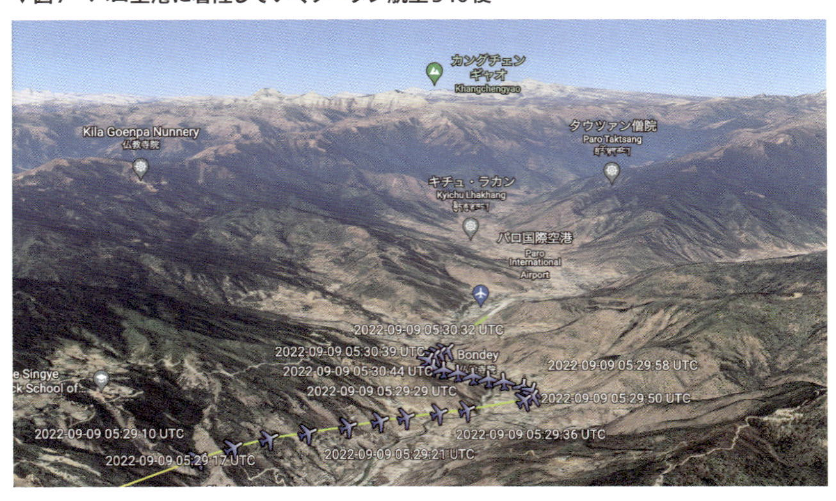

1-4 「球面上の巡回サンタ問題」を解いてみよう!

サンタが街にやってくる

「年末のサンタが地球を一番移動する」説

前節では、世界中のさまざまな場所を飛ぶ航空機や航路(コース)を眺めてみました。次は、地球上のすべての国にいる「こども」に「プレゼント」を渡すため、地球の上を飛び回るサンタクロース(サンタ)が主人公。プレゼントを持って各地を訪れていくサンタは、どんなコースをたどるのか?サンタは一体どんな「存在」か?……その難問を解いてみます。

球面上の「巡回サンタクロース問題」

サンタが世界の空を飛び回る前に、サンタは「どんな順番・コースで世界を回るか」を考えなければなりません。つまり巡回セールスマン問題(Traveling Salesman Problem)=「訪問地と移動コスト(たとえば距離)が与えられたとき、訪問地をすべて回って出発地に戻る巡回路のうちで、総移動コストが最小のものを求める」という問題の一種、「巡回サンタクロース問題(Traveling Santa-Claus Problem)」を計算しなければならないのです。巡回サンタ問題では、サンタが訪れる先は「地球上にいるこどもたち」ですので、移動距離(コスト)が「球面上の距離」となるのが特徴です。試しに簡単な例で計算してみましょう。

3次元で眺める「球面上のサンタ」コース

世界各地の座標取得や最適化(最小化)問題を簡単に解くために、Wolfram社が開発・提供しているWolfram言語をPythonから使うことにしてみます。Wolfram言語は、高度な数学・プログラミング機能に加えて、世界各国の緯度・経度情報などを簡単に読み込むことができるので、今回の用途には最適です。

Wolfram言語をPythonから使うためには、

▼図1 「世界各国を最小距離で巡るコース」を計算するWolfram言語スクリプトをPythonから呼ぶ

```
from wolframclient.evaluation import WolframLanguageSession
from wolframclient.language import wlexpr, wl
session = WolframLanguageSession()
```

（1〜2行目：WolframスクリプトとPythonを橋渡しするパッケージを読み込む／3行目：Wolfram Engineと接続する）

```
def f(expression):
    return session.evaluate(wlexpr(expression))
s=f('''places=CountryData["Countries"];
centers=Map[GeoPosition[CountryData[#,"CenterCoordinates"]]&,places];
{dist,route}=FindShortestTour[centers];
GeoGraphics[{Red,Thickness[0.005],GeoPath[centers[[route]]]},
GeoRange->"World",GeoBackground->GeoStyling["ReliefMap"],ImageSize->2400]''')
session.evaluate(wl.Export("worldmap.png",s,"PNG"))
```

（def〜return：文字列で表されたWolfram言語スクリプトをWolfram言語の実行環境に評価させる関数／s=f(〜)：世界のすべての国を最小の球面上距離で回るコースを計算／最終行：「巡回コース」を画像で保存）

- (Wolfram言語環境の) Wolfram Engine[注1]
- Wolfram Client Library for Python[注2](PythonとWolfram言語間の橋渡しをするwolframclientパッケージ)

▼図2 世界各国を移動距離最小にする巡回コース

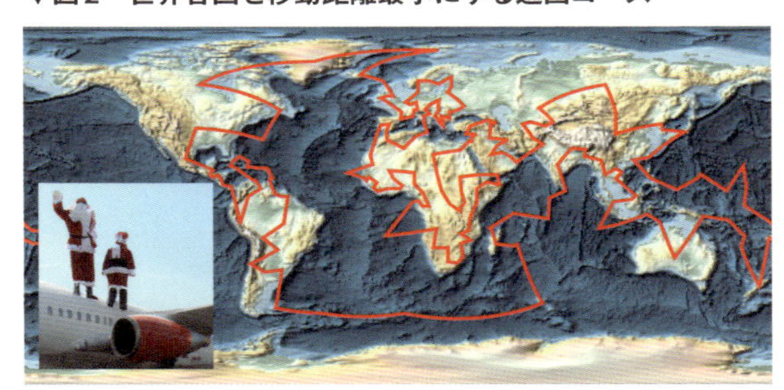

をインストールしておきます。

wolframclientは、pipやcondaでインストールできます。

そして、**図1**のようなPythonコードを実行すると、最小コスト(球面上距離)で、世界中の国をすべて回るためのコースが計算され、正距円筒図法の世界地図上に「サンタが世界を巡回するコース(**図2**)」が描かれます。

次に、訪問地間の航路(緯度・経度リスト)を算出するコード(**図3**)を書き、

注1) URL https://www.wolfram.com/engine/
注2) URL https://pypi.org/project/wolframclient/

▼図3 「世界各国を最小距離で巡る航路」の緯度・経度リスト作成(Wolfram言語部分の解説は余白が足りず省略)

```
f('''countryCenters=Map[First[GeoPositionXYZ[#]]&,centers[[route]]];
arc[x_,y_]:=Module[{a},a=VectorAngle[x,y];
Table[Evaluate[RotationTransform[\[Theta],{x,y}][x]],{\[Theta],0,a,a/Ceiling[10 a]}]]
tourLine=Apply[arc,Partition[countryCenters,2,1],{1}];
route=Map[QuantityMagnitude[LatitudeLongitude[GeoPositionXYZ[#]],"AngularDegrees"]&,
Flatten[tourLine,1],{1}]''')
lat_lons =  f('route')
```

（最終行：「巡回コース」の緯度・経度をPythonのリストとして格納）

▼図4 緯度・経度リストから、Google Earthで読み込むことができるKML形式ファイルを作成(一部抜粋)

```
from collections import namedtuple
flights = []
FlightPos=namedtuple('FlightPos',('longitude','latitude','altitude'))
for lat_lon in lat_lons:
    flights.append(FlightPos(latitude=lat_lon[0],longitude=lat_lon[1],
                        altitude=100000))
```

緯度・経度リストを前節で作成した「KMLファイル保存」スクリプトで使えるように、FlightRader24APIに合わせる

さらに前節で書いたコードを少し編集してやれば(**図4**)、地球という3次元球面の上を飛び回るサンタの旅をKML形式で読み込んで、Google Earthで眺めることができるようになります(**図5**)。

▼図5 Google Earth上で眺める「球面上の巡回サンタ問題」(Google Earth https://www.google.co.jp/intl/ja/earth/)

多項式時間で計算不可能!? NP困難な巡回サンタ問題

世界中のこどもがいる場所に行くために、サンタが計算しなければならない巡回サンタ問題。それは難問中の難問です。なぜかというと、訪問地の数(≒こどもの数)が多いと、組み合わせ的に「コース候補数」があまりに膨大になるからです。コース候補数は、順方向に巡る・逆方向に巡るの対称性をふまえると、

$$\text{コース候補数} = \frac{(\text{こどもの数} - 1)!}{2}$$

です。コース候補数が「!=べき乗」となるので、コース候補間の「移動コスト比較」に必要な計算量は$O(n!)$となります。つまり、計算の工夫をしても、多項式時間アルゴリズムが存在しない「NP困難[注3]な問題」になってしまうのです。

サンタが複数いると計算量はべき乗で減る

「巡回サンタ問題」は計算困難で、サンタがこどものもとを訪れることは不可能だとすると、サンタは空想上の存在にすぎないのでしょうか?

注3) https://ja.wikipedia.org/wiki/NP困難

しかし、あきらめるのはまだ早い。「巡回サンタ問題」を解くための鍵をもう少し探します。計算量が多い場合の常套(じょうとう)手段、それは「並列計算・実行してみよう」というものです。サンタがs人いれば、サンタ1人が比較計算しなければならないコース候補数は、

$$\text{コース候補数} = \frac{(\text{こどもの数}/s - 1)!}{2}$$

になります。サンタs人が並列に作業すれば、作業量は$1/s$で減少、すなわち$O(s)$どころか$O(s!)$もの割合で削減できるのです。サンタ1人なら「こどもにプレゼントを渡す」のが無理でも、複数人ならできそうです。

けれど、それだけでは不十分です。世界のこどもの数は、年々増えています。サンタが複数いたとしても、**「こどもの数と同じようにサンタの数も増えていかなければ」**サンタの旅は実現することはできません。……やはり、サンタは実在しないのでしょうか？

「巡回サンタの微分方程式」を解いてみる

「こどもの数と同じように、サンタの数も増える必要がある」という条件を式で書くと、

$$\text{サンタ}'[t] == \text{こども}'[t]$$

という時間に関する微分方程式になります。この方程式に真実への鍵が隠れているかもしれない……というわけで、PythonからWolfram言語を呼び、方程式を解いてみます(**図6**)。Pythonスクリプトを実行して、得られた解の集合は、

$$\{\{\text{サンタ}(t) \to \text{こども}(t)+c_1\}\}$$

です。……サンタは「こどもに何かを足した」もの？

少し想像力を巡らせます。もしかしたら、「こどもに何かが足されるとサン

▼図6 サンタ'[t]==こども'[t]という微分方程式を解いて、得られた解を画像で保存する

```
s = "eq=DSolve[サンタ'[t]==こども'[t],サンタ[t],t];" \
 + "Rasterize[eq // TraditionalForm,ImageSize->2400]"   ← 微分方程式を解いて解を画像化する
session.evaluate(wl.Export("eq.png", f(s), "PNG"))       ← 得られた解を画像保存
```

タになる」「いつかこどもがサンタに変わる」のかもしれません。それは、確かに「サンタの微分方程式」を満たす解の1つです。その解であったなら、NP困難に見えたサンタ巡回問題も、十分な数の並列計算・実行で実現できるようになるはずです。

こどもがこどもに見せる「プレゼント」

こどもが世界のどこかで生まれたとき、別のこどもが「何か」を足されて、自分の姿をサンタへと変えていきます。目の前にいるこどもの寝顔を眺め、少し前に生まれたこどもがサンタという存在に変わるのです。

サンタが渡す「プレゼント」。その語源は、ラテン語の“present”＝“pre(目の前に)”＋“sun(「存在」する)”という説があります。新たに世界に生まれたこどもの「存在」を目の前にして、かつてのこどもが「プレゼントを渡す存在」に変身していきます。そして「サンタは存在する」「こどもにプレゼントを届けたいという願いが“サンタという存在”だ」と気づくのです。こうして、サンタが街にやってきます(図7)。

▼図7　こどもがこどもに見せるプレゼント

1-5 警察庁広域重要指定114号 グリコ森永事件の犯人を追え!

「北海道テープ」の謎を解く!"東大阪の玉三郎"編

1984年に日本全国を騒がした劇場型犯罪 広域重要指定114号「グリコ森永事件」

ロサンゼルス・オリンピックが開催された1984年、日本全国を騒がす事件が起こります。それは、3月18日の江崎グリコ社長誘拐事件に始まり、兵庫・大阪から名古屋・東京まで、各地のコンビニやスーパーに毒入り菓子が置かれた、警察庁広域重要指定114号事件(グリコ森永事件)です。犯人は、報道機関などに挑戦状を送りつけ、日本全体を騒がす劇場型犯罪と称されました。

警察無線の傍受で警察の動きを把握して、無線交信で会話を重ねる犯人グループ!

グリコ森永事件の犯人は、無線機をさまざまな状況で活用していました。たとえば、脅迫金の受け取り場所で発見された盗難車内には、警察無線が傍受できるように改造された無線機が残されていたり、大阪から京都に向かう列車の中で現金を持った捜査員を見張り続ける「無線機を持った男」がいたり。そしてまた、「21面相」や「東大阪の玉三郎」と名乗る怪しい無線交信が、アマチュア無線家たちによって何度も確認されています。

北海道で録音された無線交信は本物か!?

こんな怪しい無線も受信されます。

「21面相、こちら玉三郎」
「不二家は金払わん、ちゅーとんけ?」
「だったら、不二家、諦めたほうがいいわ」

この無線(電波)が受信されたのは1984年12月4日午後2時20分からの10

分間。受信場所は北海道岩内郡。株式会社不二家に最初の脅迫状が届いたのは、公式には1984年12月7日。その日時以前に、不二家を脅迫する内容を話す会話は、怪しさ満点です。……とはいえ、容疑拠点として想定される京阪地区から1,000km以上も離れた北海道まで電波が届くのか？　それを本節で検証してみます。

1984年12月は太陽活動が極小に近く、冬の午後2時は電離層（F層）で全反射する

犯人たちが交信に使ったのは、周波数帯が7MHz、21MHz、430MHzの電波。北海道で受信された7MHz帯の電波が伝わる経路は、

- （おおよそ）まっすぐに伝わる直接波
- 上空の電離層や地面の反射を介する反射波

です。直接波が届くのは、見通しがきく数十kmくらいまでなので京阪地区から北海道に届くのは、電離層経由の反射波です（**図1**）。

電離層での電波反射の程度は、太陽活動（紫外線やX線量）で変化します。太陽活動が激しいと電波が反射されやすくなります。また、太陽が地平線に沈む夜は電離層反射は起こりません。そして、太陽活動が盛んな場合は、地上約100kmにある電離層（E層）でも（角度によっては）反射するが、そうでなければ地上約300kmにある電離層（F層）で反射する、という具合です。

そこで、太陽の各種情報を扱うことができるSunPyを使い、事件当時の太陽活動を調べてみます。すると、1984年12月は、約11年周期で繰り返される太陽活動周期の極小期に近く、冬なので陽射しも弱く「昼の2時とはいえど、7MHz帯の電波は“ほぼ電離層（F層）で全反射する”条件」だとわかります（**図2**）。

▼図1　電離層で反射して伝わる電波（反射波）※距離はイメージ

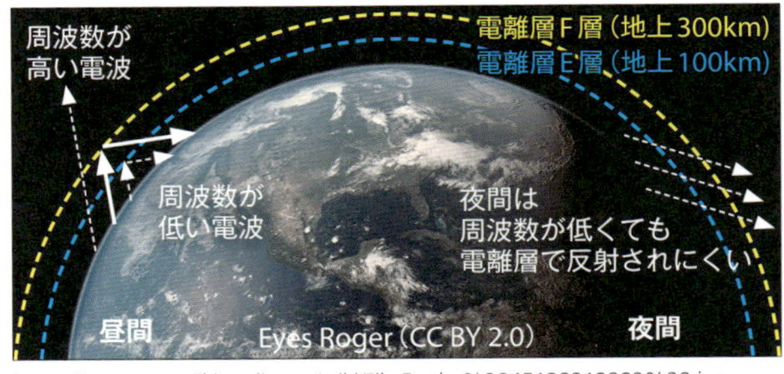

https://commons.wikimedia.org/wiki/File:Earth_%2845138212292%29.jpg

▼図2　SunPyを使い描いた太陽活動周期

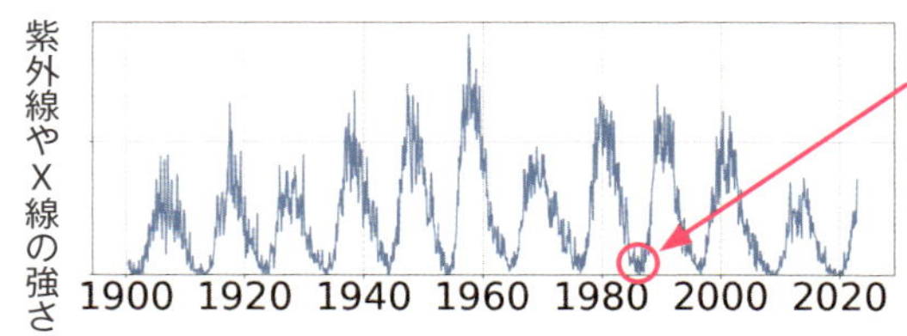

▼図3　幾何関係から、電離層(F層)で反射する際の、電波送信方向(角度)⇒到達距離を見積もる

```
RADIUS = 6378137 # 地球の半径(m)
def phi2distance_m(phi):
    return 2*(-0.1732*phi**5+0.8713*phi**4-1.7323*phi**3+1.7449*phi**2-0.9754*phi+0.2917)*RADIUS
phis = np.arange(0, np.pi/2, 0.01); distance_km = [phi2distance_m(phi)/1000 for phi in phis]
plt.plot(90-phis*180/math.pi, distance_km)
```

電波送信角度から、電離層(F層)での反射波が到達する場所(距離)

送信角度 vs. 到達距離の折れ線散布図を描く

送信方向(角度)から到達距離を計算

次に、電波の「送信方向(角度)と、電離層(F層)」での反射波が届く距離の関係を調べてみます。幾何条件から方程式を作り、方程式を数値的に解くことで近似式を作り(大幅に端折った補足説明はサポートURLにあります)、図示してみます(図3、図4)。すると、比較的低い角度、天頂方向から60度を超えるような角度で送信した電波は、電離層(F層)で反射して1,000kmを超える距離に届く、ということがわかります。

送信方向(角度)から電波強さを計算

7MHz帯の電波は波長40m。犯人たちが使っていたのは、波長よりかなり短い“目立ちにくい”アンテナでしょう。そんなアンテナ(微小ダイポールアンテナで大雑把に近似)から出る電波の(送信方向＝角度に応じた)強さを表示してみると、図5のようになります。

アンテナを鉛直に立てると、(真上には電波は飛ばず)周囲に低い角度で電波が広がります。もし、アンテナを水平に伸ばした場合は、真上から低い角度方向まで、大雑把には、同じような強さの

▼図4　天頂からの角度(横軸)に応じた電波到達距離(縦軸)

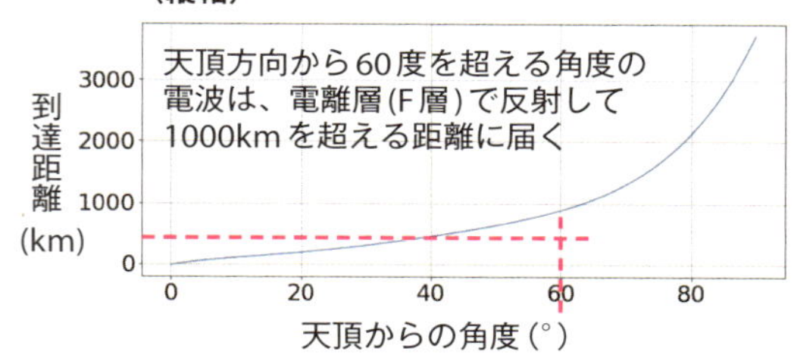

▼図5　電波送信方向(角度)⇒電波強さを見積もる(3次元的に見積もったうえで、鉛直・水平アンテナ双方を見積もる)

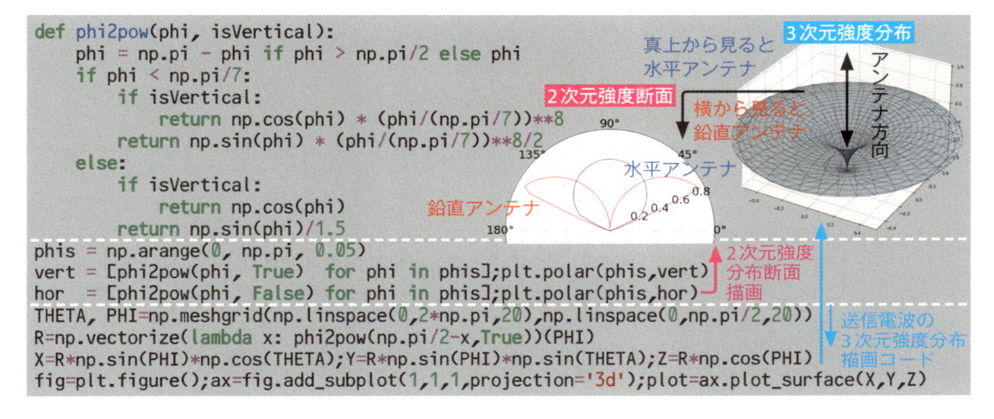

▼図6　「到達距離 vs. 到達電波の強さ」を計算・表示する(送信側強度と、距離2乗減衰をふまえた受信強度)

```
pow_vert = [phi2pow(phi, True) for phi in phis];plt.plot(distance_m, pow_vert)
pow_hor  = [phi2pow(phi, False) for i, phi in enumerate(phis)];plt.plot(distance_m, pow_hor)
pow2_vert = [phi2pow(phi, True)/((distance_m[i]+300*2)**2)*100000  for i, phi in enumerate(phis)]
pow2_hor  = [phi2pow(phi, False)/((distance_m[i]+300*2)**2)*100000 for i, phi in enumerate(phis)]
plt.plot(distance_km, pow2_vert);plt.plot(distance_km, pow2_hor)
```
← 距離 v.s. 強度の折れ線散布図を描く

電波が送信されます。

▼図7　電波が届く距離 v.s. 送受信電波の強さ関係

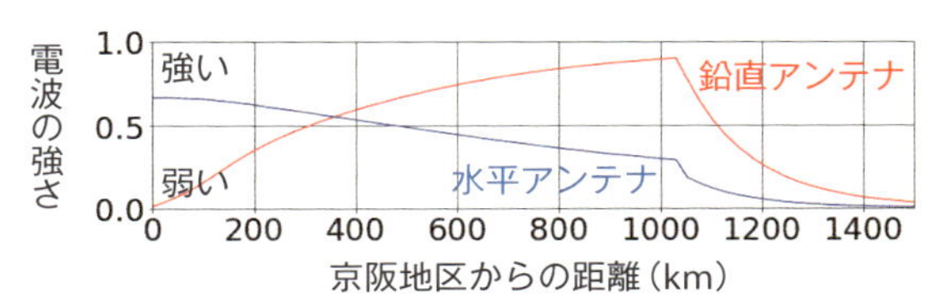

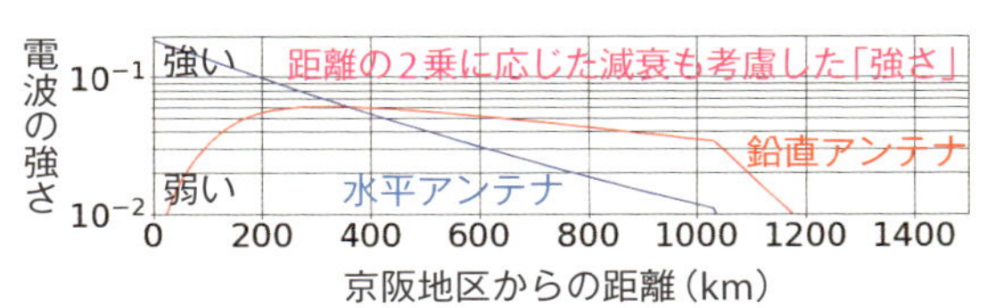

距離ごとの送受信電波の強さを計算

ここまでに、アンテナからの、

・電波送信方向(角度)⇒ 電波が届く距離
・電波送信方向(角度)⇒ 送信電波の強さ

を算出する関数を作りました。それらの関数を使うと、電波送信方向(角度)を媒介変数として、

・電波が届く距離 vs. 送受信電波の強さ関係

を算出・図示することができます(図6、図7)。

7MHz電波は確かに届く!

Jupyter Notebook上で地図表示ができるfoliumパッケージを使い、京阪地区から送信された7MHz帯の電波が、周辺各地に「どのくらいの強さ」で届くかを図示してみたのが**図8**です。北海道岩内郡にまでグリコ森永事件の犯人たちの声(電波)が届いたことも、とくに不自然ではない、と確認できます。

▼図8　7MHz帯電波(鉛直アンテナから送信)が電離層反射で届くエリア

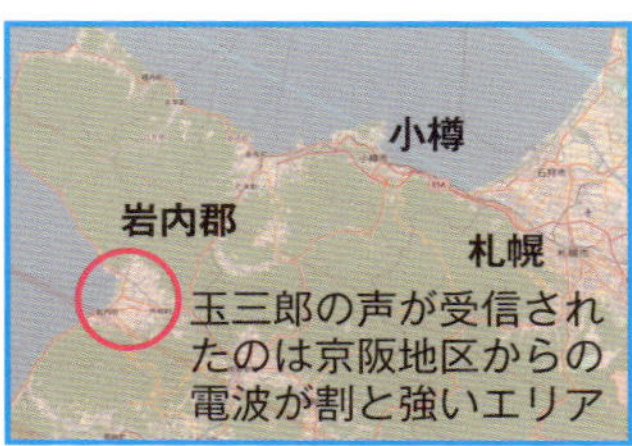

▼図9　7MHz帯と21MHz帯の電波到達エリア

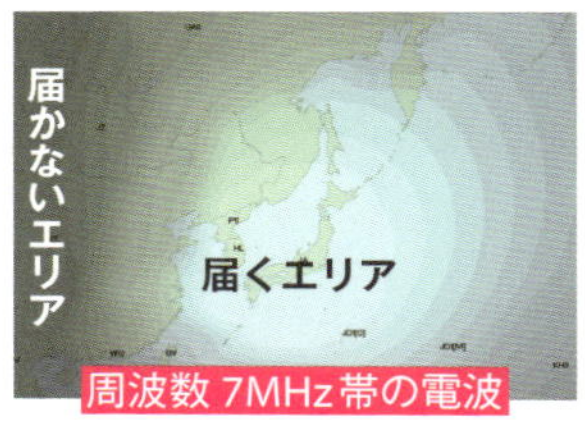

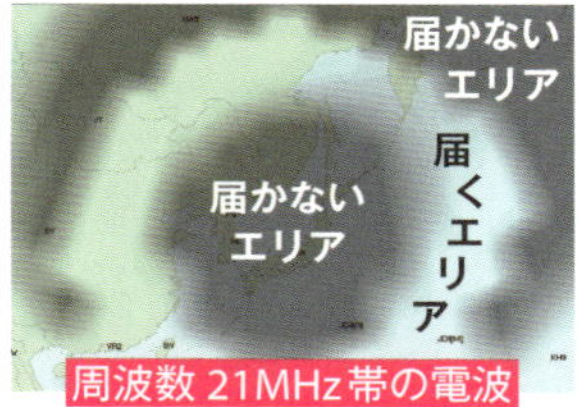

他周波数帯の受信は困難だった

ちなみに、玉三郎の電波が「北海道テープ」として受信・録音されたのは、犯人たちが7MHz帯の電波を使ったからです。430MHz帯はもちろん21MHz帯の電波でも、北海道に向かう反射波コースでは、周波数が高いために電離層で反射されずに通過してしまい、電波が届かないのです。ためしに、Ham CAPとDX Atlasというソフトを組み合わせて、その時期の電離層状態をふまえた「京阪地区から送信された7MHz帯と21MHz帯の電波が届く場所」を可視化してみると、21MHzの電波では「北海道を含め、日本国内に届く反射波は生じない」ことが確認できます(**図9**)。

次回:東大阪の玉三郎からの電波が届き、21面相の電波はほとんど受信されなかった謎を解け!

ところで、北海道テープに記録されているのは「玉三郎の声」が多く、それに対して「21面相の声」は若干少なめです。それがいったいなぜなのか。次節でその謎を解き明かし、さらには「21面相」がいた場所を見つけ出してみます。

1-6 警察庁広域重要指定114号 グリコ森永事件の犯人を追え!

「キツネ狩り」で「21面相」を見つけ出せ!編

脅迫・挑戦状で日本を騒がした21面相による「グリコ森永事件」

映画『風の谷のナウシカ』が公開された1984年。その3月から翌1985年にかけて起きたのが「グリコ森永事件」です。かい人21面相と名乗る犯人が、食品会社に脅迫状を送り、警察や報道メディアには挑戦状を送りつけ、日本中を騒がしました。警察が公開したキツネ目の男の似顔絵を覚えている人もいることでしょう。

前節では、1984年12月に北海道のアマチュア無線家が偶然受信した「21面相と玉三郎による7MHz帯の無線交信(北海道テープ)」が、事件の舞台となった京阪地区から届いた電波(無線)だという可能性があるかを検証しました。その結果は「京阪地区からの電波である可能性が十分にある」というものでした。

北海道テープ、21面相の電波がほぼ受信できなかった理由とは?

北海道テープに録音されているのは、ほとんどが玉三郎の声で、21面相の声はほぼ録音されていません。「(玉三郎より)21面相の電波が少し弱い」という程度でなく「“ほとんど”届いていない」ということであれば、

- 北海道からの21面相や玉三郎の距離差
- 21面相と玉三郎による送信電波強度差

でなく、21面相の送信電波が「北海道に届く幾何条件ではなかった」と推測されます。

21面相は7MHz帯アンテナを水平横向きで南西に伸ばしてた?

前回記事で計算・可視化したように、棒状のアンテナから送信される電波は、おおよそアンテナと垂直な方向に広がっていきます。21面相がアンテナを水

平横向き、たとえば南西方向に伸ばしていたとすると、送信された電波は北海道方向では受信できません(**図1**)。その一方で、もしも玉三郎のアンテナの向きが鉛直もしくは北海道に電波が向かう南東・北西方向だったとすると、北海道に電波を届けることができます。つまり、玉三郎と21面相の差は、彼らが伸ばすアンテナの向きだったのかもしれません。

▼図1　ホイップアンテナの電波送信方向

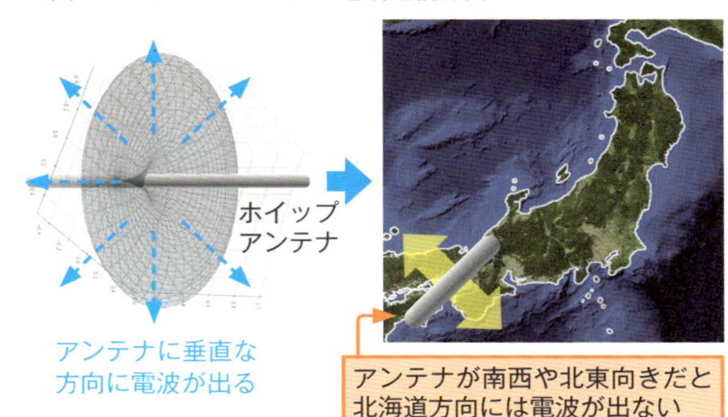

無線の送信位置を突き止める「キツネ狩り」で21面相を探せ!

21面相と玉三郎の無線交信は、1983年の11月ごろから1984年の10月ごろにも、430MHz帯で偶然受信されています。受信したのは、大阪府の高槻市や奈良市内のアマチュア無線家で、奈良市内での受信時には「(アンテナの向きを変えて探索した結果)奈良市に対して北北西の方向から届く＝大阪府北部方面からの電波だった」ということがわかっています。

▼図2　電波送信方向を頼りに「キツネ」を狩る

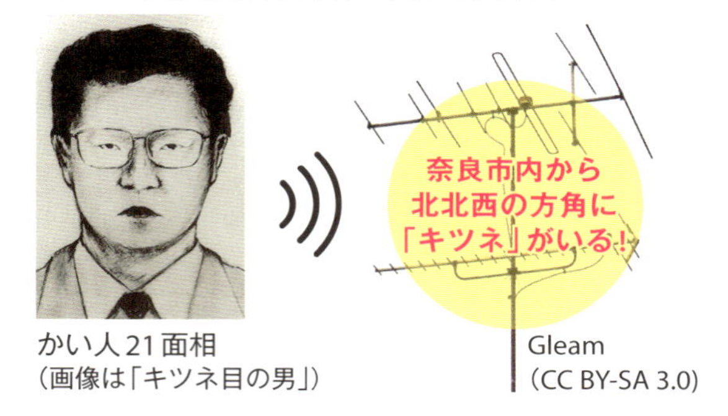

かい人21面相
(画像は「キツネ目の男」)
Gleam
(CC BY-SA 3.0)

そこで、「無線が送られてくる方向を手掛かりに送信している人(キツネ)を捕まえる」無線競技“Fox hunting(キツネ狩り)”のようにして、「キツネ目の男」ならぬ「かい人21面相」の居場所を突き止めてみましょう(**図2**)。

▼図3　国土地理院提供の地理院地図（電子国土Web）から標高情報や地図画像をダウンロードする

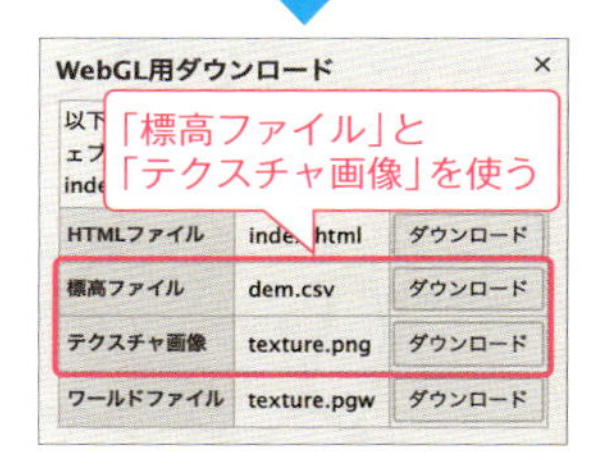

21面相を名乗るキツネがいたのは奈良から北北西の見通せる場所!?

430MHz帯の電波は直進性が高く、届くのはほぼ見通しがきく範囲です。そこで、京阪地区の地形・地図情報を手に入れて、奈良市内から見通せる場所を抽出してみます。

まず、国土地理院提供[注1]の地理院地図の「3D」機能を使い、京阪地区の標高情報と地図画像・衛星画像をダウンロードします(**図3**)。そして、奈良市内を中心として「地形に遮られずに電波が届く場所」を、3次元直線的な周囲への探索を行うことで抽出します(**図4**)。

21面相が無線交信をしたのは高槻市・長岡京市の里山近く!?

コードを実行して得られた結果(**図5**)を眺めると、奈良市内からでは、生駒山地(生駒金剛山脈)や北部の丘陵に遮られて、北北西の方向に「奈良から見通せる場所」はかなり限られることがわかります。具体的には「奈良市内に430MHz帯の電波が届きそうな場所」の候補となるのは、大阪府高槻市から京都府長岡京市の里山近く、に限られます。しかも、里山といっても住宅地があるような場所はほんどなくて、「電波が届く場所で、住宅地があるような場所」

注1） https://maps.gsi.go.jp/

▼図4 「奈良市内で430MHz帯電波を受信可能」な「送信場所」を計算・可視化するPythonコード

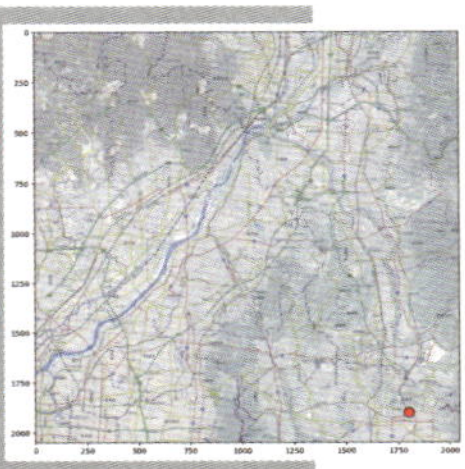

```
import math; import numpy as np
import matplotlib.pyplot as plt
from imageio.v3 import imread, imwrite
from matplotlib.patches import Circle

# 地図画像と写真画像（2048, 2048, 4）を読む
texture_map = imread('texture.png'); texture_photo = imread('texture-2.png')
texture = (texture_map*0.7+texture_photo*0.3)/255 # 地図・写真を適当に合成する
texture_size, _ ,_ = texture.shape
nara_pos = np.array([1800,1900])/texture_size # 受信場所を、奈良市内で適当に設定
# 読み込んだ画像を表示する。また、適当に選択した「奈良市内」場所をプロットする
fig = plt.figure(figsize=[10,10]); ax = fig.subplots(1); ax.imshow(texture)
ax.add_patch(Circle(tuple(nara_pos*texture_size), 25, fc='r', ec='k'))

# 標高情報（CSVファイル）を読み込む
dem = np.loadtxt('dem.csv', delimiter=',')
dem_size = 257; dem = 100*dem.reshape([dem_size,dem_size])
# 標高情報を画像として表示する
fig = plt.figure(figsize=[10,10]); ax = fig.subplots(1)
ax.imshow(dem, cmap = "gray")
ax.add_patch(Circle(tuple(nara_pos*dem_size),5,fc='r',ec='k'))

visibility_map = np.zeros_like(dem)          # 見通しマップ：0->False,1->True
start_pos = (nara_pos*dem_size).astype(int) # 初期位置（奈良市内の適当な場所）
pos_step = 1.0                               # DEM座標上の探索進行程度
for theta in np.arange(0, 2*math.pi, math.pi/10000): # 周方向（南=0、左回り）
    for s in np.arange(0.000001, 3, 0.001):         # 仰角方向（水平方向が0）
        y = y0 = start_pos[0]; x = x0 = start_pos[1];# 探索を開始する原点
        z =  dem[y0, x0]+0.75 #  0.5
        while True: # 直線的に「DEMにぶつかるか」探索
            y = y + math.sin(theta) * pos_step
            x = x + math.cos(theta) * pos_step
            z = z + s
            if y<0 or dem_size<=y or x<0 or dem_size<=x:
                break  # 領域外に出たらループ脱出
            if dem[int(y), int(x)] > z:
                visibility_map[int(y), int(x)] = 1
                break  # DEMに到達したらフラグを立てループ脱出

result = np.copy(texture)
for y in range(2048):
    for x in range(2048):
        if visibility_map[int(y/8.0), int(x/8.0)]:
            result[y,x] = [1,0,0,1]

fig = plt.figure(figsize=[20,20]); ax = fig.subplots(1)
ax.imshow(result, cmap = "gray")
ax.add_patch(Circle(tuple(nara_pos*texture_size),15, fc='r', ec='k'))

import cv2; from mpl_toolkits.mplot3d import Axes3D
# %matplotlib notebook
# 標高情報と写真画像と「電波が届くかどうか」を組み合わせて、鳥瞰図として描く
l=256; size=(l,l); z = cv2.resize(dem, size)
tex = cv2.resize(np.delete(result, 3, axis=2), size)
x = y = np.linspace(0, l, l); x, y = np.meshgrid(x, y)
fig=plt.figure(figsize=[15,15]);ax=fig.add_subplot(111,projection='3d')
ax.scatter3D(np.ravel(x),np.ravel(y),np.ravel(z),s=5,c=np.reshape(tex,(l*l,3)))
ax.set_zlim(0,1000);ax.invert_yaxis()
```

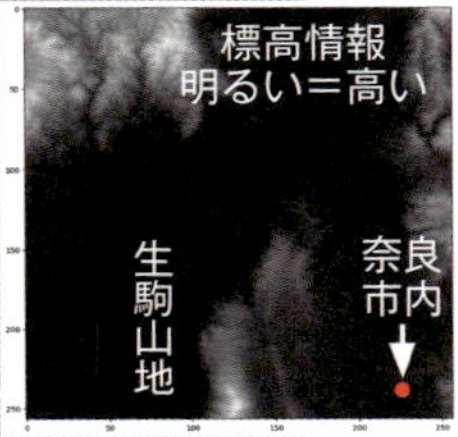

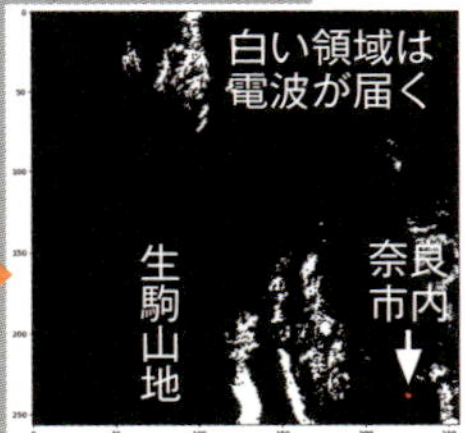

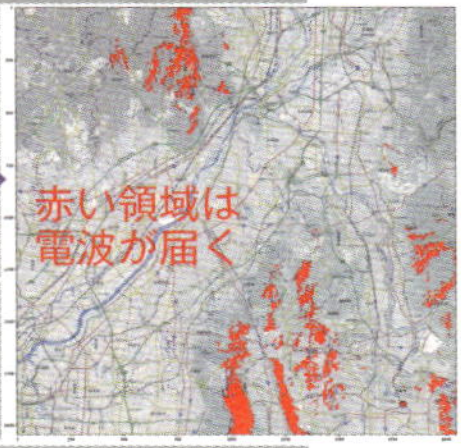

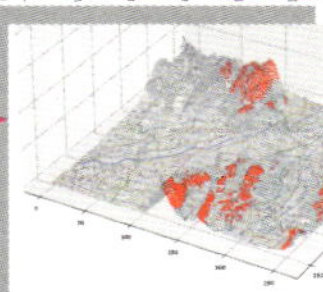

▼図5 「奈良市内」で430MHz帯電波を受信可能な「送信場所(赤色領域)」

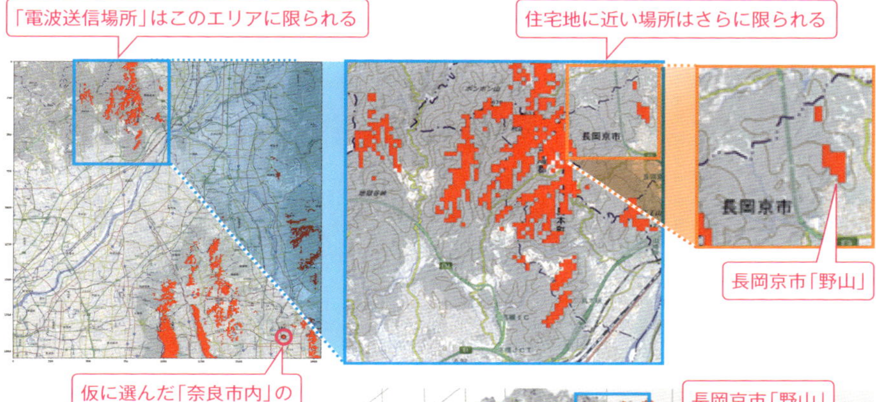

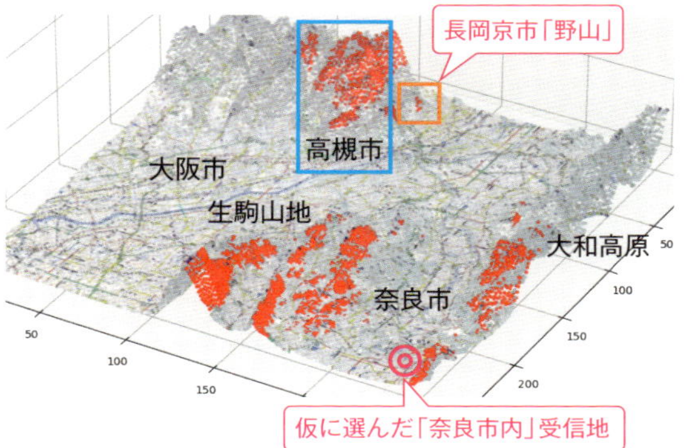

は、たとえば長岡京市の「野山[注2]」近辺くらいです。この場所からならば、高槻市内もある程度見通せますから、“奈良市内や高槻市内で無線交信が受信された”という条件に当てはまります。

グリコ森永事件の犯人は、長岡京市で盗難した車を使い、ハウス食品からの現金強奪を試みました。そして、丸大食品の脅迫時に現れた「キツネ目の男」は、長岡京市の神足駅(現 長岡京駅)から列車に乗り込みました。21面相というキツネは、長岡京市「野山」にいた……というのが今回の推理結果です。

迷宮事件をデジタルで推理「なるほど、実におもしろい」

迷宮入り事件の事件現場に行かずとも、デジタル技術を活用した分析・捜査もできます。そんな推理をしていると、TVドラマ『ガリレオ』の台詞を口にしたくなるかもしれません。

「なるほど、それは実におもしろい」

注2) 別の奇妙な迷宮入り事件(長岡京ワラビ採り殺人事件)の現場としても有名です。

第1章 画像可視化の技術

1-7 日本列島を伝わる「地震の波」を可視化する

強震観測網がとらえた震動データを分析してみよう

「地震の巣」の上に浮かぶ日本、地面を揺らす地震の波を分析する

地球表面を覆う岩盤(プレート)が互いにぶつかる場所の上に、日本列島は位置しています。そのため、日本では頻繁に地震が起きます。以前、前著(『なんでもPYTHONプログラミング』)では、国土地理院が公開している全国約1,300ヵ所の電子基準点で計測された高精度測量データを分析し、日本列島の「ゆっくりとした変形や歪み(ゆがみ)」を可視化する処理手順を紹介・解説しました。具体的には、日本列島の変形・歪みと地震の震源地分布を重ね合わせて、地震と日本列島の変形の対応も眺めてみました(**図1**)。

本節では、ゆっくりとした日本列島の変形・動きではなく、「揺れ＝はるかに速い変形」を分析してみます。地震によって生じた「揺れ」が日本各地にどのように伝わったかを調べてみる、つまりは「地震の波」が日本各地に広がっていく様子を、時間を追って分析してみることにします。

日本全国に設置されている防災科学技術研究所の強震観測網

地震により引き起こされた日本各地の揺れは、全国約1,700ヵ所に設置されている強震観測網の観測点(**図2**)で計測されています。地震や観測点ごとに計

▼図1　電子基準点の高精度測量データを使い可視化した、日本列島の変形・歪みと地震の震源位置の対応

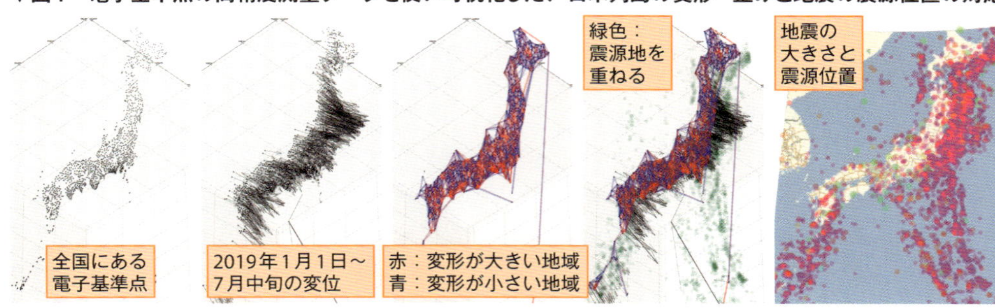

測された強震データは、ユーザー登録を行うことで、防災科学技術研究所のサイトからダウンロードできます[注1]。観測点の地名や位置(緯度・経度・標高など)に関する情報も、CSVファイルとして公開されています[注2]。

▼図2　横浜市に設置されている強震観測網の観測点

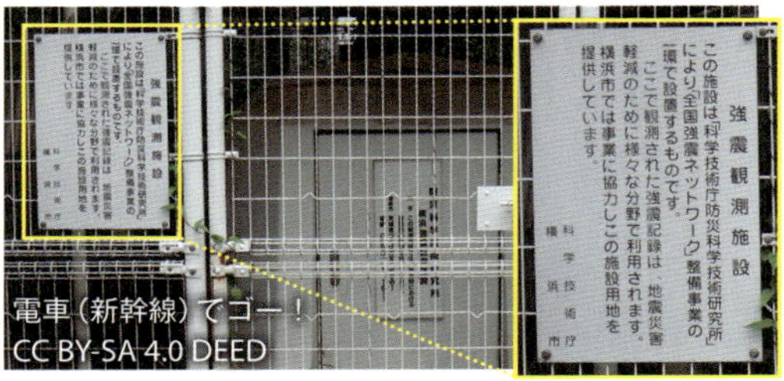

電車(新幹線)でゴー！
CC BY-SA 4.0 DEED

各観測点の強震データは、鉛直方向・東西方向・南北方向の3方向に対する「揺れ(振動)の加速度」の情報で、たとえば1/100秒ごとに計測されたものです。今回は、強震データを使い、地震が起きた際に「日本各地で揺れが時間的に変化していく様子」を眺めてみます。

ObsPyライブラリを使うと、強震データは簡単に扱える

まずは、観測点情報と強震データをダウンロードしておきます。強震データについては、東北地方太平洋沖地震で計測された全観測点の情報を、K-NET ASCIIフォーマットでダウンロードしてみます。

防災科学技術研究所のサイトからダウンロードした強震データを展開すると、"～.knt"という名称が付けられたフォルダに、

- 鉛直方向の振動加速度(拡張子は".UD")
- 東西方向の振動加速度(拡張子は".EW")
- 南北方向の振動加速度(拡張子は".NS")

というファイルとして、各3方向の振動加速度の時間変化(応答)情報が格納されています。

これらのファイルを読み込んで、「振動加速度の時間変化」を波形チャートとして描画するコード例が**図3**、描画結果が**図4**です。この例では、東京都新宿区上落合にある観測点('TKY007')で計測された、3方向の振動加速度を描画しています。**図4**を眺めると、鉛直方向の小刻みな揺れが始まり、数十秒後に、

注1) URL https://www.kyoshin.bosai.go.jp/kyoshin/
注2) URL https://www.kyoshin.bosai.go.jp/kyoshin/pubdata/all/sitedb/sitepub_all_sj.csv

▼図3　強震データを読み込み、「振動加速度の時間変化」をチャート描画するコード例

```
import obspy # conda install -c conda-forge obspy── 地震データ処理用のSciPyライブラリを使う
import os, csv

site_names = {}                                                        観測点情報の読み込み
with open('sitepub_all_sj.csv', encoding='shift_jis') as csvfile: # 観測点情報CSVファイル
    reader = csv.reader(csvfile)
    for row in reader:
        site_names[row[0]] = f"{row[7]} {row[1]}" # 観測点コードをキーに、県と観測点名を保持

dir_path = "./20110311144600/20110311144600.knt" # 強震データを展開したフォルダ  強震データの読み込み
sites = [] # 全観測点の強震データを読み込む
for path in os.listdir(dir_path): ─ フォルダに格納されている振動加速度データをすべて読み込む
    file_name, ext = os.path.splitext(path)
    if ext == ".UD":
        ud = obspy.read(os.path.join(dir_path,file_name+'.UD'))[0]
        sites.append({
            'station':site_names[ud.stats.station], # 観測点名も格納しておく  ─ 鉛直 東西 南北 の振動加速度 読み込み
            'UD':ud,
            'EW':obspy.read(os.path.join(dir_path,file_name+'.EW'))[0],
            'NS':obspy.read(os.path.join(dir_path,file_name+'.NS'))[0] })

site = next(filter(lambda site: site['UD'].stats.station=='TKY007', sites))  振動加速度の波形を描画
site['UD'].plot(color='red');site['EW'].plot(color='green');site['NS'].plot(color='blue')
```

大きく揺れ始めたことがわかります。

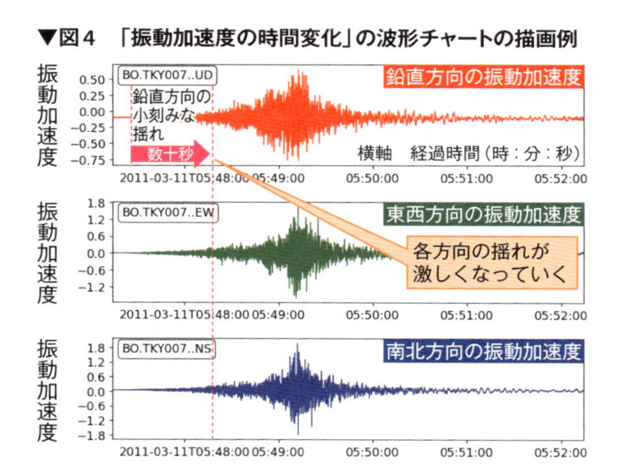

▼図4　「振動加速度の時間変化」の波形チャートの描画例

日本地図の上に「各観測点での鉛直方向の最大加速度」の大きさを可視化するコード例が**図5**、描画結果が**図6**です。各観測点での鉛直方向の最大加速度は、強震データに属性情報として記録されている値を使っています。**図6**を見ると、鉛直方向の揺れが激しかった地域は、宮城県や茨城県の近辺だったことが確認できます。

図3や**図5**のコードでは、地震データ処理用のライブラリであるObsPyを使って、強震データの読み込みや値アクセス、あるいは、チャートの生成を行っています。また、地図上での情報可視化は、地理空間情報処理向けに作られたCartopyライブラリを使っています。こうしたライブラリを使うと、さまざまな処理をいとも簡単に行うことができます。

▼図5 日本地図の上に「各観測点での鉛直方向の最大加速度」の大きさを可視化するコード例

```
import matplotlib.pyplot as plt
import cartopy.crs as ccrs; import cartopy.feature as cfeature  ―― 地理空間情報の処理にはCartopyライブラリを使う
from owslib.wmts import WebMapTileService; import math

def create_fig_for_map(fig_size): # 日本地図を描く前処理を行う関数
    fig=plt.figure(figsize=fig_size); ax=plt.axes(projection=ccrs.PlateCarree())
    ax.set_extent((136.0,146.0,34.0,44.0),ccrs.PlateCarree())
    ax.add_feature(cfeature.OCEAN);ax.add_feature(cfeature.LAND)
    ax.add_feature(cfeature.LAKES);ax.add_feature(cfeature.RIVERS)
    ax.add_feature(cfeature.BORDERS)
    ax.add_wmts(wmts, 'MODIS_Terra_SurfaceReflectance_Bands143',
            wmts_kwargs={'time': '2019-05-05'}); cm = plt.get_cmap("jet")
    return ax

ax = create_fig_for_map((10,10))
for site in sites:                  # 全観測点の最大加速度をプロットしてみる
    lon = site['UD'].stats.knet.stlo; lat = site['UD'].stats.knet.stla # 東経と北緯
    accmax = math.log10(site['UD'].stats.knet.accmax / 100.0+1 )
    ax.plot(lon,lat,'o',color = cm(accmax),markersize=str(accmax*20),alpha=0.4)
plt.show()
```

地図を描く準備関数

地形・河川や衛星写真情報を表示する設定

各観測点の鉛直方向の最大加速度を地図上に描画する

毎秒数キロメートルで伝わる「揺れ」各観測点での「時間変化」を眺める

▼図6 各観測点の最大加速度分布（鉛直方向）

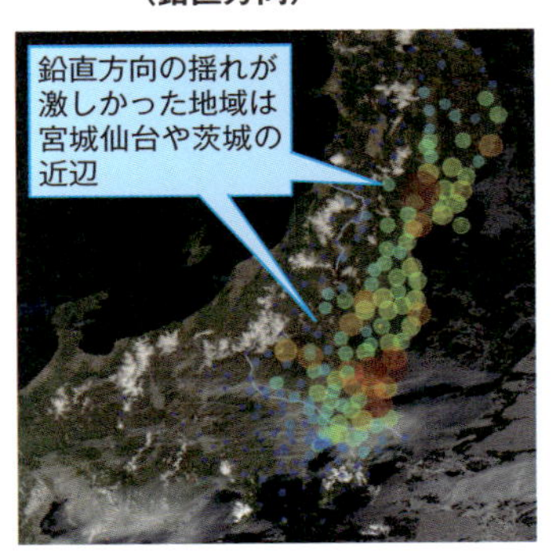

次は「各観測点の揺れ」の時間変化をじっくりと眺めてみようと思います。強震データを使って、各観測地の「揺れの大きさ」が刻々とどう変化したかを分析してみます。

まずは、「揺れの大きさ」の時間変化を表すデータを作りましょう。鉛直・東西・南北という3方向の振動加速度のままでは、揺れの大きさとしては、少し扱いにくく感じます。そこで、3方向の加速度を合成した「長さ（ノルム）」を「揺れの大きさ」として扱うことにしてみます。また、「揺れの大きさ」の時間変化を大雑把に眺めるために、振動加速度データや揺れの大きさの時間変化に対して、時間的に滑らかにする関数も作っておきます。そうした処理を行うコード例が**図7**です。

このような事前準備をしたうえで、各観測地点の「揺れの大きさ」の時間変化を、

- 横軸：地震発生からの秒数
- 縦軸：最大加速度順に並べた各観測地点

▼図7　3軸方向の振動加速度データから「揺れの大きさ」の時間変化を得るためのコード例

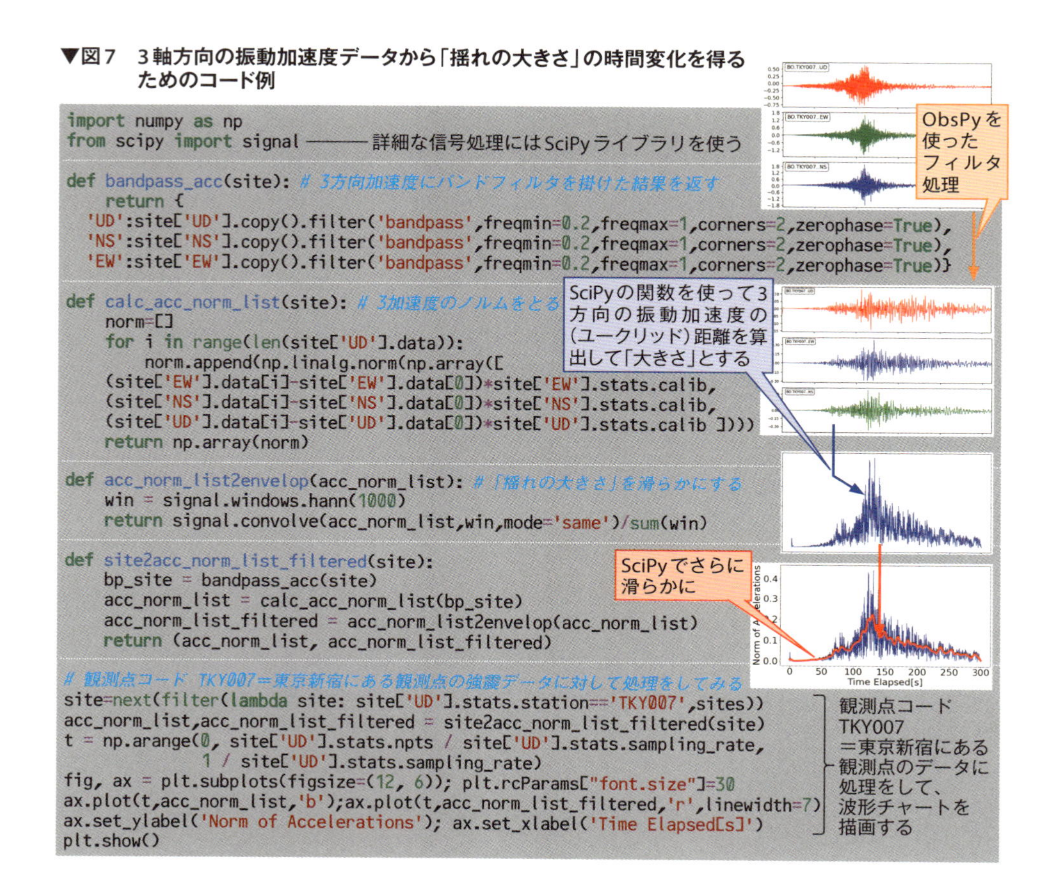

として、2次元の色マップとして描画するコード例が**図8**です。このコードでは、観測点ごとの「観測データの時間のズレ」や「強震計の遅延時間(15秒)」に対する時間合わせも行っています。

コードを実行して、各観測地点の「揺れの大きさ」の時間変化を描いた結果が**図9**です。**図9**で縦軸方向に並べられた観測点は、最大加速度が大きい順に、上から下へと並んでいます。単純化して考えてみれば「震源に近い観測点ほど最大加速度が大きい」のが自然です。つまり、**図9**は「震源からの距離」に応じた「揺れが始まる時刻や、揺れの大きさの時間変化」を表していることになります。

ちなみに、地面を伝わる「揺れ」は、波として伝わっていくため、地震波と呼ばれます。地震波が伝わる速度は、

▼図8　各観測点の「揺れの大きさ」の時間変化を、2次元の色マップとして描画するコード例

```
s_max = 500 # 何秒後まで描くか
acc_2d_map = np.zeros((len(sites), s_max)) ———(観測点数×描画する経過時間数) の配列を作る
for idx, sitename_accmax in enumerate(sitenames_accmaxs):
    site=next(filter(lambda site: site['UD'].stats.station==sitename_accmax[0],sites))
    acc_norm_list,acc_norm_list_filtered = site2acc_norm_list_filtered(site)
    for sec in np.arange(s_max):
        corrected_sec = sec-(site['UD'].stats.starttime.timestamp-start_time-15)
        s = int(corrected_sec*site['UD'].stats.sampling_rate)
        if 0<=s and s<len(acc_norm_list_filtered):# データ範囲外では値は0のまま
            acc_2d_map[idx][sec] = acc_norm_list_filtered[s]
plt.imshow(np.vectorize(math.log10)(acc_2d_map*500+1),cmap='jet',aspect=0.4) ———配列を描画
```

（for ループ部分の注記）各観測点について経過秒数ごとの「揺れの大きさ」を配列に格納する
（if 文部分の注記）データ範囲外対応

・第1波(Primary)＝P波：秒速約6km

・第2波(Secondary)＝S波：秒速約3km

程度です。適切な信号処理を行えば、P波とS波を分離したり、それらの伝わり方の差の違いを調べたりといった解析も、きっとできることでしょう。

▼図9　各観測点の「揺れの大きさ」の時間変化

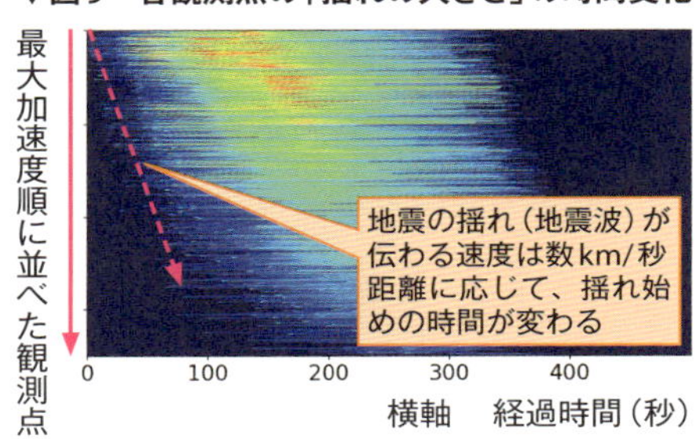

震源から日本全体に広がった、地震波が伝わる過程を可視化する

最後に、東北地方太平洋沖地震が発生してから、つまり2011年3月11日14時46分18秒から時間を追って、「揺れ」がどのように日本列島全体に広がっていったかを、地図上に図示してみることにします。そのためのコード例が**図10**で、図示結果例が**図11**です。**図8**のコードで、各観測点での「揺れ」の時間変化を配列として作ってあるので、経過時間ごとの揺れの大きさを地図上に描く**図10**のコードは、わずか数行の処理となっています。

図示結果である**図11**を眺めると、震源を中心に、時速にすると1～2万km/

▼図10　東北地方太平洋沖地震の「揺れ」が日本全体に広がる過程を地図上に図示するコード例

```
def draw_accnorm_map(acc_2d_map, sec=0): ———経過時間ごとの「揺れの大きさ」を地図上に描く関数
    ax = create_fig_for_map((5,5))
    for idx, sitename_accmax in enumerate(sitenames_accmaxs):
        site = next(filter(lambda site:site['UD'].stats.station==sitename_accmax[0],sites))
        lon = site['UD'].stats.knet.stlo;lat = site['UD'].stats.knet.stla # 東経、北緯
        acc = acc_2d_map[idx][sec]
        ax.plot(lon,lat,'o',color=cm(acc),markersize=str(acc*20), alpha=0.4)
    plt.show()

draw_accnorm_map(np.vectorize(math.log10)(acc_2d_map*10+1),sec=50) ———50秒間隔で可視化
```

（lon/lat 行の注記）観測点の緯度・経度
（acc 行の注記）観測点ごと・経過秒数ごとの揺れの大きさを格納した配列

▼図11　東北地方太平洋沖地震の「揺れ」が日本全体に広がっていく過程

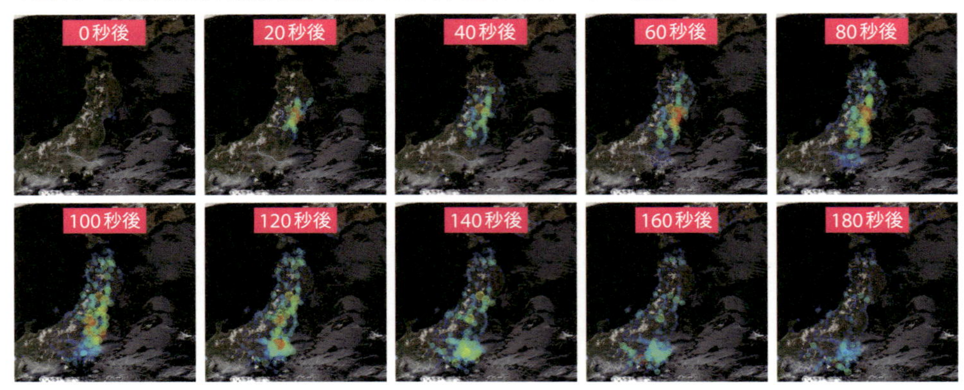

hほどのスピードで、日本列島を走り抜けていく地震波の姿が浮かび上がってきます。地震波が進む速度が時速1万kmを超える速さであっても、数百km先まで届くには何十秒もかかるということも実感できます。

超音波(エコー)検査のように、地震波を使った健康診断ができる!?

地球の地殻破壊がいつ・どこで起きるかを事前に知ること、つまりは地震予知は難しいことでしょう。けれど、以前扱った日本各地の変形・歪みデータや、今回扱った日本各地へと伝わっていく地震波データを分析すれば、いろいろなことがわかる気もします。

物体内部や人体内部のさまざまな状態を知るために、超音波(エコー)検査を行ったりすることがあります。それと同じように、日本各地でおきた地震が生み出した地震波が、日本各地でどのように伝わっていったかを詳細に分析すると、地面内部の状態を知ることもできるかもしれません。「もしかしたら、こんなことができるかも？」と何かの考えが浮ぶ人も、きっと多いことでしょう。

国土地理院が提供している測量データ、あるいは、防災科学技術研究所が公開している強震データなど、使うことができるデータは数多くあります。そうしたデータを相手に、さまざまな分析・推定処理を行って、地面の健康診断をしてみるのはいかがでしょうか。もしかしたら、防災に役立つ情報が見えてくるかもしれません。

1-8 人類の歩みを眺めるために過去の世界に行ってみる

昭和初期から最終氷期まで、時代の水辺にダイブする

昭和初期まで、京都の南には周囲20km近い巨椋池があった

京都と大阪をつなぐ高速道路、第二京阪を京都から大阪に向けて走ると「巨椋池(おぐらいけ)IC(インターチェンジ)」があります(**図1**)。その名前に惹かれて、試しに巨椋池ICの出口から高速を降りてみても、ICの名前で連想されるような巨大な池は見当たらず、ただ農業用地が広がっているばかりです。

▼**図1　京都南部にあった「巨椋池」の跡地**

昭和の初期まで、このあたりには周囲20km近い巨大な湖、巨椋池が広がっていました(**図2**)。昭和8年から16年にかけて行われた干拓で姿を消したものの、琵琶湖と大阪湾の中間に位置する巨椋池は、かつて水運の重要地でもあったといいます。

京都盆地の南に広がっていた巨椋池が、今はもう姿を消してしまったように、「現在眺めることができる風景」と「過去に存在した景色」は大きく異なります。そこで今回は、地形データを処理することで、過去の風景、とくに過去の水辺と陸地の境界線を眺めてみようと思います。

▼**図2　昭和初期まで、京都盆地の南部に存在していた巨椋池**

(a) 戦前の京都南部

(b) 京都の古地図

(c) 1930年代の巨椋池

▼図3　国土地理院提供の地理院地図から、標高情報や地図画像をダウンロードする

京都の低地を浮かび上がらせると、かつての巨椋池の姿が見えてくる

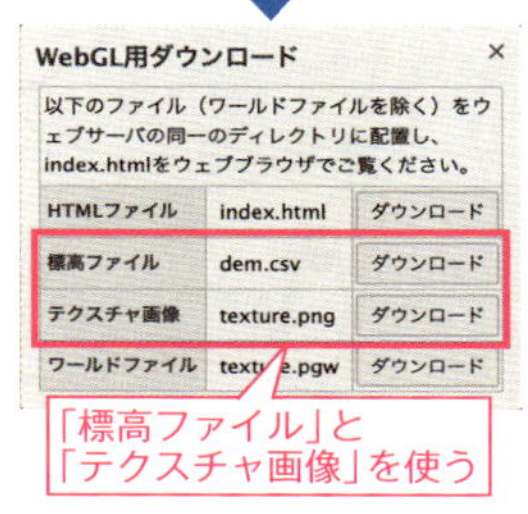

巨椋池は、京都盆地の中で最も低く窪(くぼ)んだ部分に、琵琶湖から流れ出る宇治川などから水が流れ込むことで生まれた湖です。もしそうならば、現在の地形と過去の地形が多少は変化しているにしても、京都の低地部分を顕在化すれば「かつて存在した巨大な湖」が浮かび上がってくるかもしれません。そこで、国土地理院提供の地理院地図から、標高情報や地図画像をダウンロードして、低標高の場所を水面として塗りつぶしてみることにします。

手始めに、国土地理院提供の地理院地図の「3D」機能を使い、京都南部の標高情報や地図・衛星画像をダウンロードします(**図3**)。そして、一定標高以下の部分を水色(青色)で塗りつぶすコード例が**図4**です。コードを実行して得られた出力結果(**図5**)を眺めてみると、かつて巨椋池が存在した場所が「巨大な水たまり」として浮かび上がってきます。地理空間情報を活用すると、今では存在しない過去の巨大湖の姿を可視化することができるのです。

縄文時代から飛鳥時代まで、大阪の北東部は河内湖・湾だった

京都の南に広がっていたのが巨椋池なら、大阪の北東部にかつて存在していたのが「河内湖(かわちこ)(河内湾)」です。江戸時代のころに干拓で消えた河内湖が生まれたのは、古墳時代。さらにそのはるか前、縄文時代のころには、そのあたりに

▼図4　地理院地図の情報を使い、京都南部に存在した「巨椋池」を可視化するコード

```
import numpy as np
import matplotlib.pyplot as plt
from imageio.v3 import imread, imwrite # conda install conda-forge::imageio
import cv2; from mpl_toolkits.mplot3d import Axes3D

def draw_jp_map(texture, dem, height):
    l=256
    size=(l,l)
    z = cv2.resize(dem, size)
    tex = cv2.resize(np.delete(texture, 3, axis=2), size)
    x = y = np.linspace(0, l, l)
    x, y = np.meshgrid(x, y)
    x = np.ravel(x)
    y = np.ravel(y)
    z = np.ravel(z)
    c=np.reshape(tex,(l*l,3))
    for idx, z_ in enumerate(z):
        if z_< height:
          z[idx]=0.0
          c[idx]=[0,0,1]
    fig=plt.figure(figsize=[20,20])
    ax=fig.add_subplot(111,projection='3d')
    ax.scatter3D(x,
              y,
              z,
              s=2,alpha=0.6,
              c=np.reshape(tex,(l*l,3)))
    ax.set_zlim(0,1000);ax.invert_yaxis()

# 地図画像と写真画像(2048, 2048, 4)を読む
texture_map = imread('texture.png')
texture_photo = imread('texture-2.png')
texture = (texture_map*0.7+texture_photo*0.3)/255 # 地図・写真を適当に合成する

# 標高情報(CSVファイル)を読み込む
dem = np.loadtxt('dem.csv', delimiter=',')
dem_size = 257
dem = 100*dem.reshape([dem_size,dem_size])

draw_jp_map(texture, dem, 7)
```

注釈：
- 使用ライブラリをインポートする
- 地図・衛星画像、標高情報、標高しきい値を引数として可視化するための関数
- 地理院地図からダウンロードした標高情報の解像度に一致した、地図・衛星画像データを作る準備
- 所定の高さより低い箇所は青色の平面として表示するための準備
- （低標高部分を青色平面にした）地図・衛星画像・標高画像を3次元チャートとして描く
- 地理院地図からダウンロードした地図・衛星画像
- 地理院地図からダウンロードした標高情報を準備
- 地図・衛星画像、標高情報、標高しきい値を引数として可視化する

は海原が広がっていて、そのころの大阪平野は「河内湾」と呼ばれる海の底でした。

現代では街が広がる大阪一帯が、縄文時代のころに海水で満たされていたのは、当時の海水面が今よりずっと高かったからです。およそ7万年前に始まって1万年前まで続いた最終氷期が終わり、気温が今より高くなり、寒い地域の氷床が解けて海に流れ込んだ結果、海水面は世界的に押し上げられていました。現代では陸地となっている部分に海が進出していた「縄文海進」と呼ばれるその時代、現代と比べると、大阪あたりの海水面は約3メートルほども高かったのです。

そこで、巨椋池を可視化した手順と同様に、地理院地図から大阪近郊の地

▼図5 京都盆地の低地部分に「巨椋池」が浮かび上がる

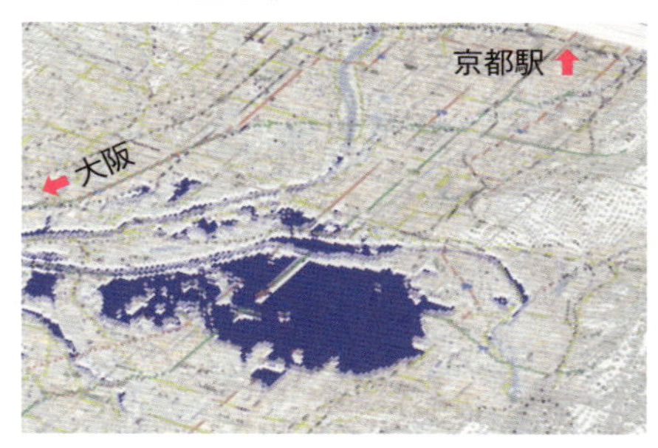

▼図6 縄文海進のころの河内湖(湾)を可視化する

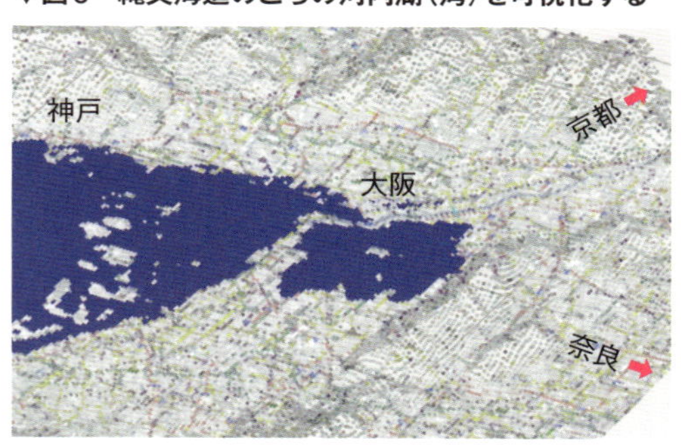

図画像や衛星画像あるいは標高情報をダウンロードしたうえで、海水面を高く設定することで当時の「河内湖・湾」を再現してみた結果が図6です。現代ではビルが広がる大阪平野に、海原・水面が広がるさまが確認できます。

ちなみに、大阪城や大阪にある古墳群は河内湾(河内湖)を取り巻く高台に位置しています。たとえば、大阪城(図7)が作られた場所は、河内湾(河内湖)と海を隔てる上町台地の端部です。そしてまた、日本最大の古墳である仁徳天皇陵(大仙陵古墳)などを含む百舌鳥(もず)古墳群(図8)も上町台地上に並んでいます(図9)。海辺の小高い丘に並ぶ古墳群を眺めてみれば、古墳時代から飛鳥時代まで、過去の人たちが眺めた景色が想像できるような気がします。

アメリカ海洋大気庁のサイトから、地球各地の地盤の高さを入手する

地球が温暖化すると、現代では陸地となっている部分にまで海が進出する「海進」が生じます。その逆に、地球が寒冷化すると氷床が増えて、海が後退する「海退」

▼図7 上町台地の端部に作られた大阪城

▼図8　百舌鳥(もず)古墳群(左)や仁徳天皇陵(大仙陵古墳)(右)

▼図9　大阪の古墳は河内湖・湾の周囲に点在している

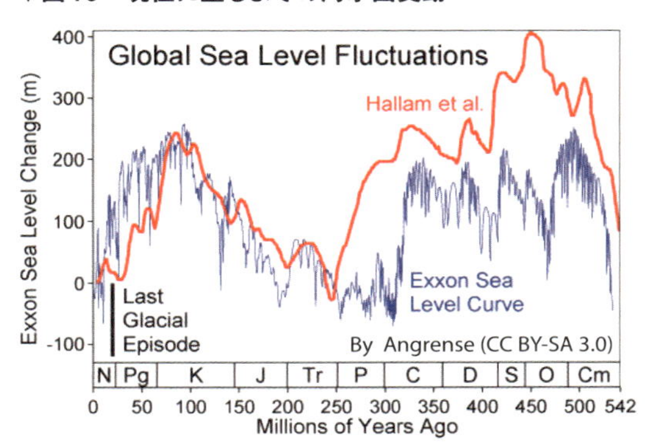

▼図10　現在に至るまでの海水面変動

が生じます。**図10**は、時代を横軸に描き(現代が横軸で左側、過去が横軸右側、数字は100万年単位)、縦軸に海水面の高さ(m)を表した、現代までの海水面変動を表したチャートです。**図10**を眺めればわかるように、時代ごとに海水面の高さは大幅に異なります。そこで、次は「海退」が進んだ時代の地球の姿を眺めてみることにしましょう。

それでは、まずはアメリカ海洋大気庁(NOAA：National Oceanic and Atmospheric Administration)のサイト[注1]から、さまざまな解像度・種別の標高情報をダウンロードします。地理空間情報を埋め込んだ画像データフォーマットであるGeoTIFF(Geo Tagged Image File Format)として、世界各地の地表の高さや海底面の高さ、つまりは地盤の高さをダウンロードしておきます。

アフリカで生まれた人類が世界に渡った最終氷期

12万年前から1万年くらい前までは「最終氷期」と呼ばれる時代でした。地球

注1) URL https://www.ncei.noaa.gov/products/etopo-global-relief-model
URL https://www.ngdc.noaa.gov/mgg/global/relief/ETOPO2022/data/

▼図11 アメリカ海洋大気庁の「地球上の高さデータ」をもとに、最終氷期の陸地を可視化するコード例

```
# https://anaconda.org/conda-forge/gdal
# conda install conda-forge::gdal
from osgeo import gdal ← GeoTIFF画像を扱うために、OSGeoが提供しているGDALライブラリを使う
gdal.UseExceptions()

# GeoTIFFを読み込み（現在基準で）指定した相対海水面高で地図を描く
def draw_map(file, height):
    ds = gdal.Open(file)
    elevation = ds.ReadAsArray()
    nrows, ncols = elevation.shape
    x0, dx, dxdy, y0, dydx, dy = ds.GetGeoTransform()
    x1 = x0 + dx * ncols
    y1 = y0 + dy * nrows
    fig=plt.figure(figsize=[200,100])
    plt.imshow(np.clip(elevation, height, height+5),
               cmap='gist_earth', extent=[x0, x1, y1, y0])
    plt.show()
                  ↑「GeoTIFF画像」と「陸地と海の境界標高」を引数にして、時代ごとの陸地を描く関数

file = 'ETOPO_2022_v1_60s_N90W180_bed.tif' ← ETOPO2022として提供されている角度解像度が60秒の地面の高さを表したGeoTIFF画像
height = -100 ← 現代を基準とした最終氷期の海水高（m）
draw_map(file, height) ← 最終氷期の陸地を可視化する
```

が寒冷化して氷床が増えて、結果として海水面の高さが下がり、海が大幅に後退した時代です。世界の各地域ごとの違いはあるものの、海水面が100メートル以上も低下した地域もあるなど、大幅な海退が生じていました。

アメリカ海洋大気庁からダウンロードしたGeoTIFF標高情報を使い、海水面の高さを設定することで海面の高さに応じた「海面と陸地の分布」を可視化するコード例が**図11**です。この例は、角分解能が60秒の地球全域の岩盤の高さを表したGeoTIFF画像を使い、海水面が100メートル低下した際の「海と陸地の分布」を可視化するコードです。

出力結果（**図12**）を眺めると、アフリカ大陸とユーラシア大陸がつながっていて、アフリカで生まれた新人類ホモ・サピエンスがアフリカを出ることができそうだ、ということがわかります。あるいは、ユーラシア大陸と北米大陸は「ベーリング陸峡」でつながっていて、ユーラシア大陸に渡った人類が北米大陸に歩いていくこともできる。さらには、北米大陸から南米大陸もつながっているし、はたまた、ユーラシア大陸はオーストラリア近くまで伸びている。そして、今は周囲を海で囲まれている日本列島も、ユーラシア大陸につながった岬にすぎない……ということがわかります。

こういった可視化をすると、日本を含めて、今現在世界中に住む人類が、世界中に歩いて広がっていった「今に至る人類の道」が見えてきます（**図13**）。

▼図12 アフリカで生まれたホモ・サピエンスが世界に広がった「最終氷期時代の陸地」を可視化した例

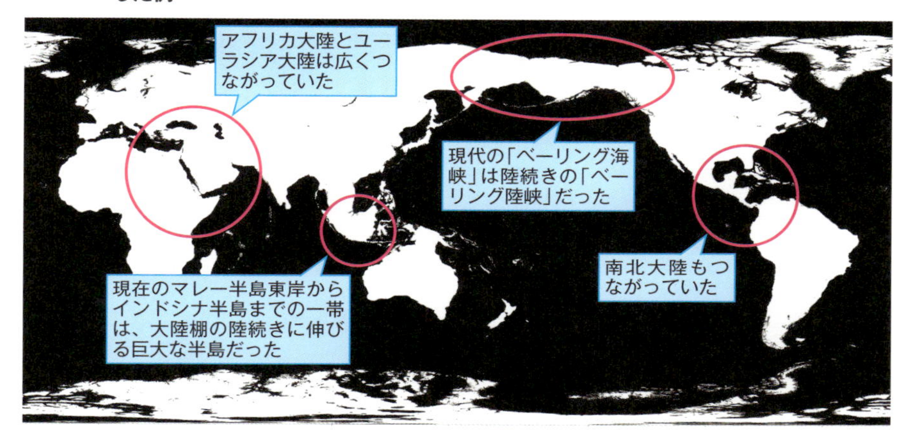

古今東西かつて眺めた世界の景色、人類の歩みを眺めてみよう！

地理情報の分析をしてみると、過去に存在していた湖や湾が浮かび上がってきたりします。そして、アフリカで生まれた新人類が世界中に歩いて渡っていった道も見えてきます。

かつて海の中から陸に上がり、そして世界中に渡った、その時代ごとの人類の祖先、各時代の祖先が眺めた過去の世界をよみがえらせて、眺めてみるのはおもしろいものです。

▼図13 人類がアフリカから移動した経路と時代（数字は×1,000年）

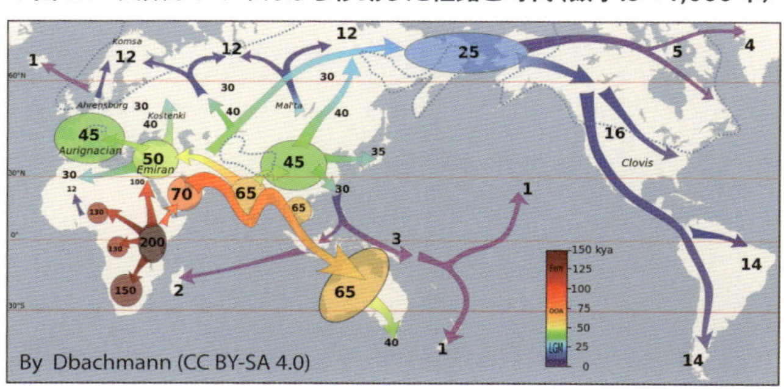

▲水中から陸に上がっていった過去の生物

1-9 現在と過去を重ねて地理空間情報で歴史を楽しむ

そうだ、京都と大阪、行ってみよう。

東西南北に道が走る平安京の朝、四条通の先に昇る朝日を眺める

▼図1　平安京の全体模型（京都市平安京創生館）

本を読むだけではまったく実感できないのに、自分がすでに知っていることと重ね合わせて眺めてみると「わかる」ことも多い気がします。本節では、京都・大阪を舞台に、現在と過去の地理空間情報を重ねて眺めることで、地理や歴史を楽しんでみます。そのスタート地点は、早朝の京都です。

まずは、歴史が詰まった京都にかつて存在した平安京（**図1**）を、現在の地図に重ねて眺めてみましょう。立命館大学アート・リサーチセンターが公開している「平安京跡データベース[注1]」からダウンロードした平安京邸宅図（GeoJSON）を地図上に描くコードと実行例が**図2**です。現在の京都市街の中心地に対して、西側に位置していた平安京の姿が見えています。

平安京は、太陽の動きをもとにして、きれいに東西南北に沿うように作られました。だから、春分や秋分のころは、東西方向の通りの先から朝日が昇り、そして夕日が沈みます。**図3**は、京都の「日の出」や「日の入り」の時刻や太陽の方向を計算するコードです。こうしたコードを活用すると、東西に走る通り、たとえば四条通の先から姿を現す朝日や、四条通の先で消え失せる夕日に出会うことができる日時を予測することができます（**図4**）。

平安時代の貴族は、日の出時間に合わせて1日を始めていました。彼らが平安京で眺めた「東西に走る通りに差し込む朝日」を見たので、それでは次の場所に移動することにしましょう。

注1）URL https://heiankyoexcavationdb-rstgis.hub.arcgis.com/

▼図2　平安京跡データベースの平安京邸宅図（GeoJSON）を、現在の京都地図に重ねて描くコードと実行例

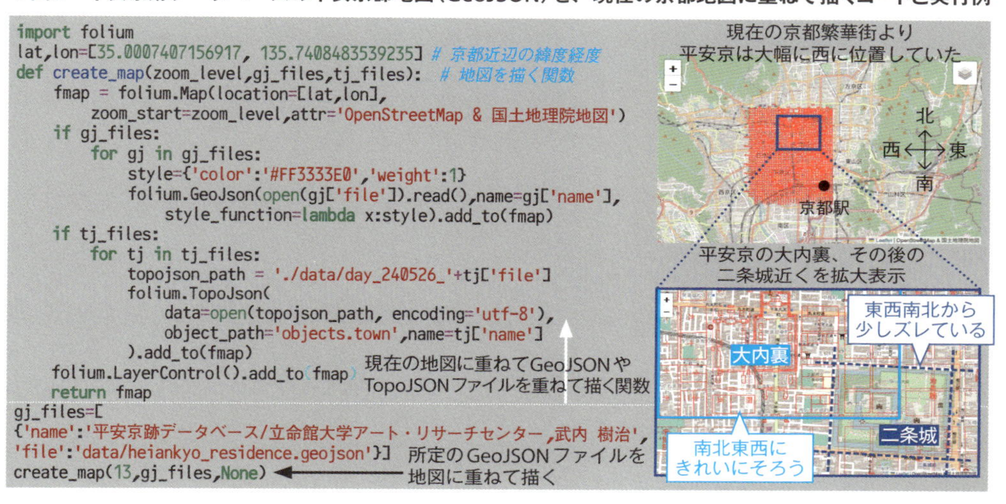

```
import folium
lat,lon=[35.0007407156917, 135.7408483539235] # 京都近辺の緯度経度
def create_map(zoom_level,gj_files,tj_files):  # 地図を描く関数
    fmap = folium.Map(location=[lat,lon],
        zoom_start=zoom_level,attr='OpenStreetMap & 国土地理院地図')
    if gj_files:
        for gj in gj_files:
            style={'color':'#FF3333E0','weight':1}
            folium.GeoJson(open(gj['file']).read(),name=gj['name'],
                style_function=lambda x:style).add_to(fmap)
    if tj_files:
        for tj in tj_files:
            topojson_path = './data/day_240526_'+tj['file']
            folium.TopoJson(
                data=open(topojson_path, encoding='utf-8'),
                object_path='objects.town',name=tj['name']
            ).add_to(fmap)
    folium.LayerControl().add_to(fmap)
    return fmap
gj_files=[
{'name':'平安京跡データベース/立命館大学アート・リサーチセンター,武内 樹治',
'file':'data/heiankyo_residence.geojson'}]
create_map(13,gj_files,None)
```


東西南北からズレてる二条城周辺、理由は磁北が真北と違うから

平安京の政治の中心は大内裏でした。その大内裏があった場所の近くに、現在建っているのが「江戸時代の初めに作られた二条城」です。図2の拡大地図を眺めてみると、二条城周辺の向きが東西南北から少しズレていることに気づきます。この方位ズレの原因は、二条城の築城をする際、当時の最先端技術だった方位磁石を使って方向を定めたからです。

場所や時代によって、磁石が指し示す磁北と真北の方向は違います。そのため、太陽の方向を基準に作られた平安京とは違い、二条城周り

▼図3　日の出や日の入りの時刻と太陽方向を計算するコード

```
import ephem ──── 天体計算に便利なPyEphemパッケージ
kyoto=ephem.Observer() # 場所を設定
kyoto.lat=str(lat);kyoto.lon=str(lon) # 弧度はstrにする
sun = ephem.Sun()       # 太陽情報を計算
kyoto.date = ephem.Date('2024/9/23 18:0:0.0')
sunrise = kyoto.next_rising(sun) ──── 日の出時間(UTC)
print("春分・秋分の日の出時間:", ephem.localtime(sunrise))
kyoto.date=sunrise;sun.compute(kyoto) # 太陽の方向を計算
print('方位角（北基準で東方向・時計回り、単位は度）：',sun.az)
```

```
春分・秋分の日の出時間: 2024-09-24 05:46:13.430574
方位角（北基準で東方向・時計回り、単位は度）: 90:00:56.0
```

▼図4　四条通の先に出現する朝日

▼図5　町境界データ（TopoJSONファイル）を地図上に描くコードと実行例

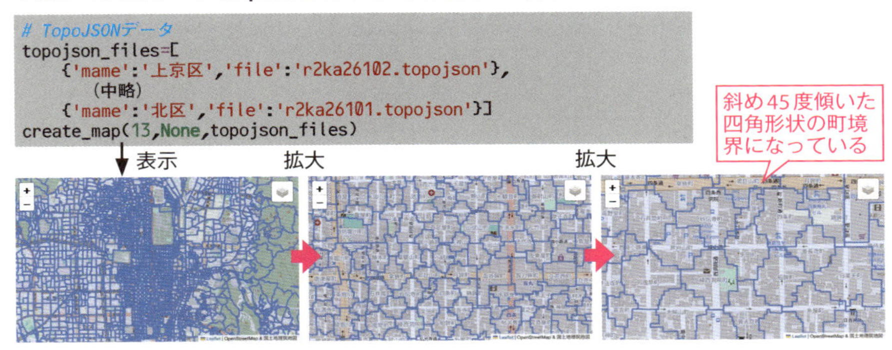

の方向は東西南北からズレてしまったのです。

東西南北にきれいに沿っていた平安京を現在の地図に重ねると、こうした地学や技術史の知識も手に入ります。

室町以降の京都の町境界は、斜め45度の回転デカルト座標系

平安京の大内裏を出て、京都の千本通を南へ下り、四条千本交差点から四条通を東に向かって歩いてみます。すると、四条大宮を過ぎたあたりから、交差点を過ぎるたびに、町名が変わります。京都の町境界がどうなっているのかを知るために、国勢調査町丁・字等別境界データセット（CODH作成）[注2]から、京都市の町境界データ（TopoJSON）をダウンロードして、地図上に描いてみます（**図5**がコード・実行例）。

西端と東端は大宮通と寺町通、北端と南端は今出川通と七条通、それらの通りに囲まれた辺りは、平安時代が過ぎてからの京都のいわゆる中心地です。そうした辺りでは、南北東西の通りに対して、町の境界は45度傾いた四角形状になっています（**図5**拡大図）。なぜでしょうか？

これは、平安時代の当初は、東西南北の通りで区切られた四角ごとが“町”とされていたものが、室町時代ころから「通りに面した＝通りを共有する場所」が“町”となる「両側町」として形作られていったためです。京都の場合、東西・南北の通りの双方に対して両側町が作られていった結果、このような斜め45度の回転デカルト座標系が生み出されたのです。

注2）URL https://geoshape.ex.nii.ac.jp/ka/

ケーニヒスベルクの橋渡り 四条大橋から浪華橋(なにわばし)に移動する

▼図6　四条大橋(1935年ころ)

四条通をさらに歩くと四条大橋(**図6**)の西詰、つまり鴨川を渡る橋の(西側の)たもとにたどり着きます。橋を渡れば、そこは四条大橋の東詰。鴨川に掛かるいくつもの橋が描かれた地図もあり、ケーニヒスベルクの橋渡り問題、「同じ橋を2度渡ることなく、スタート地点に戻ることが可能か？」という一筆書き問題を連想させられます。……そこで次は、祇園四条駅から京阪電車に乗り、橋渡り問題の史跡に行ってみましょう。

秀吉が築いた大阪城を中心に発展した歴史を、町境界で実感する

京阪電車を降りるのは「なにわ橋」駅。大阪の堂島川と土佐堀川に挟まれた中洲に位置する駅です。そこから、難波橋や淀屋橋などを渡って南へ向かいます。

歩く先の町境界を、京都同様に地図に重ねて表示してみると、京都とは少し違う町境界が見えてきます(**図7**)。それは大阪城から西に向かって伸びる「通り」に沿った両側町です。つまり、大阪城に出入りする東西の道が重要で“通り”と呼ばれ、南北の道は補助的で“筋”と呼ばれる、そんな大阪城を中心に形作られた“通り”が優先だった大阪の町が見えてきます。

運河が流れる水の都・大阪の名物和算問題「浪華二十八橋智慧渡(ちえわたり)」

淀屋橋から南に歩いて行くと、心斎橋と呼ばれる辺りにたどり着きます。

▼図7　大阪城から西に向かって伸びる「通り」に沿った両側町

▼図8　江戸時代の終わり近く、大阪から生まれた「一筆書きの橋渡り」問題の例

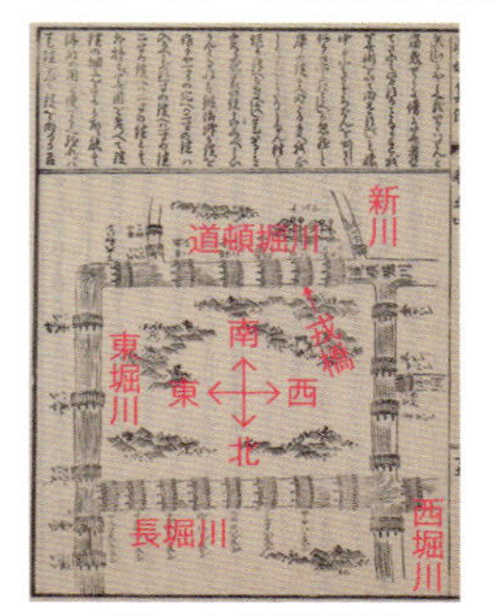

浪華二十八橋智慧渡
『眞元筭法』
（京都大学理学研究科数学教室所蔵）

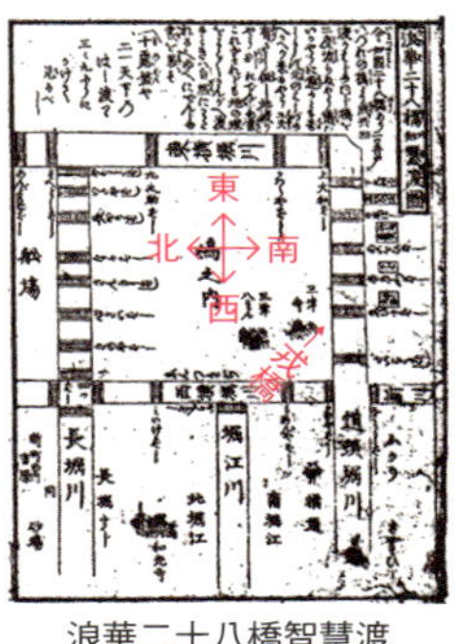

浪華二十八橋智慧渡
『多門直入算法重宝記』
（東北大学附属図書館所蔵）

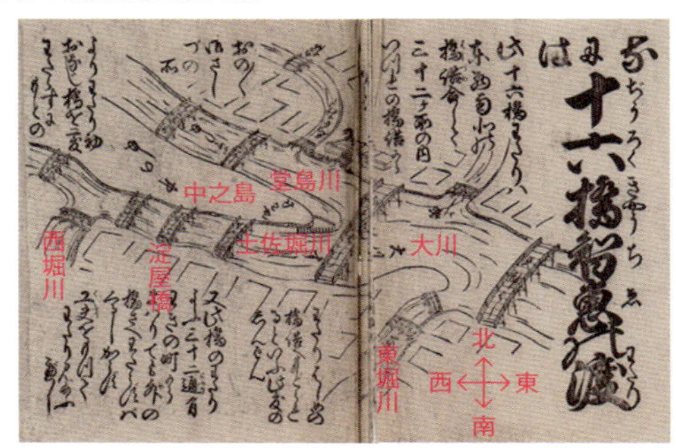

なには十六橋智恵渡
『保古帖』巻19（大阪府立図書館所蔵）

「橋渡り問題の日本発祥地」は、実はこの周辺一帯です。

黒船が次々と日本に現れていた幕末のころ、上方の和算書『眞元筭法（しんげんさんぽう）（武田真元、1844年）』に出題されたのが、日本初の橋渡り問題「浪華二十八橋智慧渡」です（**図8**注3）。二十八橋と題されていますが、図には29の橋が描かれていて、その中には心斎橋も入っています。ちなみに、7年後に出された『多門直入算法重宝記（友鳴松旭）』には、橋の数が28に直された「浪華二十八橋智慧渡」が掲載されています。

ほかにも、浪華二十八橋智慧渡の一部を取り出した「なには八ツ橋智恵の渡り」や中之島周辺を舞台にした「なには十六橋智恵渡（『保古帖』巻19）」といった「橋渡り問題」が出ています。中之島を舞台にした十六橋智恵渡には、先ほど渡った「なには橋」や「淀屋橋」も登場しています。そしてまた、浪華二十八橋智慧渡には、阪神タイガースファンが堀に飛び込んだり、カーネル・サンダース人形が投げ入れられたことでも有名な戎橋（えびすばし）も登場しています。

当時の地図（**図9**注4）と並べてみると、智慧渡は「実際の街並み」を舞台にしたパズルだということがわかります。和算問題として「橋渡り問題」が出題されて楽しまれたのは、多くの運河による水運で栄えた水の都・大阪だったからこそ、

注3）URL https://rmda.kulib.kyoto-u.ac.jp/item/rb00028539#?c=0&m=0&s=0&cv=57&r=0&xywh=-2012%2C-1%2C7592%2C2690
URL https://touda.tohoku.ac.jp/portal/item/10020000002997
URL https://da.library.pref.osaka.jp/content/detail/01-0027098
注4）URL https://lapis.nichibun.ac.jp/chizu/zoomify/mapview.php?m=002913671_o

▼図9　天保新改攝州大阪全圖（資料所蔵者 国際日本文化研究センター）

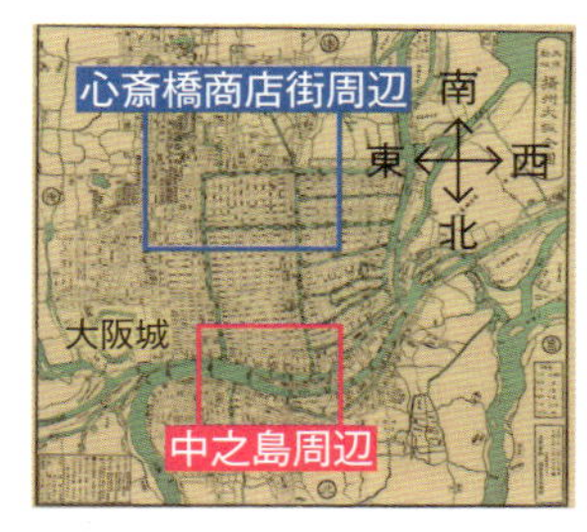

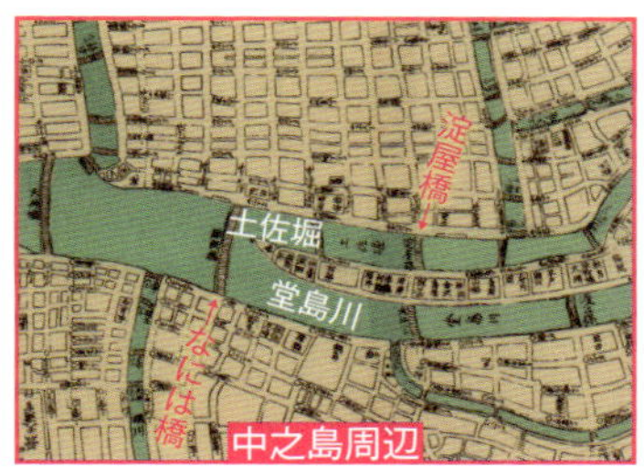

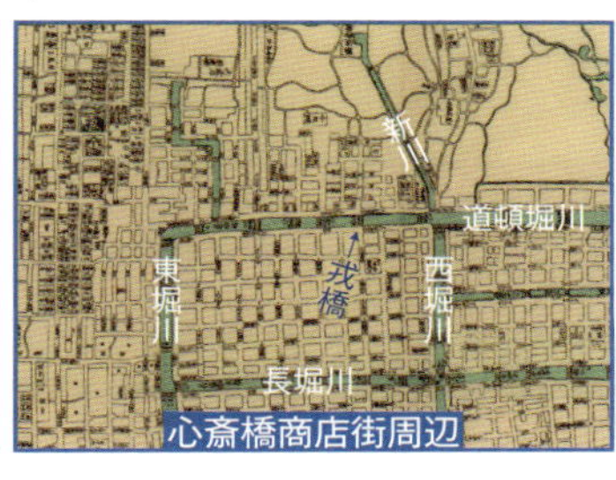

▼図10　「なにわ十六橋智恵渡」を解くコードと実行例

```
import networkx as nx
from IPython.display import display,SVG
def draw(graph):
    svg=nx.nx_agraph.to_agraph(graph).draw(prog='dot',format='svg')
    display(SVG(svg))
g = nx.MultiGraph()
g.add_nodes_from(["浪華A","浪華B","浪華C","浪華D","浪華E","浪華F","浪華G"])
g.add_edges_from([("浪華A","浪華B"),("浪華A","浪華B"),("浪華A","浪華D"),
("浪華A","浪華D"),("浪華B","浪華C"),("浪華B","浪華F"),("浪華B","浪華B"),
("浪華C","浪華G"),("浪華D","浪華E"),("浪華D","浪華F"),("浪華D","浪華F"),
("浪華D","浪華F"),("浪華E","浪華F"),("浪華F","浪華G"),("浪華F","浪華G"),
("浪華F","浪華G")])
print("島：",g.number_of_nodes());print("橋：",g.number_of_edges());draw(g)
if nx.is_eulerian(g):
    print('オイラー閉路があります。')
elif nx.is_semieulerian(g):
    print('オイラー路があります（閉路はありません）。')
else:
    print('オイラー路も閉路もありません。')
# 一筆書き経路を描く
for (u,v) in list(nx.eulerian_circuit(g)):
    print(u,'から',v,'に渡る。')
```

- グラフ処理をするためのNetworkXパッケージを読み込む
- グラフ構造を描く関数
- グラフ構造作成
- 一筆書き経路が可能か計算
- 一筆書き経路を作成

浪華A　浪華B　浪華D　浪華E　浪華F　浪華C　浪華G

グラフ構造を描く

と実感させられます。

せっかくなので、浪華大阪を舞台にした和算の橋渡り問題を解いてみましょう。**図10**は十六橋問題を解くコードとグラフ構造の描画例です。他の問題とは違って、本問は「一筆書き可能」です。

枕草子にも書かれた七夕の里、交野を流れる天野川の「橋渡り」

大阪から京都に戻る途中で、ロマンチックな「橋渡り」聖地に寄ってみます。淀屋橋から京阪電車に乗り、交野（かたの）市駅で下車します。ここに流れる天野川は、川砂が白く光って見えたので、平安貴族が天の川に見立てて、そんな名前となったとも言われます。そして、歴史的に古いかどうかはさておいて、天野川の西

▼図11　七夕伝説の里「交野」近くで、彦星が天野川を渡り織姫に逢う最短経路を検索・表示するコードと実行例

```
import osmnx as ox ――――――― OpenStreetMap情報を取得・処理するOSMnxパッケージを読み込む
def get_roads_and_bridges(bbox): # 指定領域の道路情報を得て、道路すべてと橋のみのグラフを得る
    graph=ox.graph.graph_from_bbox(bbox=bbox,
        network_type='bike', # "all","all_public","bike","drive","drive_service","walk"
        simplify=True,retain_all=False,truncate_by_edge=False,custom_filter=None)
    graph=graph.to_undirected() # 無向グラフにしておく
    nodes,edges=ox.graph_to_gdfs(graph);nxgraph=nx.Graph()   # 道すべてのグラフ
    for idx, data in edges.iterrows():
        u,v,key=idx; nxgraph.add_edge(u,v)
    bridge_edges=edges[edges['bridge']=='yes'];bridge_nxgraph=nx.Graph() # 橋だけのグラフ
    for idx, data in bridge_edges.iterrows():
        u,v,key = idx; bridge_nxgraph.add_edge(u,v)
    return graph, nxgraph,bridge_nxgraph
def add_graph_to_map(graph,nxgraph,color,fmap): # foliumマップに道路や橋を描く
    for u, v in nxgraph.edges():
        point_u=(graph.nodes[u]['y'],graph.nodes[u]['x'])
        point_v= (graph.nodes[v]['y'],graph.nodes[v]['x'])
        folium.PolyLine(locations=[point_u, point_v], color=color).add_to(fmap)
kengyu = (34.78884040713825,135.65427413337406)   # 牽牛石     ┐
hatamono= (34.794548368486986,135.69465954889583) # 機物神社   ├ 各ランドマークの緯度経路
aiai = (34.78370938038747,135.67268955975246)     # 逢合橋     ┘
center=(34.78370938038747+0.05,34.78370938038747-0.05,          ┐
      135.67268955975246-0.05,135.67268955975246+0.05)         ┘ 道路情報を取得する緯度経路範囲
graph,nxgraph,bridge_nxgraph=get_roads_and_bridges(center)
graph=graph.to_undirected() # 無向グラフにしておく
# 牽牛石と機物神社に近いノードを探索・設定する
kengyu_node = ox.nearest_nodes(graph, kengyu[1], kengyu[0])
hatamono_node = ox.nearest_nodes(graph,hatamono[1], hatamono[0])
# 最短ルートを見つけ出す
route=nx.shortest_path(graph,kengyu_node,hatamono_node,weight='length')
route_coords=[(graph.nodes[node]['y'],graph.nodes[node]['x']) for node in route]
    （上の行 graph,nxgraph,... から route_coords=... まで：道路情報を得て最短距離ルートを探索する）
fmap = folium.Map(location=aiai, zoom_start=14) # 地図表示する
add_graph_to_map(graph,nxgraph,'#0000FF20',fmap)
add_graph_to_map(graph,bridge_nxgraph,'#FF0000FF',fmap)
folium.Marker(location=kengyu, popup="牽牛石",
        icon=folium.Icon(color='blue')).add_to(fmap)
folium.Marker(location=hatamono, popup="機物神社",
        icon=folium.Icon(color='red')).add_to(fmap)
folium.Marker(location=aiai, popup="逢合橋",
        icon=folium.Icon(color='green')).add_to(fmap)
folium.LayerControl().add_to(fmap)
folium.PolyLine(route_coords,color="blue",weight=2.5,opacity=1).add_to(fmap);fmap
```

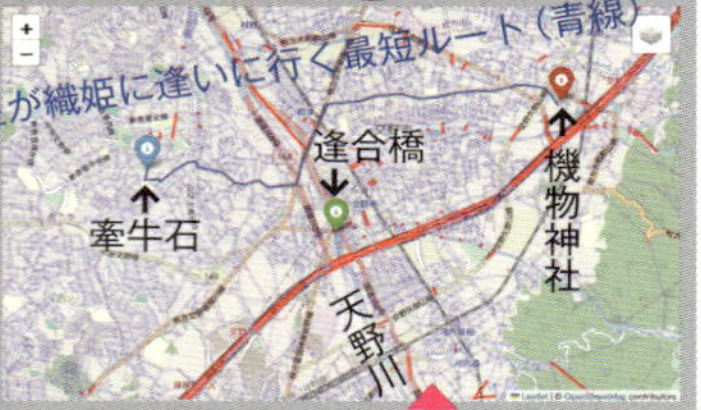

には牽牛石（けんぎゅう）（彦星）、対岸の東側には機物神社（織姫）があり、その間を流れる天野川には逢合橋（あいあいばし）という名の橋もあります。そんな交野では、七夕を題材にした歌が数多く詠まれています。

そこで、牽牛石が天野川を渡って機物神社に行くための経路探索をしてみましょう。そのためのコードと実行例が**図11**です。最短距離を走る彦星（青色マーカ）は、逢合橋（緑色マーカ）ではなく、大阪府道18号枚方（ひらかた）交野寝屋川線、通称「ニコニコ街道」の新天野川橋を通って天野川を渡り、織姫（赤色マーカ）に逢う

ことができるようです。

平安京で清少納言が眺めた夜空、過去の歴史や世界が見えてくる

平安時代を生きた清少納言も、天の川原(交野)と七夕について枕草子(第五十九段)で書いています。そして、七夕に見た夜空についても「晴れた空に月が明るくて星の数も見えた(第七段)」と書いています。

場所と時間を決めれば、そこから「見えるはずの星空」を描き出すことは、今の技術を使えば難しくありません[注5 注6]。そこで、枕草子が書かれた時期(諸説あり)の旧暦七夕の夜、たとえば西暦992年8月7日の夜10時の星空をプラネタリウム的に描いてみると、**図12**のようになります。天頂から南西に天の川が流れて下り、その西にはベガ(織姫星)が光り、南の対岸から天の川を渡ろうとするアルタイル(牽牛星＝彦星)の姿が見えてきます。

京都で朝日を眺めて「平安京の朝」を体験したり、夜空を見上げて「清少納言が七夕に眺めた星空」を想像してみたり、現在と過去を重ねて眺めると、とてもおもしろいものです。

▼図12　西暦992年8月7日の夜10時の星空

注5) 前著(『なんでもPYTHONプログラミング』)「『本当なら見えるはずの星空』を景色に重ねて映すカメラを作る！」
注6) 本著「4-5　見えない宇宙を見通せる天体望遠鏡の作り方(P.168)」

第2章

画像作成の技術

画像作成の技術

2-1 スマホAR機能を使った「月着陸船ゲーム」を作る!

チは着離船のチ。

半世紀前に作られた「月面着陸ゲーム」、スマホAR機能でリメイクしよう

1969年7月20日、アームストロング船長らが操縦するアポロ11号月着陸船が、初めて月面に降り立ちました(**図1**)。その年の秋、米国の高校生が、PDP-8コンピュータ上で動く「月面着陸ゲーム」を作ります注1。以降、さまざまな環境上で着陸ゲームが作られてきました(**図2**)。

▼図1　月面着陸したアポロ11号の月着陸船

・左:https://upload.wikimedia.org/wikipedia/commons/c/cf/Aldrin_Looks_Back_at_Tranquility_Base_-_GPN-2000-001102.jpg
・右:https://en.wikipedia.org/wiki/Lunar_Module_Eagle#/media/File:Apollo_11_Lunar_Lander_-_5927_NASA.jpg

▼図2　月面着陸ゲームは数多く作られ人気を得た

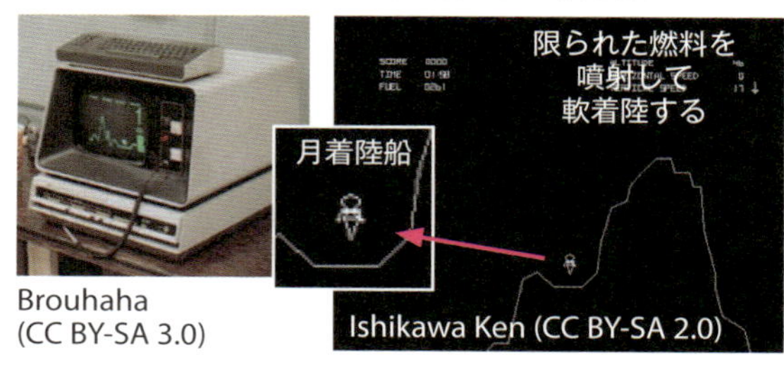

・左:https://commons.wikimedia.org/wiki/File:GT40_Lunar_Lander.jpg
・右:https://www.flickr.com/photos/chidorian/325431498

今回は、iPhoneやiPadといったスマホ/タブレット上で動く「着陸ゲーム」を作ってみます。実世界に仮想世界を重ね合わせて表示するAR(Augmented Reality)を使い、実世界に着陸船を着陸させるというアイデアです。プログラミング環境としては、iOS/iPadOS向けの無料で使うことができるPython/Jupyter Notebook環境の“Carnets - Jupyter (with scipy)”注2を使うことにします。

注1) https://www.pdp8online.com/games/lunar_lander.shtml
注2) URL https://apps.apple.com/jp/app/carnets-jupyter-with-scipy/id1559497253

ニュートンの運動方程式を使い、着陸船の動きを物理的に計算していく

1969年に書かれたプログラムは、ユーザーに着陸船の燃料噴射を制御させつつ、ニュートンの運動方程式に基づき、一定時間ごとに着陸船の位置を計算するものでした[注3]。本記事でも、ほぼ同じ作りにしてみます。

まず、着陸船の情報を格納するPythonクラスを作っておきます(**図3**)。このクラスは、着陸船に与えられた加速度をもとに速度や位置を更新します。

そして、着陸船の重量やジェット噴射条件、あるいは重力や動作時間(タイムリミット)などの変数を準備して、「運動方程式に基づいて着陸船の動きを刻々と計算してリアルタイムに表示する関数」も作ります(**図4**)。なお、表示関数の実体は後で作ります。

注3) URL https://www.paidia.de/goto-moon/

▼図3 着陸船の情報を格納するPythonクラス

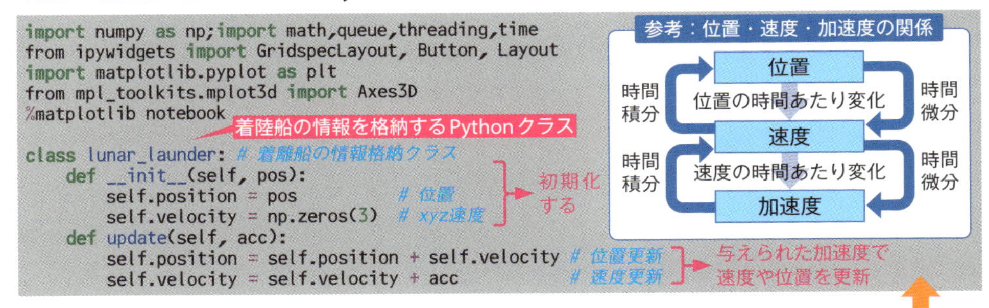

```
import numpy as np;import math,queue,threading,time
from ipywidgets import GridspecLayout, Button, Layout
import matplotlib.pyplot as plt
from mpl_toolkits.mplot3d import Axes3D
%matplotlib notebook

class lunar_launder: # 着離船の情報格納クラス
    def __init__(self, pos):
        self.position = pos             # 位置
        self.velocity = np.zeros(3)     # xyz速度
    def update(self, acc):
        self.position = self.position + self.velocity # 位置更新
        self.velocity = self.velocity + acc           # 速度更新
```


▼図4 運動方程式を使い着陸船の動きを刻々と計算し、リアルタイム表示する関数や変数設定

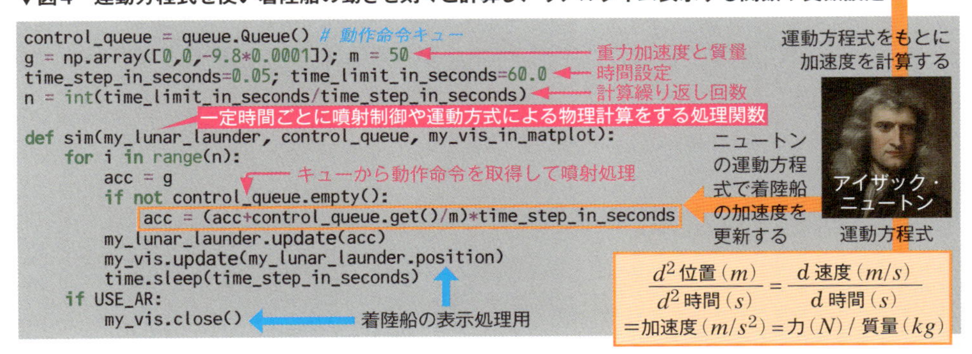

```
control_queue = queue.Queue() # 動作命令キュー
g = np.array([0,0,-9.8*0.0001]); m = 50
time_step_in_seconds=0.05; time_limit_in_seconds=60.0
n = int(time_limit_in_seconds/time_step_in_seconds)

def sim(my_lunar_launder, control_queue, my_vis_in_matplot):
    for i in range(n):
        acc = g
        if not control_queue.empty():
            acc = (acc+control_queue.get()/m)*time_step_in_seconds
        my_lunar_launder.update(acc)
        my_vis.update(my_lunar_launder.position)
        time.sleep(time_step_in_seconds)
    if USE_AR:
        my_vis.close()
```


$$\frac{d^2 位置(m)}{d^2 時間(s)} = \frac{d\ 速度(m/s)}{d\ 時間(s)} = 加速度(m/s^2) = 力(N) / 質量(kg)$$

Jupyter Notebook上で動作する制御ボタンや着陸船の位置・経路表示

次に、「垂直方向や左右方向へのジェット噴射をリアルタイムに行う」制御ボタンを表示して、ユーザーによるボタン入力をキューに格納する処理を書いておきます(**図5**)。Jupyter Notebook上でのインタラクティブ処理には、ipywidgetsパッケージを使いましょう。

そして、着陸船の位置をリアルタイムに見せるための表示機能として、

①matplotlibによる3次元位置(履歴)表示機能
②iOS/iPadOS機能を使ったAR表示機能

の2種類を書いてみます。表示機能①を付けることで(**図6**)、iPhoneやiPadでなくても、すべてのJupyter Notebook環境で動かして遊ぶことができるようにしておきます。

▼図5　垂直方向や左右方向へのジェット噴射をリアルタイムに行う制御ボタンを表示する処理

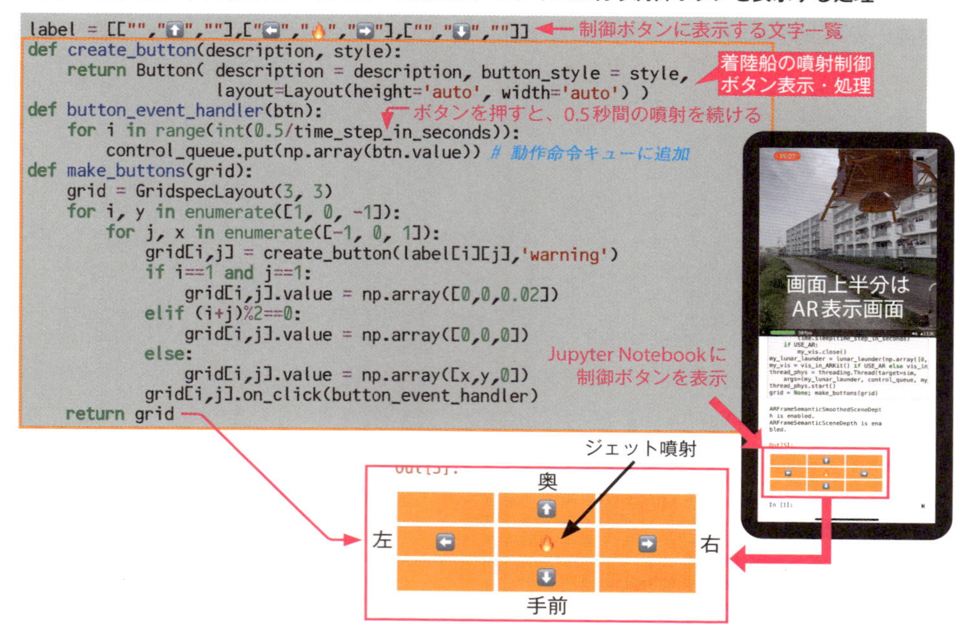


```
label = [["","⬆️",""],["⬅️","🔥","➡️"],["","⬇️",""]]
def create_button(description, style):
    return Button( description = description, button_style = style,
                   layout=Layout(height='auto', width='auto') )
def button_event_handler(btn):
    for i in range(int(0.5/time_step_in_seconds)):
        control_queue.put(np.array(btn.value)) # 動作命令キューに追加
def make_buttons(grid):
    grid = GridspecLayout(3, 3)
    for i, y in enumerate([1, 0, -1]):
        for j, x in enumerate([-1, 0, 1]):
            grid[i,j] = create_button(label[i][j],'warning')
            if i==1 and j==1:
                grid[i,j].value = np.array([0,0,0.02])
            elif (i+j)%2==0:
                grid[i,j].value = np.array([0,0,0])
            else:
                grid[i,j].value = np.array([x,y,0])
            grid[i,j].on_click(button_event_handler)
    return grid
```

▼図6 matplotlibによる着陸船の3次元位置(履歴)表示機能

```
class vis_in_matplot: # matplotlibでの表示をつかさどるクラス
    def __init__(self):
        self.fig = plt.figure()
        # 表示オプション設定は省略
        self.q = self.ax.quiver(0, 0, 0, 0, 0, 1, alpha=0.1)
    def update(self, pos):
        X, Y, Z, U, V, W = np.concatenate([pos, [0, 0, 1]])
        self.q = self.ax.quiver(X, Y, Z, U, V, W, alpha=0.1)
```

matplotlibで3D位置履歴を表示するクラス

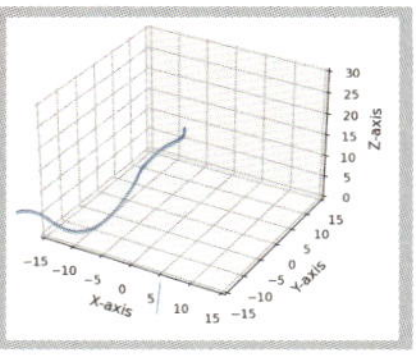

着陸船の3次元位置推移

AR表示はとても簡単……Pythonパッケージを使えばね

表示機能②のAR表示機能は、PythonからiOS/iPadOS機能を使う超お手軽パッケージを使って、簡単に実装してみます(図7)。着陸船の3Dモデルを読み込み、刻々の位置を与えるだけで、風景に自然に溶け込み、周囲の環境光を反映したCGレンダリングが行われます。

タイムリミットは60秒! 短い人生、次の新世界にたどりつけ

あとは、「着陸船の動きを運動方程式で刻々と計算して、リアルタイムに表示する関数」をマルチスレッドで走らせると、画面上には制御パネルが表示されるとともに、映し出された空には着陸船が現れて、着陸ミッションのスター

▼図7 iOS/iPadOSの機能を使ってAR表示する関数と、着陸船の動きをつかさどるスレッド処理

iOS/iPadOS機能でAR表示するクラス

```
import arkit.arkit_sensor_ar_ex as ar
class vis_in_ARKit:
    def __init__(self):
        self.arview = ar.MyARView()
        self.arview.initScene()
        self.node = self.arview.loadSceneAndAdd('scn/LunarLander.scn')
        self.node.setScale((1.0, 1.0, 1.0))
        scr = ar.get_screen_size()
        self.arview.initialize([0,0,scr.width,scr.height/2],True)
    def update(self, pos):
        X, Y, Z, U, V, W = np.concatenate([pos, [0, 0, 1]])
        self.node.setPosition((X, Z, Y))  # ARKitのZ軸は奥行き
    def close(self):
        self.arview.close_view()
```

着陸船の3次元モデル

- self.node.setScale((1.0, 1.0, 1.0)) ← 出現させる着陸船の大きさ調整
- scr = ar.get_screen_size() ← スマホ/タブレット画面の上半分にAR表示する
- self.arview.close_view() ← タイムリミットが来たらAR Windowを閉じる

処理本体

```
USE_AR = True
my_lunar_launder = lunar_launder(np.array([0,0,20]))
my_vis = vis_in_ARKit() if USE_AR else vis_in_matplot()
thread_phys = threading.Thread(target=sim,
  args=(my_lunar_launder, control_queue, my_vis,));thread_phys.start()
grid = None; make_buttons(grid)
```

- USE_AR = True ← AR機能を使わない場合にはFalseに変える
- my_lunar_launder ... ← 着陸船を地上20mに出現させる
- my_vis ... ← ARモードに応じて動作させる
- thread_phys ... ← 着陸船の位置計算・表示をマルチスレッドで実行
- make_buttons(grid) ← 制御用のボタンなどを表示する

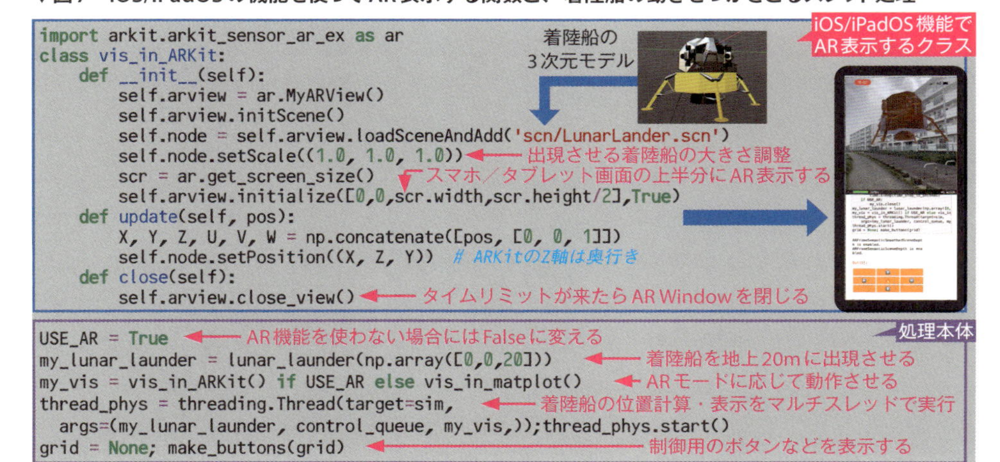

トです注4。タイムリミットはわずか60秒。新世界に船が降り立つことができるのか!? それはあなたの操縦しだいです。

自分が眺めるすべての場所は、毎日続く着陸ミッションの目的チ。

スマホを取り出せば、いつでも・どこでも着陸ミッションが始まります(**図8**)。住み慣れた団地の裏やいつも通る交差点、コンビニ横の駐車場……自分が眺めるすべての場所は、毎日続く着陸ミッションの目的チ。

▼図8　実行時のAR画面例

注4) ページ数制約から「軟着陸したか？」は判定していません。

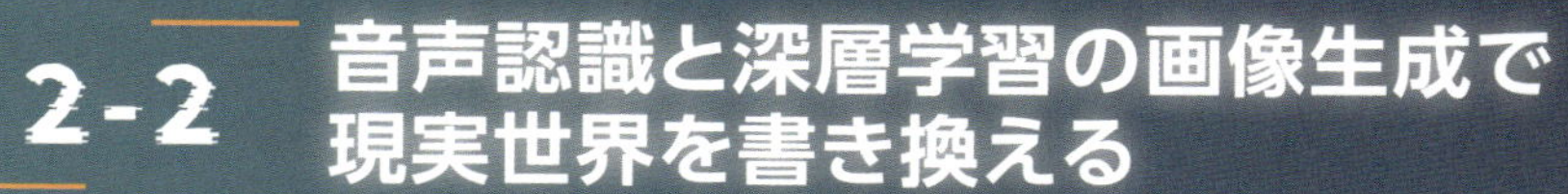

2-2 音声認識と深層学習の画像生成で現実世界を書き換える

「願いをかなえる言霊カメラ」を作る

目の前にある世界は「何か」足りない。思わずつぶやく「言葉」を世界に写す

「この景色は少し良いな」と感じ、スマホを取り出し、カメラアプリを立ち上げることがあります。けれど「何か」が足りないように感じられて、シャッターを切らずにスマホをポケットに収め、「ここに○○があればよかったな」と声に出してしまったりします。

本節では「口にした“願い”」に沿って「現実世界を変えた景色」を写し出すカメラを作ってみようと思います。具体的には、スマホ上で画像撮影と音声認識を行い、さらに、深層学習のTransformer技術を応用したOpenAI のDALL-E APIを使い、音声内容に基づく撮影画像の加工・生成をさせてみます。

iOSデバイスでカメラ機能を使って画像撮影するコードはわずか3行

まずは目の前の景色を撮影してみましょう(図1)。図2は「iOSデバイス機能を使って画像撮影を行い、画像をPNG形式のファイルに保存するPythonコード」です。Pythonから簡単にiOSデバイス機能を扱うことができる簡単ライブラリを使っているので、わずか3行です。このコードを実行すると、カメラアプリが立ち上がり、撮影処理やフォトライブラリ(アルバム)か

▼図1 カメラを通して景色を眺める(DALL-Eで描いた)

▼図2 iOSデバイス機能を使い画像撮影し、画像ファイル(PNG形式)として保存する

```
# iOSのカメラ機能を使うためのモジュールを読み込む
from avfoundation.take_pick_photo import *

src_file = "src_img.png"          # 撮影画像を格納するファイル
take_photo_and_save(src_file) # 写真を撮る(写真やアルバムからも読める)
```

簡単モジュールを使いUI機能を使った撮影をする

らの写真選択をすることができます。

もし、iOSデバイス以外の環境であれば、撮影画像や処理対象画像を、変数src_fileが指し示すファイルに画像保存しておきます。

デバイス機能でもOpenAI APIでも、リアルタイム音声認識は超簡単

次に「口にした願い」を言葉として解釈する音声認識をしてみます。**図3**は、簡単ライブラリを使い、リアルタイム音声認識によるテキスト生成をするコードです。10秒間、音声収集と認識を行って、認識したテキスト内容を_promptという変数に格納しています。

▼図3 iOSデバイスでリアルタイム音声認識をする場合

```
import speech.speech_recognizer as sr
import time

# 言語を指定して、音声認識用のクラスをインスタンス化する
myRecognizer = sr.Recognizer("en-US",# 英語なら"en-US"
                             True)   # 句読点等の自動認識
myRecognizer.prepare()       # 音声認識の準備をする
myRecognizer.start()         # 音声認識を10秒間行う
time.sleep(10)
myRecognizer.stop()
print(myRecognizer.result) # 認識した音声を出力する
_prompt = myRecognizer.result
```

簡単モジュールを使い音声認識をする

▼図4 OpenAIの音声認識APIを使う場合

```
import openai

openai.api_key = '*******'

# OpenAIの音声認識APIを呼ぶ
audio_file= open("sample_voice.wav", "rb")
transcript = openai.Audio.transcribe(
    "whisper-1", audio_file)
# 認識されたテキスト内容をプロンプトに入れる
print(transcript)
_prompt =transcript["text"]
```

シークレットキーを設定する

スマホ上で「文章」をタイプ入力しても良いですが、思わずつぶやく言葉を形にしたいのであれば、音声認識を使う方が自然なユーザーインターフェースとなります。

ちなみに、iOS以外の環境であっても、たとえばOpenAIが提供している音声認識のためのWhisper APIを使うことで、同様な処理を簡単に実現できます(**図4**)。

「何か」を付け足す場所を指定するRGBA形式の「マスク画像」を作る

撮影された画像や選択画像に対して……つまり「何か」を足したい画像に対して、画像中の「どの場所を加工する」かを決めておきましょう。

そこで、撮影した元画像をRGB色チャンネルに入れ、(前もって作った)マ

▼図5　OpenAIのDALL-E APIの画像加工処理をする際に必要なマスク画像（加工領域をアルファチャンネル情報として格納したRGBA画像）を作成する

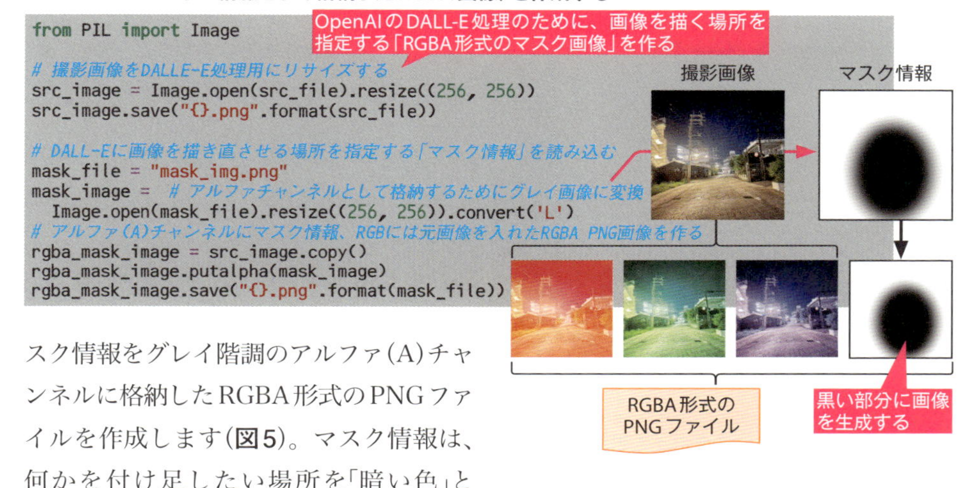

スク情報をグレイ階調のアルファ(A)チャンネルに格納したRGBA形式のPNGファイルを作成します(**図5**)。マスク情報は、何かを付け足したい場所を「暗い色」として指定します。OpenAIのDALL-E APIで画像加工をさせる場合、こうしたRGBA形式のPNGファイルがマスク画像として必要になります。

撮影画像の上に、思わずつぶやいた「足りない何か」を描き足してやる

それでは、撮影した画像(今の現実世界)の上に、ふとつぶやいた「足りない何か」を描き足してみましょう。

処理内容はとても簡単です。OpenAIが提供しているDALL-E処理APIに対して、必要な情報を与えると、加工／生成した画像が返されます(**図6**)。得られた結果例を眺めると(**図7、8、9**)、スマホで撮影した「夜の寂しい路地」の向こうに、ふと思わずつぶやいた「宇宙服を着たスーパーヒーロー」が、力強く立っています。ヒーローショーで「こどもたちが自分を呼ぶ声に応えてヒーローが現れる」ように、かすかな呼び声を聞いて、遠い宇宙の果てからやってきます。

今の願いを焼き付けた言霊写真。未来に見返したら、何を思う……？

目の前にある景色、そのとき感じた「足りない何か」を描き出すカメラアプリを作ってみました。スマホを撮影した写真とスマホを使った音声認識で、カメラを向けた世界に対して「願いに沿って変換(トランスフォーム)させる」……そ

▼図6　元画像／マスク画像／プロンプトを与え、DALL-E処理をする

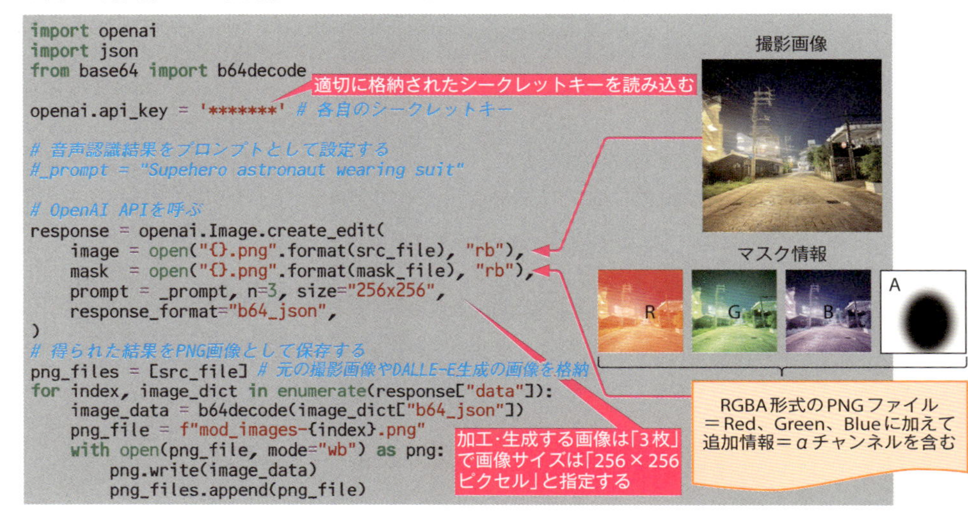

```
import openai
import json
from base64 import b64decode

openai.api_key = '*******' # 各自のシークレットキー

# 音声認識結果をプロンプトとして設定する
#_prompt = "Supehero astronaut wearing suit"

# OpenAI APIを呼ぶ
response = openai.Image.create_edit(
    image = open("{}.png".format(src_file), "rb"),
    mask  = open("{}.png".format(mask_file), "rb"),
    prompt = _prompt, n=3, size="256x256",
    response_format="b64_json",
)
# 得られた結果をPNG画像として保存する
png_files = [src_file] # 元の撮影画像やDALLE-E生成の画像を格納
for index, image_dict in enumerate(response["data"]):
    image_data = b64decode(image_dict["b64_json"])
    png_file = f"mod_images-{index}.png"
    with open(png_file, mode="wb") as png:
        png.write(image_data)
        png_files.append(png_file)
```


▼図7　返された画像をmatplotlibで表示する

```
from PIL import Image
from matplotlib import pylab as plt

l = len(png_files)
plt.figure(figsize=[20,5])
for i in range(l):  # 各PNG画像を並べて表示する
    plt.subplot(1,l,i+1)
    pil_img = Image.open(png_files[i])
    plt.imshow(pil_img)
```

▼図8　元画像（上）／処理結果画像（下）

元画像

処理結果画像

んな処理を深層学習のTransformer技術も使い実現してみました。

「願いを口にするといつかかなう」という言葉を聞くことがあります。あるいは「言葉として出した言葉は、現実に影響を与えて、世界を変える」という「言霊」といった考え方もあります。そしてまた「はじめに言葉ありき」という新約聖書の一節も有名です。

今回作ったアプリは、いわば「言霊カメラ」です。口にしたその瞬間の願いや祈りをスマホの中に記録します。そこに記録された「願い」を、いつかの未来に見返して眺めたら、いったいどんなことを思うでしょう？　未来から過去を振り返った時に、どんな願いを口にするのでしょうか。

▼図9　目の前に現れた宇宙服のスーパーヒーロー

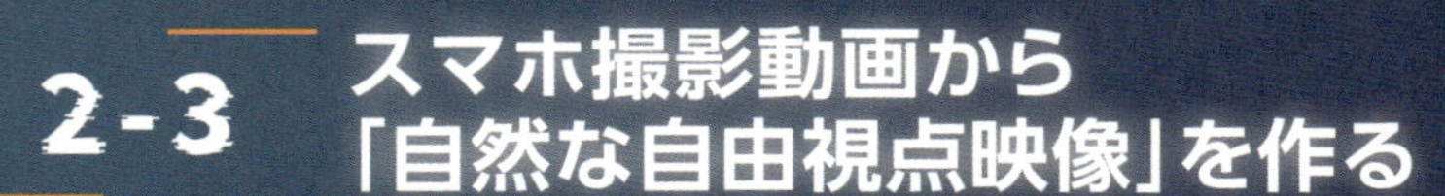

2-3 スマホ撮影動画から「自然な自由視点映像」を作る

場所・方向ごとに見える光線を機械学習で再現

眺めた景色を自由視点映像で共有したい

「興味深いモノや風景」を見つけたら、誰かに見せたくなったりするものです。そして、そのリアルさが伝わるように、さまざまな方向から自然に眺めることができる自由視点映像に加工したくなります。

前著(『なんでもPYTHONプログラミング』)では、視点を変えて撮影したスマホ動画を使い、さまざまな立体物から巨大建築物までの3次元(3D)データを作り出してみました。そんな3DデータをCGレンダリングしたならば「リアルに見える」かというと、残念なことに、とても不自然な映像になったりします(図1a)。その理由は、「自然な映像」の再現には、完璧な3Dデータが必要なことに加えて「場所ごとの光反射・透過情報」「景色を照らし出すさまざまな光源状態」「限りなく高品質なCGレンダリング」が必要になるからです。

▼図1 「三角測量による3次元形状推定手法」と「光線情報の最適再現手法」によるレンダリング

a 複数の撮影画像からの三角測量で3次元形状を推定する→「自然な映像を作る」のは難しい

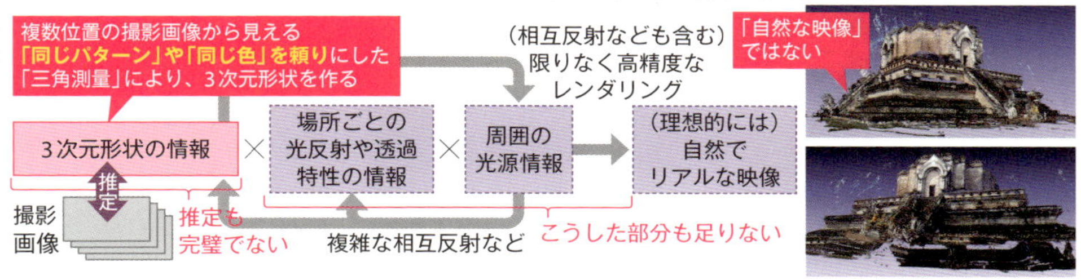

b 「場所ごと・方向ごとに見える光線情報」が「実際と合う」近似モデルを作る→「自然な映像」

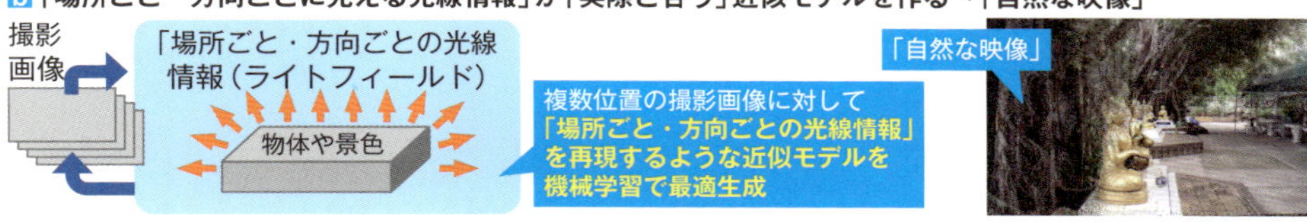

場所・方向ごとの「光線」を再現する技術

撮影時とは異なる視点からの「自然な映像」を作り出すには、「場所ごと・方向ごとに見える光線情報」を最適化の基準＝主人公として取り扱うライトフィールド（光線場）的な技術が役立ちます（**図1b**）。

前著では、平面を高密度に敷き詰める「複数位置からの画像撮影群」を使うことで、視点を自由に変えた「自然な映像」を作り出す手順の例を紹介しました。

本節では、グルッと視点を回したくらいの撮影動画から、場所・方向ごとの光線情報を生成する近似モデル」を機械学習で作ってみることにします。それにより、スマホの簡単動画撮影だけで、「撮影時とは異なる自由な方向（自由視点）からの自然な映像」を作り出すことができる！――というわけです。

機械学習を使ったライトフィールド処理を簡単に使うことができる nerfstudio

高品質の自由視点映像を実現し、一躍人気となったNeRF（Neural Radiance Fields）という技術があります。Radiance Fieldsというのは、ライトフィールドの類義語ですので、つまりは「ニューラル・ネットワークを使った機械学習的ライトフィールド再現技術」です。

NeRFをきっかけに広まった「機械学習によるライトフィールド再現技術群」を簡単に使うことができるnerfstudio[注1]を使い、スマホ撮影動画から（撮影時とは異なる）自由な方向の「自然な映像」を作り出してみることにしましょう（**図2**）。

注1） URL https://docs.nerf.studio/en/latest/

▼図2　nerfstudioの学習中モデルによるプレビュー画面

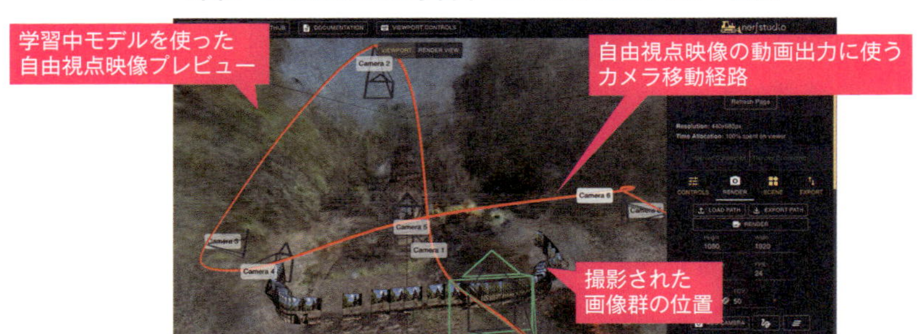

高価なPCが無くても、Colabで試せる!

機械学習を使ったライトフィールド処理をするためには、GPU(Graphics Processing Unit)による計算が必須です。しかし、機械学習を行うのに十分なスペックのGPUを持ち合わせていない方も多いはず。そこで、高価な機材を購入せずにGPU利用の機械学習計算ができる環境、Google Colaboratory(Colab)でnerfstudioを使ってみます。

nerfstudioを使った自由視点映像作成

まず、Googleアカウントにログインした状態で、Colab上でnerfstudioを動かすノートブック注2にアクセスします。そして、[ファイル]-[ドライブにコピーを保存]を選び、nerfstudio用ノートブックを自分のColabに保存します。以降は図3の左側に示した「処理フロー」に沿って処理を進めていきます。

注2) URL https://colab.research.google.com/github/nerfstudio-project/nerfstudio/blob/main/colab/demo.ipynb

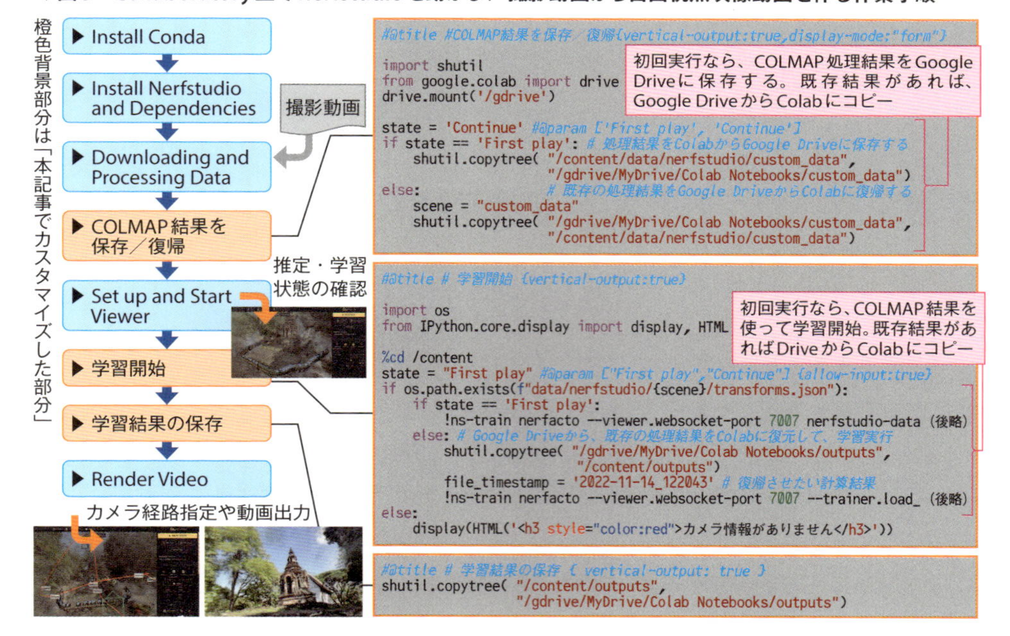

▼図3 Collaboratory上でnerfstudioを動かし、撮影動画から自由視点映像動画を作る作業手順

▼**図4　学習中の近似モデルを使った、撮影時とは異なる視点位置からの画像の確認例**

[接続]-[ホストされているランタイムに接続]して仮想環境を起動したら、[Install Conda]と[Install Nerfstudio and Dependencies]の2セルを実行します。Condaをインストールする冒頭セルでは、ランタイムが実行後に再起動します。……ここまでが環境準備です。

次に入力動画をアップロードしましょう。[Downloading and Processing Data]セルのセレクトボックスから“upload your own video”を選び、「グルッと視点を回した撮影動画」をアップロードします。すると「動画からの画像群生成」「(前著で解説したCOLMAPによる)動画内の各画像に対する撮影位置・方向などの推定」が行われます。この処理には時間がかかるので、**図3**の[COLMAP結果を保存／復帰]のようなコードを実行し、計算結果をGoogle Driveに保存しておくと便利です。

そして、学習中モデルによるレンダリングを行うビューアーを[Set up and Start Viewer]を実行して起動したうえで、**図3**の[学習開始]のようなコードを実行します。すると、デフォルトならnerfactという手法を使った学習と学習中モデルを使った任意視点レンダリングができるようになります(**図4**)。

図5は、2022年11月満月の頃、タイのチェンマイにある仏教寺院で撮影したスマホ動画から生成した自由視点映像です。実際にスマホで撮影した位置・方向とは違う条件にもかかわらず、自然な映像が得られています。

あとは、ビューアーのRenderタブから(ADD CAMERAで視点位置群を追加して)自由視点動画作成用のカメラ位置経路を作り、RENDERボタンを押したり、[Render Video]を実行することで、作成したカメラパスに沿った自由視点映像が出力されます。

また、学習状況が飽和したら[学習開始セル]を「(ランタイムメニューから)実行を中断」して、学習結果をGoogle Driveに保存しておきます(**図3**[学習結

▼図5　学習モデルで生成した、自由視点からの映像例

果の保存]を実行)。そうすれば学習結果を再利用しての処理を行うことができます。

今しか撮れない、今日見る景色

明日の景色は、明日にしか見ることができません。それとは逆に、今日見る景色は、明日には眺めることはできません。つまり、今日の景色を撮影できるのは、今日この瞬間だけ、ということになります。「どんな処理をするか」「誰に見せるか」……そんなことは明日以降に考えることにして、いつかの未来に向けて、今日見た景色を撮影・記録するのはいかがでしょうか。

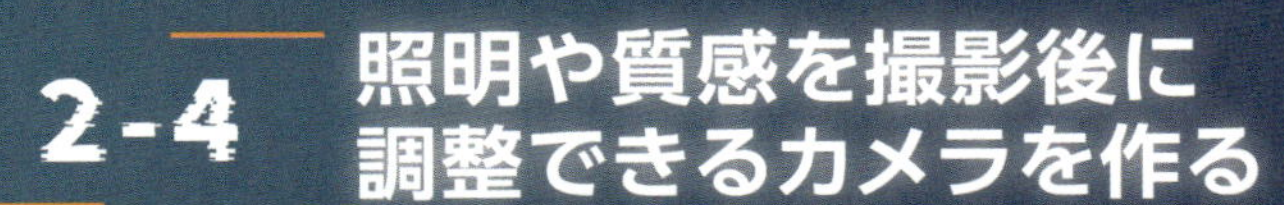

2-4 照明や質感を撮影後に調整できるカメラを作る

偏光フィルタと2色性反射モデルを使った質感画像処理

物体表面の鏡面反射が消える!? 偏光フィルタを使ってみよう!

100円ショップに行けば、スマホカメラ用のアダプタが置かれています。たとえば、超広角レンズや魚眼レンズ、あるいはマクロレンズといったアダプタが売られています。そして、偏光フィルタアダプタも売られていたりします。

▼図1 偏光フィルタを使うと物体表面の鏡面反射光が消える

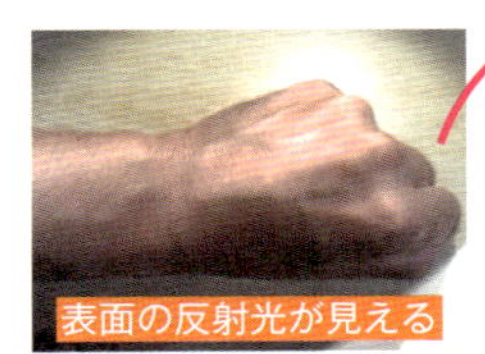

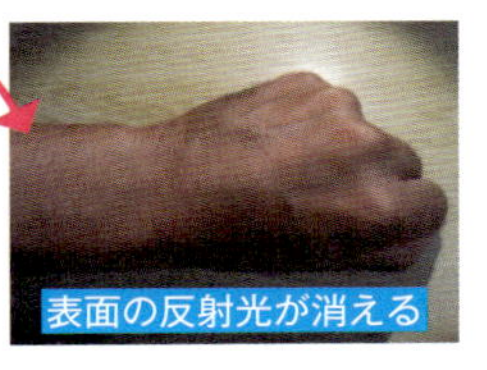

偏光フィルタアダプタは、「手で回転させて、向きを変えることができる偏光フィルタ」をカメラのレンズ前面に取り付けるものです。「表面で光反射している被写体」を撮影するときに、偏光フィルタを適切な向きに調整すると、物体表面の鏡面反射を消し去ることができます(図1)。

偏光フィルタで反射光が消えるのは、反射光の振動方向が偏っているから

なぜ、偏光フィルタで鏡面反射が消えるのでしょうか？　物体表面の反射光を偏光フィルタで消すことができるのは、次のような理由です。

①光は進行方向に対し、直交する方向(＝横方向)に振動する横波である
②偏光フィルタは特定振動方向の光のみ通す
③鏡面反射光の振動方向には強い偏りがある
④偏光フィルタの向きを、鏡面反射光の振動方向を通さない向きにすると、鏡面反射光が消える

光(電磁波)は、電場・磁場が重なりながら進行方向に対して横方向に振動し

つつ進む「横波」です(**図2**)。そして、偏光フィルタは(大雑把に書くと)振動方向が特定の向きの光だけを通します。逆に言えば、通過させる振動方向と直交に振動する光を通しません(**図3**)。

横波である光が、物体表面で反射する際には、照明方向や物体表面の向きに応じた方向に反射して進むと同時に、照明方向や物体表面の向きに応じた方向に「光の振動方向」が強く偏ります。とくに「ブリュースター角」と呼ばれる角度では、反射光の偏光方向は、特定の振動方向のみになります。そのため、偏光フィルタの向きを適切に回転させると、鏡面反射光を消すことができるのです(**図4**)。

▼図2　光は進行方向に対し横に振動する横波

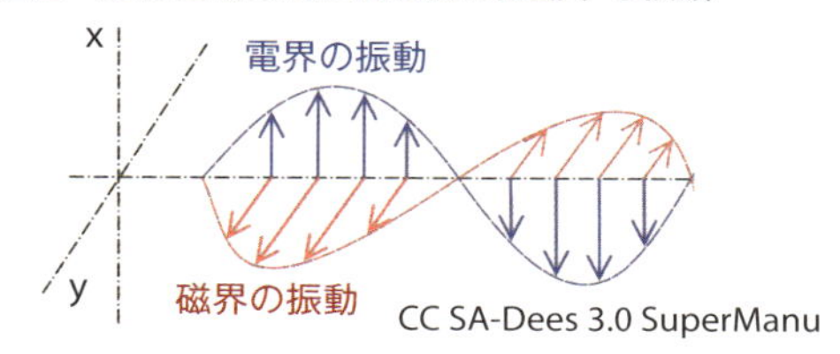

▼図3　特定の振動方向の光を通す偏光フィルタ

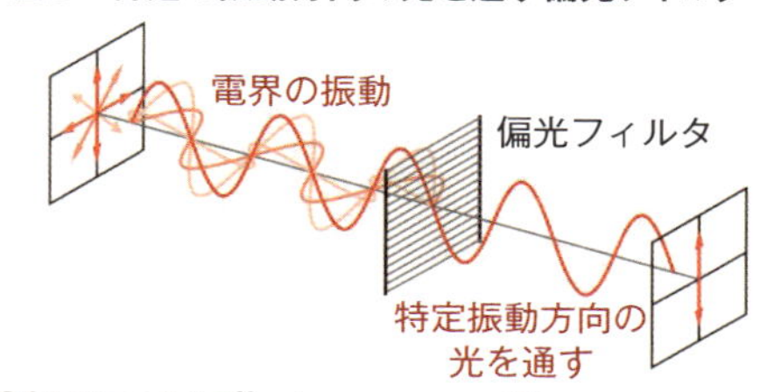

CC SA-Dees 3.0 Fffred~commonswiki

▼図4　鏡面反射光（光の振動方向が偏る）と内部拡散光（振動方向が偏らない）

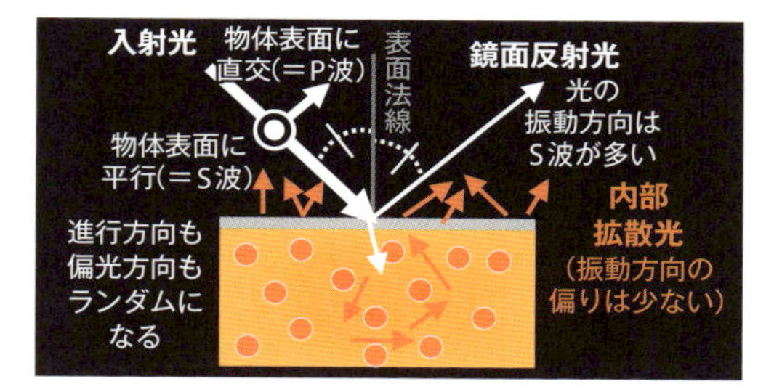

自動回転偏光フィルタ機構を作り、スマホを特殊カメラに変身させる!

偏光フィルタの向きを手で回せば、鏡面反射光を消し去ることができます。しかし、反射光の振動方向が偏るといっても、その方向は照明方向や物体表面の向きに依存します。したがって、対象の各表面ごとに偏光フィルタの向きを調整しなければ、鏡面反射光をうまく除去することはできません。それは少し面倒です。

そんな悩みを消し去る「秘密道具」が自動回転偏光フィルタ機構。小型モータで偏光フィルタを回転させるだけ、手動手回しが面倒なら自動で回そう！という、とても単純な工作です(**図5**)。このアダプタをスマホに取り付けて、ハイスピー

▼図5 偏光フィルタに小型モータを取り付けて回転させる

ド撮影をすると偏光フィルタの方向が刻々変わる動画を記録できます[注1]。

それでは、撮影動画に画像処理をかけてみましょう。具体的には、

①刻々の画像同士を位置合わせ(手振れ防止)
②位置合わせされた画像の各画素で「最小値画像・最大値画像」を算出

するコードを書いてみます(**図6**)。

自動回転偏光フィルタ機構を使ったハイスピード撮影動画で建物を撮影し、コードを実行してみると、鏡面反射光を最大限に含んだ最大値画像と、鏡面反射光を消し去った最小値画像が得られていることがわかります。

内部拡散光と表面の鏡面反射光で光反射を近似する2色性反射モデル

簡単な自動回転偏光フィルタ工作と画像処理を使うことで、鏡面反射を消すことができるようになりました。しかし、物理原理と画像処理を組み合わせれば、もっと興味深いことを実現できます。

図4に書いた物理原理は、物体から反射する光の近似モデルで「2色性反射モデル」と呼ばれます。それは、物体表面では鏡面で反射するような光(鏡面反射光)が生じ、物体内部に入った光は内部の状態に応じて色づいたうえで、「内部拡散光」として物体表面から出射するというモデルです。

このモデルを使うと「鏡面反射光を消し去った最小値画像」は「内部拡散光」を表していること、「鏡面反射光を最大限に含んだ最大値画像」から「内部拡散光」を引けば「鏡面反射光」成分が得られること、がわかります。そうした知見を使っ

注1) フィルタを回転させなくとも、偏光フィルタを異なる3方向に回した際の画像を撮影するのでも大丈夫です。

▼図6 回転偏光フィルタ撮影動画から内部拡散光・鏡面反射光分離を行うコード例

```
import cv2
import numpy as np

def get_keypoints(img):
    gray = cv2.cvtColor(img, cv2.COLOR_RGB2GRAY)
    akaze = cv2.AKAZE_create()
    return akaze.detectAndCompute(gray, None)

def get_matches(img, kp2, des2):
    kp1, des1 = get_keypoints(img)
    if len(kp1) == 0 or len(kp2) == 0:
        return None
    matches = cv2.BFMatcher().knnMatch(des1, des2, k=2)
    good = []
    for m, n in matches:
        if m.distance < 0.6 * n.distance:
            good.append(m)
    if len(good) ==0:
        return None
    base_position = []   # 基準画像
    target_position = [] # 対象画像
    for g in good:       # 各画像の対応点[x,y座標]を格納
        base_position.append(   [kp2[g.trainIdx].pt[0], kp2[g.trainIdx].pt[1]])
        target_position.append( [kp1[g.queryIdx].pt[0], kp1[g.queryIdx].pt[1]])
    return np.array(target_position), np.array(base_position)

def get_alignment_img(img, kp2, des2):
    height, width = img.shape[:2]
    apt1, apt2 = get_matches(img, kp2, des2)
    affine_mtx = cv2.estimateAffinePartial2D(apt1, apt2)[0]
    if affine_mtx is not None:
        return cv2.warpAffine(img, affine_mtx, (width, height))
    else:
        return None

# 動画は、真上を向いているところが反射している状態からスタートしている、とする
in_file = "MVI_0191.MOV" # 入力映像ファイル名
cap = cv2.VideoCapture( in_file ) # 動画ファイルを開く
w = round( cap.get(cv2.CAP_PROP_FRAME_WIDTH) ) # 動画の縦横を取得
h = round( cap.get(cv2.CAP_PROP_FRAME_HEIGHT) )
min_image = np.empty([h,w])# 最小値画像
max_image = np.empty([h,w])# 最大値画像
dir_image = np.empty([h,w])# 最大値方向
frames = []    # 冒頭フレームを基準に、刻々のフレームを位置合わせ＆格納する
is_1st = True  # 冒頭フレームか否かを判定する
while(cap.isOpened()):
    ret, frame = cap.read()
    if ret:
        frame = cv2.cvtColor(frame, cv2.COLOR_BGR2RGB)
        if is_1st:
            frames.append(frame); is_1st = False
            kp, des = get_keypoints(frame) # 基準画像の特徴点・特徴記述子
        else: # 対象画像を（基準画像に対し）位置合わせした画像を作成・追加
            aligned_image = get_alignment_img(frame, kp, des)
            frames.append(aligned_image)
    else:
        break
cap.release()

# 最大値・最小値画像、反射光成分抽出は、全フレーム（時間）領域を使う
max_img = np.max(frames, axis=0) # 最も明るい画素で作った画像
min_img = np.min(frames, axis=0) # 最も暗い画素で作った画像
spc_img = max_img - min_img      # 表面での鏡面反射成分
```

- def get_keypoints(img): ― 画像から、特徴点・特徴記述子を得る関数
  - gray = cv2.cvtColor(...) ― 画像をグレースケールに変換
  - akaze ～ return ― 特徴点を抽出し、特徴記述子を計算
- def get_matches(img, kp2, des2): ― 位置合わせ対象画像と、基準画像の対応点を得る関数
  - kp1, des1 = get_keypoints(img) ― 位置合わせ対象画像の特徴点、特徴記述子を計算する
  - if len(kp1) == 0 ～ return None ― 特徴点が与えられなければ、処理できない
  - matches ～ return None ― 位置合わせ対象画像と、基準画像の特徴点や特徴記述子をもとに、両画像間での対応する点を見つける
  - base_position.append ～ return ― 両画像間での対応する点を格納して、戻り値とする
- def get_alignment_img(img, kp2, des2): ― 基準画像に対し、対象画像を位置合わせする関数
  - apt1, apt2 ～ affine_mtx ― 画像間の対応点をもとに対象画像を位置合わせするアフィン行列を得る
  - if affine_mtx ～ return None ― 対象画像をアフィン変換し位置合わせする
- 撮影動画 ― 撮影動画を読み込み、各フレームを冒頭フレームに位置合わせする
  - aligned_image ～ frames.append(aligned_image) ― フレームを位置合わせ
- 最大値画像／最小値画像／鏡面反射光

て得られた「物体表面で反射する鏡面反射光」の例が、**図6**右下です。

内部拡散光と鏡面反射光の調合で、好みの質感表現に味付けできる!

鏡面反射光と内部拡散光がわかれば、それらを好みの割合で調合することもできます(**図7**)。たとえば、自分の腕を撮影した動画から「表面の鏡面反射光情報を頼りに凹凸情報を消して内部拡散光だけの味付けにする」と「なめらか・しっとり肌質感」な画像を作り出すことができます。その逆に、テカテカに光る鏡面反射光を大盛りマシマシに入れたならば、まるで金属製ロボットのようなメタリック調の腕に変身させることもできます。内部拡散光と鏡面光の特性がわかったうえで画像処理を行えば、好みの質感表現に味付けすることもできるわけです。

鏡面反射光が強い方向を調べれば、表面の向き(法線方向)もわかる!

冒頭近くで触れたように、物体表面で反射する光は、照明方向や物体表面の向きに応じた向きに反射するとともに、偏光方向に偏りが生まれます。言い換えれば、物体表面で反射する光の偏光方向は、物体表面の向き(法線方向)を反映しています。

そこで、鏡面反射光が強い方向を調べることで、撮影画像の各画素ごとに「表面の向き」を算出し、法線マップ(ノーマルマップ)に換算してみます(**図8**)。ちなみに、法線マップというのは、各点の法線ベクトル(Nx, Ny, Nz)をRGB画素値で表したものです。たとえば、右手座標系の8ビットなら、

・赤:0 to 255(Nx:−1 to +1)
・緑:0 to 255(Ny:−1 to +1)
・青:128 to 255(Nz:0 to 1)

という具合に表します。

▼図7 内部拡散光と鏡面反射光を分離したり、目的に応じて調合をしたりすることで好みの質感表現に味付けできる

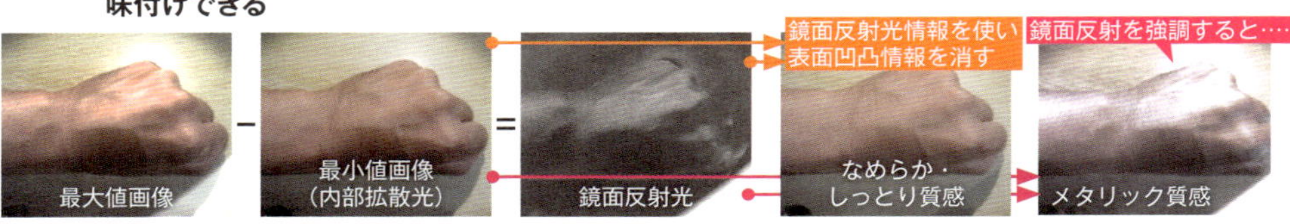

得られた法線マップを眺めると、ビル構造をふまえて「それほど不自然ではない」結果が得られていることがわかります(**図8**下部中央図)。安いスマホでも、少しのわずかな工作と物理原理とプログラミングで、3次元形状を計測できるカメラにも変身させることが「できる」のです。

▼図8　偏光フィルタの回転周期・向きを検出し、最大値画像の向きから法線マップを得る

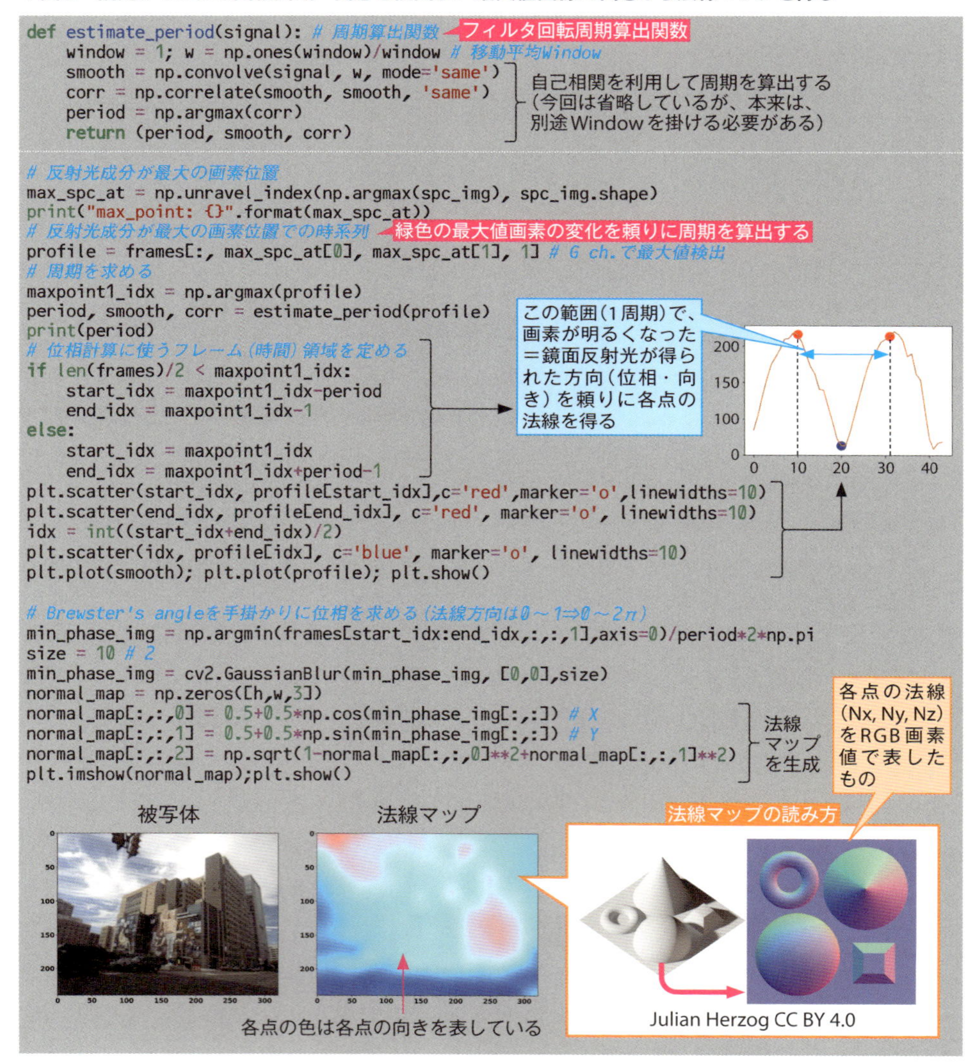

▼図9　被写体の法線マップを使い、照明方向を変化させた画像を作るコード・処理例

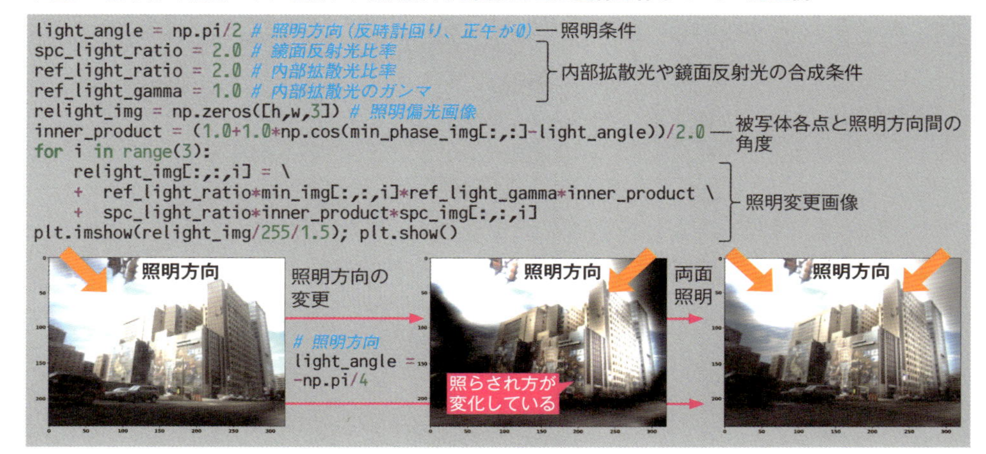

被写体表面の法線マップがわかれば、撮影後でも照明条件を変更できる!

撮影した被写体の各表面ごとの向きがわかれば、被写体に対する照明条件を後から調整することもできます。得られた法線マップを使い、照明方向を変化させた画像を作り出すコードと処理例が図9です。

撮影時点とは逆方向から光を当てたり、被写体の両側から光を当ててみたり……そんな「撮影後の照明条件変更（リライティング）」も実現することができます。

物理をふまえた撮影・画像処理・見え方・質感制御も難しくない

料理・食材写真の瑞々（みずみず）しさを表す「シズル感」や「ツヤ感」といった言葉、あるいは、工業製品が持つ「メタリック感」といった言葉があります。そうしたものは、物体表面や内部拡散光の特性をふまえた物理現象を、人がさまざまな体験・経験を経て把握することで「素材の特性を感じる」ことができるようになり、そんな体験・経験から生まれた言葉です。

本節では、物理原理をふまえた撮影・画像処理を行うことで、鏡面反射光や内部拡散光の分離をしたり、表面の向きを検知したりといった画像処理をして、対象物の見た目を制御するコードを書いてみました。眼の光学機構や視覚の認知機構を踏まえた画像処理も、本章6節や第3章2節で紹介・解説します。

2-5 「モールス符号」で学ぶ「文字符号化」

圏外対応!「空に浮かぶモールス信号発信器」を作る!

モールス符号の二分木(バイナリツリー)

図1は、モールス符号を模様として描いたコインです。モールス符号というのは、短点＝トン(・)と長点＝ツー(ー)で(たとえば)英語を表した「符号」です。

トン・ツーで英字を符号化するモールス符号(信号)は、19世紀から20世紀まで、世界中で広く使われていました。電気信号として電線越しに送られたり、電波信号としてアンテナ越しに空へ言葉を飛ばしたり。あるいは、光の点滅として船から海の先へと放たれたり……モールス符号はさまざまな形態で使われてきました。

図1のコインの図柄は、“SEND SIDE”面は「アルファベット→モールス符号」を並べた普通の一覧表。たとえば、Aならトン・ツー、Bならツー・トン・トン・トンといった具合です。興味深いのは、その裏にある“RECEIVE SIDE”面のデザインです。

RECEIVE SIDE面に刻まれているのは、トン or ツーという二値符号の列で作った二分木(バイナリツリー)です。スタート地点は中央の★印。最初の符号がトンなら左、ツーなら右。トン1個で終わればEとなり、ツー1個で終わればTになる。もしも、トン・トンで終わるなら、Eの左にあるI。トン・ツーだったらEの下にあるA……という具合。つまり、トン・ツーの符号列から、二分探索(バイナリサーチ)的に英字を決定できるのです。

▼図1 モールス符号の一覧&二分木がデザインされたコイン

コンピュータ・プログラムでよく使われるデータ構造やアルゴリズムを連想させる、モールス符号の二分木、「なるほど、おもしろい」と思う人も多いのではないでしょうか。

▼図2　印刷所の活字数から見積られた英字頻度

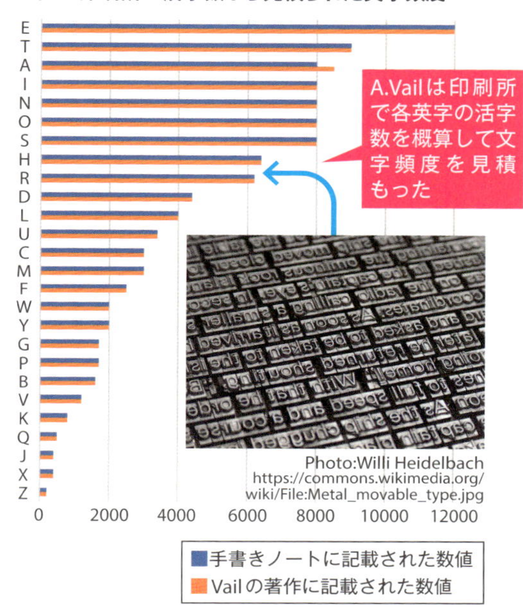

印刷所の活字を数えて符号割当を最適化

二分木を眺めて、こう考えた人もいるはず。「文字によって符号の長さ(トンやツーの数)が違うのか。それなら出現率が高い文字に短い符号長を割り当てれば、文章の平均符号長を短くできそう」……そう考えた、あなたは鋭い!

モールス符号の設計者は、符号名となったS.モールスではなくて、米国ニュージャージー州のモリスタウンに住んでいたアルフレッド・ヴェイルです。1837年の11月と12月、ヴェイルは近所の印刷屋で「各英字の"活字"が何個あるか?」を調査して、「英字の文字頻度」を見積もります。文字の数だけ活字を並べる印刷では、文章内の出現数が多い文字ほど、たくさんの活字が必要になるからです。

そして、見積もった結果に基づいて、「頻度が多い文字ほど」「短い符号列を使う」ように、ヴェイルは英字⇔モールス符号対応を作りました。初期のモールス符号を作っていた頃に書かれたと思われる手書きメモ[注1]やヴェイルの著書[注2]に書かれた「英字の文字頻度(印刷所にあった各英字の活字数)」を、棒グラフで表したのが**図2**です。英字の文字頻度とモールス符号の二分木を見比べれば、高頻度な文字ほど符号長が短いことがわかります[注3]。

また、手書きメモ(**図3**)を眺めると、頻度順に並べた英字に対して、符号長

注1） URL https://www.loc.gov/resource/mmorse.071005/?sp=4&r=-0.403,-0.071,1.806,1.418,0
注2） URL https://babel.hathitrust.org/cgi/pt?id=mdp.39015021013456&view=1up&seq=172
注3） 文字頻度と符号長の不一致は、開発時と現在のモールス符号の違いが主要因です。

▼図3　現在につながる「初期モールス符号」を作っていた頃に書かれたらしき手書きメモ

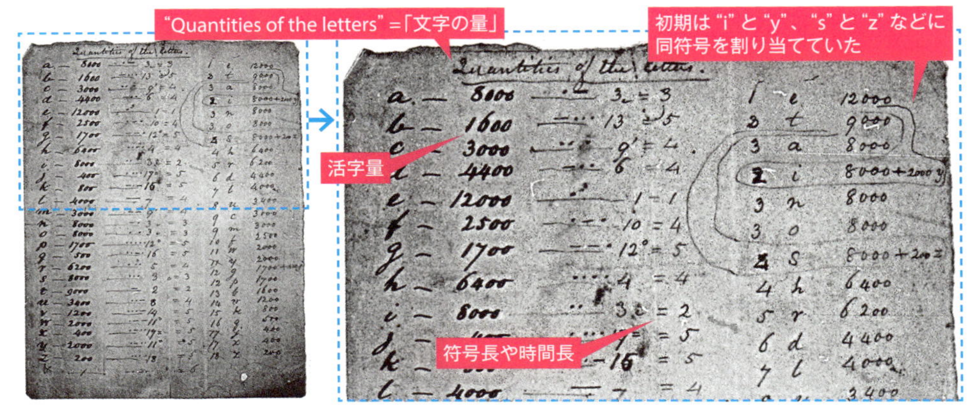

を数えるだけでなく、トンとツーが組み合わさったときの時間長も考えながら、「文字符号の効率化・最適化」を行っていたこともわかります。

電波圏外でも大丈夫! 緊急時に役立つモバイル・モールス発信器

せっかくですから、丁寧に効率的に文字符号化されたモールス信号をPythonから使い、便利な道具を作ってみることにしましょう。

作るのは「どこでも使うことができるモールス信号の発信装置」……海上の船が、モールス信号を光の点滅にして情報を伝えるように、スマホ画面に明暗(白黒)の点滅画像を表示して文字を伝えるモバイル・モールス発信器(ディスプレイ)です。携帯電話が電波圏外になっても使うことができる、文字通りの「どこでも」使える便利グッズを作ってやろう！というわけです。

まずは、準備作業として、英字⇔モールス符号の変換をするためのmorse3パッケージを

```
$ pip install morse3
```

と追加しておきましょう。そのうえで、英字文字列を光点滅画像に変換するPythonコード(**図4**)を実行すると、「(6行目で指定した)文字列を光が点滅するモールス符号にしたアニメーションGIF画像」が保存されます。

あとは、アニメーションGIF画像をスマホ画面で開くだけで、モバイル・モー

▼図4　英文をモールス符号や時系列的ON/OFF信号に変換し、さらにモールス動画化するコード例

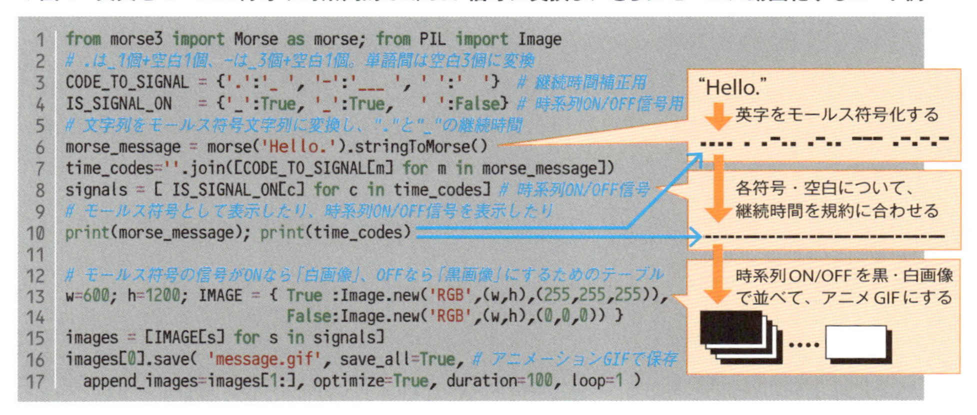

```python
from morse3 import Morse as morse; from PIL import Image
# .は_1個+空白1個、-は_3個+空白1個。単語間は空白3個に変換
CODE_TO_SIGNAL = {'.':'_ ', '-':'___ ', ' ':'  '} # 継続時間補正用
IS_SIGNAL_ON   = {'_':True, '_':True,   ' ':False} # 時系列ON/OFF信号用
# 文字列をモールス符号文字列に変換し、"."と"_"の継続時間
morse_message = morse('Hello.').stringToMorse()
time_codes=''.join([CODE_TO_SIGNAL[m] for m in morse_message])
signals = [ IS_SIGNAL_ON[c] for c in time_codes] # 時系列ON/OFF信号
# モールス符号として表示したり、時系列ON/OFF信号を表示したり
print(morse_message); print(time_codes)

# モールス符号の信号がONなら「白画像」、OFFなら「黒画像」にするためのテーブル
w=600; h=1200; IMAGE = { True :Image.new('RGB',(w,h),(255,255,255)),
                         False:Image.new('RGB',(w,h),(0,0,0)) }
images = [IMAGE[s] for s in signals]
images[0].save( 'message.gif', save_all=True, # アニメーションGIFで保存
  append_images=images[1:], optimize=True, duration=100, loop=1 )
```


ルス発信器のできあがり！という仕掛けです。

光が届く限り、見通しがきく限り、遠い場所にもメッセージを送ることができます。手にしたスマホを振ったり・歩き動いたりしてみれば、光の残像で画像を描くバーサライタ(POV：Persistence Of Vision)のように「モールス符号メッセージが空中に浮かぶ不思議な風景」を作り出すことだってできるのです(**図5**)。

2値符号化した光の点滅で、誰かに言葉を伝えたい!

活字の量を参考にして符号化がされたモールス符号。限られた用途では、今現在も使われています。2022年4月には、黒海で沈没しつつあるロシア巡洋艦モスクワから、モールス信号で“SOS”“SINKING”と発信されていたという報道がありました。

電波が使えない緊急時でも、あるいは日常生活の中でも、2値の符号列を使って言葉を伝えることもできます。誰かに送りたいメッセージ、そんな言葉をモールス符号の光の点滅として伝えてみるのはいかがでしょうか。

▼図5　モールス符号化メッセージを光の明暗で空間に浮かべる

2-6 「雰囲気を写す写真」や「ドレス錯視」の謎を解く

視覚モデルで「色の見え」をシミュレーション!

周りの色や明るさに応じて「見え」を調整するヒトの視覚

▼図1　太陽光が差し込む場所と古い蛍光灯が照らす店

昔ながらの市場を歩いていると、真上から日光が差し込む場所が見え、それと同時に、古びた蛍光灯に照らされた店が見えます。その瞬間は、太陽に照らされた場所はとても明るく白く輝いていて、蛍光灯が光る店は暗く緑色がかっている(**図1**)。……けれど、その店に入ってみると、いつの間にか、緑っぽさは消え失せていて、それほど暗いようにも感じられなくなるものです。

ヒトの視覚機構は、周りの色や明るさに応じて「見え」を調整します。明るさが違っていたり、色づいた照明光下であったりしても「照明光の明るさや色バランスにもとづいた調整」を視覚機構が自動で行います。結果として、その環境が「暗過ぎも明る過ぎもせず、色偏りもない場所」であるかのように順応します。

今回は、ヒトの視覚が自動実行する「見え」の調整処理を、簡易的に模倣(もほう)してみます。自分が「どう世界を見ているか」を大雑把になぞることで、自分が見た色合いを再現する写真を仕立てる色調整のポイントや、有名な錯視が生じた背景まで、「色の見え」について考えてみることにしましょう。

視覚の「見え」調整処理を模したPythonコードを書いてみよう!

視覚が自動で行う「見え」の調整処理を簡易に模したコードが**図2**です。主な

▼図2　視覚が自動で行う「見え」の調整処理を簡易に模したPythonコード

```
import numpy as np;import skimage
import cv2;import matplotlib.pyplot as plt

def srgb_to_lrgb(srgb): # sRGB→輝度リニア変換（簡易版）
    return skimage.exposure.adjust_gamma(srgb,2.2)
def lrgb_to_srgb(linear):
    return skimage.exposure.adjust_gamma(
        np.clip(linear,0.0,1.0),1/2.2)
RGB_TO_XYZ=np.array( # sRGB値⇒XYZ値の変換行列
    [[0.41245, 0.35758, 0.18042],
    [0.21267, 0.71516, 0.07217],
    [0.01933, 0.11919, 0.95023]])
XYZ_TO_RGB=np.array( # XYZ値⇒sRGB値の変換行列
    [[3.24048, -1.53715, -0.49854],
    [-0.96926, 1.87599, 0.041556],
    [0.05565, -0.20404, 1.05731]])
def srgb_to_xyz(srgb): # sRGB⇒輝度リニアRGB⇒XYZ
    return srgb_to_lrgb(srgb) @ RGB_TO_XYZ.T
def xyz_to_srgb(xyz):  # XYZ⇒輝度リニアRGB⇒sRGB
    return lrgb_to_srgb(xyz@XYZ_TO_RGB.T)
def xyz_to_lms(xyz,M): # XYZ刺激値⇒LMS錐体の刺激値
    return xyz@M.T
def normalize_xyz(xyz): # 輝度値（Y）で正規化
    return xyz/xyz[1]
def ave_srgb(img): # RGB各色の平均を輝度リニア値で算出⇒sRGBで返す
    return lrgb_to_srgb(srgb_to_lrgb(img).mean((0,1)))
def chromatic_adaptation( # sRGB画像に「見え」調整を行う
    src_white_point,dst_white_point,src_img, adapt):
    src_img_xyz=srgb_to_xyz(src_img) # sRGB画像⇒XYZ画像
    # 撮影シーンの白色（XYZ値）
    xyz_src=normalize_xyz(srgb_to_xyz(src_white_point))
    # 観察環境の白色（XYZ値）
    xyz_dst=normalize_xyz(srgb_to_xyz(dst_white_point))
    XYZ_TO_LMS=np.array(#XYZ値⇒LMS値への変換行列(CAT02)
    [[0.733, 0.430, -0.162],
    [-0.704, 1.698, 0.006],
    [0.003, 0.014, 0.983]])
    # 撮影シーン白色と観察環境白色のLMS比で乗算係数gを算出
    lms_src = xyz_to_lms(xyz_src,XYZ_TO_LMS)
    lms_dst = xyz_to_lms(xyz_dst,XYZ_TO_LMS)
    g=(adapt*lms_dst+(1.0-adapt)*lms_src)/lms_src
    # XYZ値に対し（LMS値上で）「見え」を調整する変換行列を作る
    adapt_mat=np.linalg.inv(XYZ_TO_LMS)@np.diag(g)@XYZ_TO_LMS
    adapt_xyz=src_img_xyz@adapt_mat.T # 色調整を行う
    return xyz_to_srgb(adapt_xyz) # sRGB画像として返す
# 「見え調整処理」
img=cv2.imread('original.jpg')
# 画像が大きい場合には、画像サイズを小さくする
# h,w,ch=img.shape;h=int(h/10);w=int(w/10)
# img=cv2.resize(img,(w,h))
img=img[:,:,::-1]/255 # RGB順＆0～1範囲に収める
dst_white_point=np.array([1.,1.,1.]) # 画面表示の色条件

# 撮影シーンの「色偏り」条件を画像平均で取得する場合
src_white_point=ave_srgb(img)
# 撮影シーンの「色偏り」条件をsRGBで指定する場合
# src_white_point=np.array([130,165,205])/255
# sRGB画像に対して「見え」調整を行う
adapt_img=chromatic_adaptation(
    src_white_point,dst_white_point,img,1.0)
# 元画像と「見え」調整画像を表示
plt.axis('off');plt.imshow(img);plt.show()
plt.axis('off');plt.imshow(adapt_img);plt.show()
```

（光の強さに対し線形比例していない）sRGBと、光の強さに線形比例したRGB間を変換する関数

sRGB値・LMS錐体の信号値・XYZ値を相互に変換する関数群を用意する

sRGB値：カメラや画面の色信号　一般的な画像など
PantheraLeo1359531 (CC BY 4.0)
RGB値（リニア）：⇒光量に比例したRGB値（各種線形計算ができる）
XYZ値：⇒歴史的背景もあり色計算で使われる色空間
LMS値：⇒錐体が感じる色信号　視覚が行う処理をする

画像全体の画素値から「色偏り」を求める

「見え」調整を行う関数
- 画像をXYZ値に変換
- 元画像の「色偏り」と色偏りをどう変えるか（＝目標条件）に応じた変換行列を作る（演算はLMS値上）
- XYZ値⇒LMS値（LMS値として）行列演算 LMS値⇒XYZ値

↑★★色偏りをsRGB値で指定する場合に使う
★色偏りをどの程度消すかをパラメータで指定

画像を読み込み「見え」調整をする処理
- 画像の読み込み
- 「色偏り」を決める
- 「見え」調整を行う
- 調整前後の画像表示

処理例
元画像　1.0（100%）　0.6（60%）

処理は、

(1)画像ファイルを読み込む注1
(2)画像の「色偏り」を算出(or指定する)
(3)「見え」調整を行う(色偏りを消し、明るさを適正にする)
(4)元画像と調整後画像を表示する

という流れで行います(図2の緑枠部)。

以降、図2のコードに沿って、周りの色や明るさに応じた「見え方」の調整過程を眺めていきます。

生体内の視覚処理をまねるため、網膜上の色センサ値に変換する

まずは、「通常のRGB画像(通常使われることが多いsRGB画像)で使われる値」を、「光の強さに線形比例する値」や「網膜上の色センサから得られる信号(LMS値)」に相互変換するための関数群を用意しておきます(図2の青枠部)。そうした変換を使う理由は、「見え」調整処理で視覚の生体内処理に近い結果を得るには、「網膜上の色センサがとらえる信号」に変換して行うのが素直だから、です。

ヒトの目が備える色センサ、網膜上分布も分光感度も十人十色

ヒトの目が備える色センサについて、少し説明をしておきます。ヒトの網膜上には、色をとらえるセンサとして数百万個の「錐体(錐体細胞)」が並んでいます(図3)。ヒトの錐体には、

・赤周辺の長波長(Long)に反応するL錐体
・緑周辺の中波長(Middle)に反応するM錐体
・青周辺の短波長(Short)に反応するS錐体

の3種類があります。M錐体は、3,000万年ほど前にL錐体から派生した細胞なので、M錐体とL錐体の色感度は非常に似通っています。

3種の錐体の比率や配置、あるいは分光感度などは、人それぞれに違いがあり、色の見え方は十人十色で、実はさまざまに異なります。

注1) 撮影時のカメラ色調整処理は無効にしておきます。

▼図3 ヒトの網膜上には、色をとらえるセンサとして数百万個の「錐体(錐体細胞)」が並んでいる

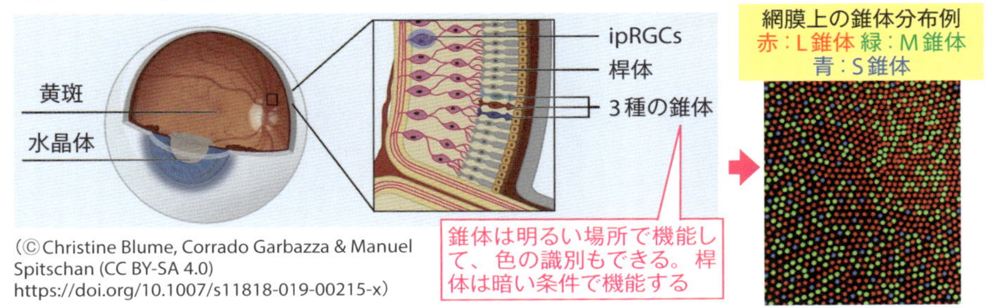

(©Christine Blume, Corrado Garbazza & Manuel Spitschan (CC BY-SA 4.0) https://doi.org/10.1007/s11818-019-00215-x)

(©Mark Fairchild (CC BY-SA 3.0) http://rit-mcsl.org/fairchild/WhyIsColor/images/ConeMosaics.jpg)

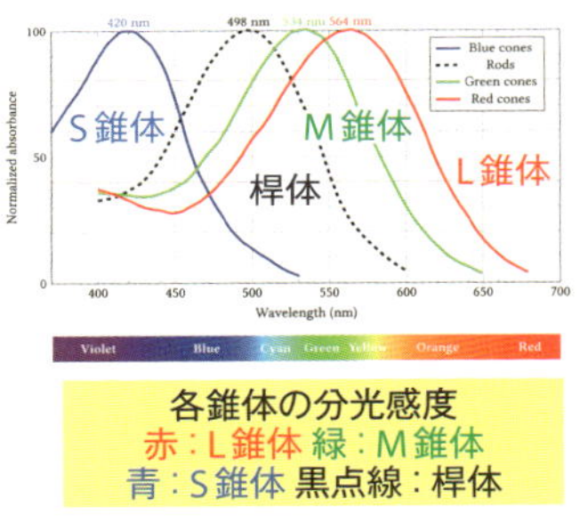

(©Francois~frwiki, Vlastito djelo (CC BY-SA 4.0) https://www.ncbi.nlm.nih.gov/pmc/articles/PMC1279132/)

「色偏りを消す」調整と「明るさをそろえる」調整をする

次に用意する関数は、

- 画像全体から「色偏り」を求める関数
- 「色偏りを消す」調整や「明るさをそろえる」調整を行う「見え」の調整関数

です(**図2**の赤紫枠部)。「見え」の調整は、すでに書いたとおり、3種の錐体(L錐体・M錐体・S錐体)がとらえた信号(画像)上で行います。

「見え」調整の具体的な内容は、「3種の各錐体信号値比率や強度をそろえる(信号比率や強さが所定条件になるように、適度にそろえる)」というものです。なお、本コード例では「どの程度の調整を行うか」を、パラメータとして指定できるようにしています。

視覚系の「見え」調整が働くと、照明光の「色偏り」は低減される

ここまでに用意した関数群を使って、**図2**緑枠部の処理を行った例が**図4**です。

照明環境が「色偏りの少ない自然な照明」「青緑がかった蛍光灯」「赤みがかった電灯」といった、それぞれ異なる照明光条件であったとしても、視覚が自動で行う「見え」の調整処理が働くことで「ほぼ同じように見える」ことがわかります。

このような視覚処理が働くことで、昔ながらの市場にある、蛍光灯が灯る暗

く緑色がかった店に入ったとしても、いつの間にか、それほど暗くもなく緑っぽくもない場所に見えてくるわけです。

▼図4 視覚が自動で行う「見え」の調整処理が働くと、照明環境によらず「ほぼ同じように見える」

視覚の調整処理がなかったとしたら、こう見える

「見え」の調整処理　「見え」の調整処理

(©Photo by Alex1ruff (CC BY-SA 4.0) http://www.photoskop.com/player.html?l=wb&ch=0&sec=0)

「見え」の調整処理の結果、こう見える

環境への順応は不完全、だから黄昏(たそがれ)時の景色は「ほんのり赤い」

ヒトの視覚機構が行う調整処理は、環境の影響を完全に除去するわけではありません。たとえば、黄昏(夕暮れ)時の景色を眺めると、少なからず赤く染まって見えるものですし、薄暗いように見えたりもするものです。私たちの目や脳がとらえるしくみは、色の偏りや明るさ(暗さ)といった情報を完全に消し去ることはありません。そこで、**図2**では、眺める景色の色偏りを「どのくらい消し去るか」をパラメータとして与えています(★部)。

ヒトの視覚を模倣するには、色の偏りを60〜80%程度消し去る(＝色の偏りを40〜20%程度残す)くらいにしておきます。すると、その場で「感じる」自然な「見え」を再現することができます。**図5**例は、色の偏りを100%消した場合と60%消した(40%残す)場合の比較例です。

眺めた景色の印象を違和感なく忠実に再現したい場合、こうした「視覚を模した微妙な味付け」をしておくことが大切です。

どっちに見える? 青黒or金白? 「ドレス錯視」を眺めてみよう!

最後に、「見え」調整の応用編を扱ってみます。その題材は「ドレス錯視」です。

図6の左に示した画像は、女性のドレスを撮影した写真です。いたって普通に見えますが、人によって「見え方」がまったく異なることで評判になり、広く

▼図5 「環境に完全順応する(色偏りが完全に消える)」わけではない。色の偏りをある程度残すと自然

知られるようになった有名な画像です。「ドレスは金色と白の縞模様で間違いない」という人たちがいれば(**図6**中央)、「黒と青色の縞模様にしか見えない」という人たちもいる(**図6**右)、実に不思議な写真です。そんなドレス錯視の謎を、視覚が自動で行う「見え」の調整処理をふまえて、推理してみようと思います。

▼図6 人によって違う色に見える「ドレス錯視」

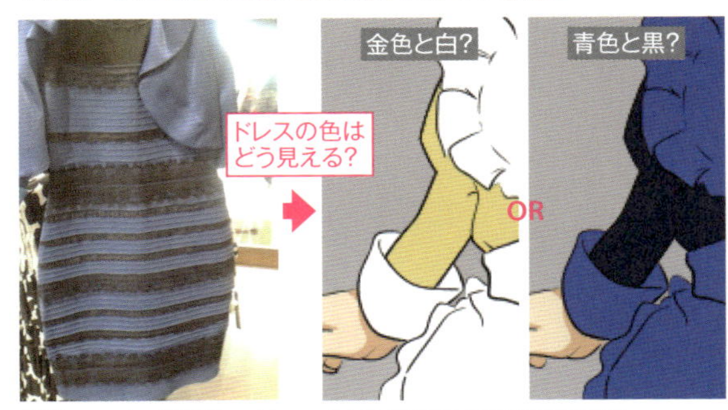

(©Kasuga~jawiki, Editor at Large, Jahobr, Wikipe-tan (CC BY-SA 3.0)
https://commons.wikimedia.org/wiki/File:Wikipe-tan_wearing_The_Dress.svg)

▼図7 「ドレス錯視」に「見え」調整をかけてみる

ドレス錯視写真

(a)ドレス明部を基準に色偏りを消す

(b) 背景を基準に色偏りを消す

「色の偏り」の感じ方に応じて、ドレスの色が違って見える!?

ドレス錯視の写真の「色偏り」を調べると、不思議なほどに、画像全体としては「色偏り」がほとんどありません。そこで、

(a)ドレス明部を基準に「色偏り」を算出
(b)背景部を基準に「色偏り」を算出

という2種の感じ方で色を調整してみます。具体的には、**図2**ではコメントアウトしている赤枠部のコードを使い、ドレス背景部やドレス明部のsRGB画素値を「色偏り」として指定する(★★部)ことで、「色偏り」の感じ方をふまえた「見え」の調整をしてみます。

処理を行った結果例(**図7**)を眺めると、ドレス明部を基準に「色偏り」を除去する(a)タイプでは「金色と白のドレス」に感じられる「見え」の調整が働きます。その一方、背景を基準として「色偏り」を除去する(b)タイプだと「青色と黒のドレス」に感じられるような調整がされるのです。

その結果、眺めている画像に対して、どんな「見え」調整がされるかしだいで、まったく違う色のドレスに見えるということになります。

実際は「濃青生地と黒レース」事件の犯人はカメラの色補正処理?

「ドレス錯視」画像で撮影されたドレス(Royal-Blue Lace Detail Bodycon

Dress)は、商品カタログを調べると、実際は「濃青生地と黒レース」だとわかります。商品写真[注2]を眺めると、錯視写真とはまったく違う色合いで、その色は「青色と黒」一択に見えます。

想像するに、撮影に使われたカメラの色調整機構が、「ドレス錯視」画像を生み出した事件の真犯人に思われます。ほぼすべてのカメラには、ヒトの視覚を模した色調整処理(ホワイトバランス調整)が搭載されているものです。そんなカメラの色調整処理が「写されたドレスの濃青色を色偏りとして取り除き、ドレスを明るい水色に変えると同時に、ドレスの周囲を明るい黄色に染めた」……。その結果、青色と黒のドレスに見えることもあれば、金色と白のドレスにも見える、「ドレス錯視」画像が作り出されたのでしょう。「画像全体では色偏りがほとんどない」という不自然な特徴は、カメラ機構の色調整処理が働いたことを示す状況証拠です。

▼図8 「ドレス錯視」の犯人はカメラ?

試しに、本来の色を模した画像に対し、今回のコードを使って色調整処理(ホワイトバランス調整)を行うと、「ドレス錯視」写真と類似した画像になることが確認できます(図8)。

知らずにかけている「色眼鏡」、「自分の眼鏡」を意識する

その場の雰囲気に応じて「眺めるもの」の見え方は変わります。無意識のうちに、私たちはそんな色眼鏡をかけています。いつの間にか自分が身につけていた「眼鏡」、その特性を意識すると、眺める対象の見え方が何かしら変わり、もしかしたら「本来の姿」を想像することもできるかもしれません。

さらに考えてみると、単に視覚の特性にとどまらず、周りに影響されて自分が身につけた「世界の見方」というものが、広くありそうな気がします。知らないうちにかけている「自分の眼鏡」を少し意識してみたくなります。

注2) URL https://www.mirror.co.uk/news/technology-science/science/white-gold-dress-heres-science-5241292

第3章 画像分析の技術

3-1 サッカーW杯の「三笘の1ミリ」を映像検証!

ボールの位置を物理とCV技術で高精度分析

2022年サッカーW杯「三笘の1ミリ」

2022年のサッカーFIFAワールドカップ(W杯)は、アラビア半島のペルシャ湾側にあるカタールで開催されました。その1次リーグ、首都ドーハのハリファスタジアムで行われた「日本 vs. スペイン戦」の1シーンが、世界の話題になりました。

▼図1 サッカーで「ボールがピッチを出たか」を決めるルール

それは試合後半、堂安選手が蹴ったボールがゴールラインを通過する瞬間に、三笘選手がボールを蹴り戻して、田中選手が逆転ゴールを決めたシーンです。

「ボールがゴールラインを完全に通り過ぎていなければ競技が続行される」というのがサッカーのルール(**図1**)。そこで、ビデオ・アシスタント・レフェリー(VAR)による確認が行われ、「ライン上にボールの一部が残っていた」と判定され、日本の逆転ゴールが認められました。ライン上に残っていたボールが「ごくわずか」だったので、「三笘の1ミリ」と呼ばれて話題になりました。

高速度映像でボール位置を分析するVAR

「三笘の1ミリ」判定に使われたVARには、多数の高速度カメラ映像から「ボールの3次元位置」を追跡する、SONYのホークアイ(Hawk-Eye)技術が使われています。撮影映像から、ボール領域の抽出や画像判定や三角測量を行うことで、ボールの場所や動きを推定することができるというものです。

前著(『なんでもPYTHONプログラミング』)では、ビリヤード台を撮影したスマホ映像を使い、ビリヤードのボールやキューの位置を推定したうえで、手球をキューで撞いたら、手球や的球がどのような軌道になるかを予測してみました(**図2**)。

▼**図2　ビリヤード台を上部からスマホ撮影して未来を予測**

本節では、FIFA公式Twitterアカウントが公開した「三笘の1ミリシーンをゴール真横から撮影した映像[注1]」を使い、ボールの軌跡を分析して「ボールがライン上に残っていたか？」を調べてみます。……果たして、高速度カメラを使うHawk-Eye技術と同じような結果を、公開映像から得ることができるでしょうか？

試合映像からボールの軌跡を確認しよう！

図3は、公開映像をもとに「グラウンド上での時々刻々のボール位置」を分析・表示するPythonコードです。処理内容は、

❶映像の全フレームを読み込む
❷映像内の各画素に対して、時系列方向に出現する画素最頻値を計算することで、選手を消した「背景画像」を作る
❸映像中の各フレームに対して、円形状物体の抽出を行って、検出されたボール位置・大きさを背景画像に描画する

というものです。実行すると「ゴール真横から見たグラウンドに重ね書きされた「時々刻々のボール軌跡画像」が出力されます。

そして、得られた「ボール軌跡画像」に対して、**図4(a)**のように、ボール軌

注1） URL https://twitter.com/fifacom/status/15987023622431047

▼図3 サッカー試合映像からボール軌跡を推定・表示するPythonコード

跡に重なるような直線(白点線)を重ね書きしてみると、「ボールは、同じ方向への直線運動を続けているけれど、2回だけ向きを変えた」ことがわかります。

撮影映像に写っていない瞬間も物理法則を踏まえて「推測」ができる!

ニュートンの運動法則の「第一法則(慣性の法則)」は"すべての物体は、外部から力を加えられない限り、静止している物体は静止状態を続け、動いている

▼図4 「三笘の1mm」シーン映像から推定された「ボールの動き」

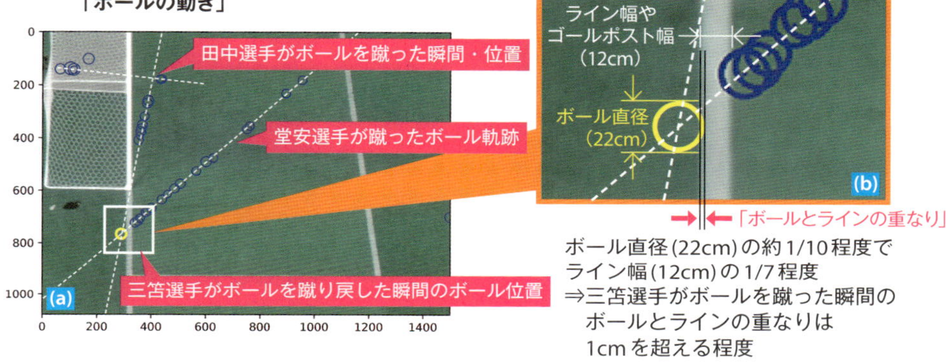

物体は同じ向きの等速直線運動を続ける”というものです。この物理法則をふまえれば、ボールが「動き方」を変えた2回の瞬間、それは「外部から力を加えられた」瞬間だということになります。つまり**図4(a)**の、ボールが動きを変えた2回の瞬間・場所こそが、

・三笘選手がボールを蹴り戻した瞬間・位置
・田中選手がボールを蹴った瞬間・位置

ということです。

FIFAが公開した映像は、Hawk-Eye技術で使われる高速度映像ではなく、30フレーム／秒程度の通常映像です。つまり、粗い動きのパラパラ漫画のようなもので、ボールの動きがすべて撮影されているわけではありません。しかし、ニュートンの運動法則の第一法則(慣性の法則)をふまえれば、撮影タイミングには含まれていなくても「どの瞬間・場所にボールが方向を変えたか？ラインを通り過ぎた瞬間があったか？」を高精度に判断できます。

映像から推定した「三笘の10ミリ!?」

図4(a)から推定された「三笘選手がボールを蹴り戻した瞬間」のボール位置とサイズを拡大して眺めてみます(**図4(b)**)。すると、ボールはライン上に重なっていて、その重なりの程度は、

▼図5　AP（Associated Press）通信が撮影したシーンを「三笘の10ミリとして」CG再現

・ボール直径（22cm）の約1/10程度
・ライン幅（12cm）の1/7程度

であることから、「三笘選手がボールが蹴った瞬間のボールとラインの重なりは1cmを超える程度」と判定できます。つまり、三笘の1ミリどころかその10倍以上、三笘の10ミリだった！？——ということになります。

AP通信（Associated Press）が「三笘の1ミリ」を撮影した有名な写真があります。その写真は、ハリファスタジアムの“キャットウォーク”から、ラインやゴール支柱の太さや高さ・ボールの大きさなどをふまえると、ゴールラインに対して約1.4度傾いた場所から撮影されたものです。試しに、同じ位置から「ボールがラインと10mm程度は重なっていた」としてCGシミュレーションしてみると、AP通信と同じような見え方が確かに再現されます（**図5**）。

……スポーツシーン映像をコンピュータービジョン（CV）技術や物理原理を使って解析・分析し、さらにCG再現したりするのは、とてもおもしろいものです。サッカーだけでなく、さまざまな競技で試してみるのはいかがでしょうか。

3-2 “光の画家”クロード・モネが見た色を簡易再現!?

分光画像処理で白内障の視覚をシミュレーション

印象派を代表する「光の画家」モネ

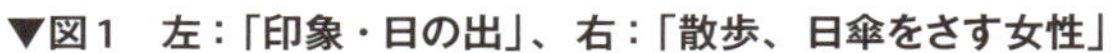
▼図1 左:「印象・日の出」、右:「散歩、日傘をさす女性」

19世紀後半、フランス・パリを中心に「印象派」が生まれます。屋外で「その瞬間に見た風景」を明るく・色鮮やかにダイナミックに描きだす。そんな印象派を代表する画家のひとり、それがクロード・モネです。

1840年にパリで生まれ、「光の画家」と呼ばれたモネ。自分の目に届く光を、そのままキャンバスに描き出したような絵画、たとえば「印象・日の出(1872年)」や「散歩、日傘をさす女性(1875年)」など、モネの作品が大好きだという人も多いことでしょう(**図1**)。

目を酷使したモネ、両目の白内障に悩む

20世紀に入った1912年、モネは両目ともに白内障[注1]と診断されます。白内障は、目の中で「レンズ」の役割をしている水晶体が濁る病気です。白内障の原因は、加齢だったり紫外線を浴びる時間が長いことだったり。屋外で「光を目に焼き付ける」ように長く絵を描き続けたモネでしたから、白内障になるのは必然だったのかもしれません。

そんな白内障に苦しんだモネは、複数回の手術を受けて、症状が重かった右

注1) 1978年にフジテレビ放映の『ペリーヌ物語(原作は1893年にフランスで出版)』で、主人公ペリーヌの祖父ビルフランが視力を失っていた理由も、両目の白内障でした。

▼図2　モネが描いた「睡蓮の池と日本の橋」左：1899年製作、右：1920〜1922年に製作

https://ja.m.wikipedia.org/wiki/ファイル：Claude_Monet_-_Water_Lilies_and_Japanese_Bridge.jpg
The Japanese Footbridge Deutsch：Die Japanische Fußbrücke
Object type：painting
Date：between 1920 and 1922
・https://commons.wikimedia.org/wiki/File:Japanese_Footbridge-Claude_Monet.jpg
・https://commons.wikimedia.org/wiki/File:1920-22_Claude_Monet_The_Japanese_Footbridge_MOMA_NY_anagoria.JPG

目の水晶体を切除し、水晶体の代わりになる専用眼鏡[注2]をかけはじめます。そして、「光や色」がふたたび見えるようになったのです。

白内障の症状がモネの絵画に影響した!?

白内障に苦しんでいた時期、モネが描いた絵画に「白内障の影響があるのでは？」と言われることがあります。たとえば、**図2**は1899年にモネが描いた「睡蓮の池と日本の橋」と、同じ場所で1920〜1922年にかけて描かれた「睡蓮の池と日本の橋」です。題材も構図も同じであるにもかかわらず、色使いや筆使いなど、ずいぶん激しく異なっています。

本記事では、「白内障の症状」を踏まえた分光画像処理(シミュレーション)を行うことで、重度の白内障になった目で世界を眺めると、1920年前後にモネが描いたような景色として見えるのか？を調べてみます。

分光画像処理で白内障視覚をシミュレート

図3が、白内障の症状下で「世界がどのように見えるのか」を簡易シミュレーションするPythonコードです。処理手順は、

❶シミュレートしたい「画像」を読み込む
❷sRGBなどに使われる「画素値のγ変換」を除去し、光量に線形比例するRGB値に変換

注2）モネが手術後使用したメガネは下記を参考に。
URL https://www.ngv.vic.gov.au/monet-timeline/lightboxesweb/28-4.php
URL https://twitter.com/dean_frey/status/1235202023143817217

▼図3　白内障の症状下で「見える世界」を簡易再現するPythonコード

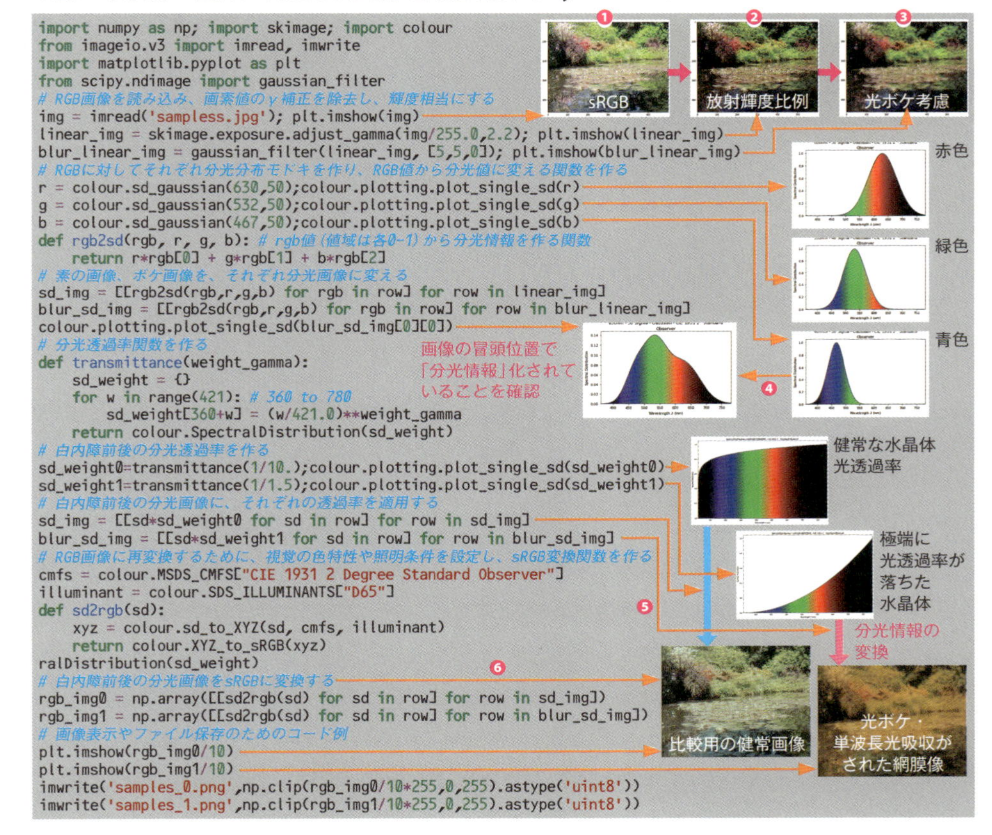

```
import numpy as np; import skimage; import colour
from imageio.v3 import imread, imwrite
import matplotlib.pyplot as plt
from scipy.ndimage import gaussian_filter
# RGB画像を読み込み、画素値のγ補正を除去し、輝度相当にする
img = imread('sampless.jpg'); plt.imshow(img)
linear_img = skimage.exposure.adjust_gamma(img/255.0,2.2); plt.imshow(linear_img)
blur_linear_img = gaussian_filter(linear_img, [5,5,0]); plt.imshow(blur_linear_img)
# RGBに対してそれぞれ分光分布モドキを作り、RGB値から分光値に変える関数を作る
r = colour.sd_gaussian(630,50);colour.plotting.plot_single_sd(r)
g = colour.sd_gaussian(532,50);colour.plotting.plot_single_sd(g)
b = colour.sd_gaussian(467,50);colour.plotting.plot_single_sd(b)
def rgb2sd(rgb, r, g, b): # rgb値（値域は各0-1）から分光情報を作る関数
    return r*rgb[0] + g*rgb[1] + b*rgb[2]
# 素の画像、ボケ画像を、それぞれ分光画像に変える
sd_img = [[rgb2sd(rgb,r,g,b) for rgb in row] for row in linear_img]
blur_sd_img = [[rgb2sd(rgb,r,g,b) for rgb in row] for row in blur_linear_img]
colour.plotting.plot_single_sd(blur_sd_img[0][0])
# 分光透過率関数を作る
def transmittance(weight_gamma):
    sd_weight = {}
    for w in range(421): # 360 to 780
        sd_weight[360+w] = (w/421.0)**weight_gamma
    return colour.SpectralDistribution(sd_weight)
# 白内障前後の分光透過率を作る
sd_weight0=transmittance(1/10.);colour.plotting.plot_single_sd(sd_weight0)
sd_weight1=transmittance(1/1.5);colour.plotting.plot_single_sd(sd_weight1)
# 白内障前後の分光画像に、それぞれの透過率を適用する
sd_img = [[sd*sd_weight0 for sd in row] for row in sd_img]
blur_sd_img = [[sd*sd_weight1 for sd in row] for row in blur_sd_img]
# RGB画像に再変換するために、視覚の色特性や照明条件を設定し、sRGB変換関数を作る
cmfs = colour.MSDS_CMFS["CIE 1931 2 Degree Standard Observer"]
illuminant = colour.SDS_ILLUMINANTS["D65"]
def sd2rgb(sd):
    xyz = colour.sd_to_XYZ(sd, cmfs, illuminant)
    return colour.XYZ_to_sRGB(xyz)
ralDistribution(sd_weight)
# 白内障前後の分光画像をsRGBに変換する
rgb_img0 = np.array([[sd2rgb(sd) for sd in row] for row in sd_img])
rgb_img1 = np.array([[sd2rgb(sd) for sd in row] for row in blur_sd_img])
# 画像表示やファイル保存のためのコード例
plt.imshow(rgb_img0/10)
plt.imshow(rgb_img1/10)
imwrite('samples_0.png',np.clip(rgb_img0/10*255,0,255).astype('uint8'))
imwrite('samples_1.png',np.clip(rgb_img1/10*255,0,255).astype('uint8'))
```


❸水晶体の濁りによる「光ボケ」を再現

❹RGB光量値をもとに、簡易分光画像に変換

❺水晶体の濁りや着色による光透過量を計算

❻分光画像をsRGB画像に変換して表示

という流れです。物理的な光画像処理を適切に行うために、光量に線形比例する画像値を使ったり、分光情報を使ったりした処理を行います。

また、Pythonパッケージとしては、画像の読み込みのためにimageio、画像処理のためにSciPyやscikit-image、そして、分光処理のためにcolour (colour-science)を使っています。したがって、本コードを実行するためには、

▼図4　分光画像処理による視覚像の計算結果（左：健常、右：重度の白内障）

▼図5　モネ使用「パレット」に対する処理結果（左：健常、右：重度の白内障）

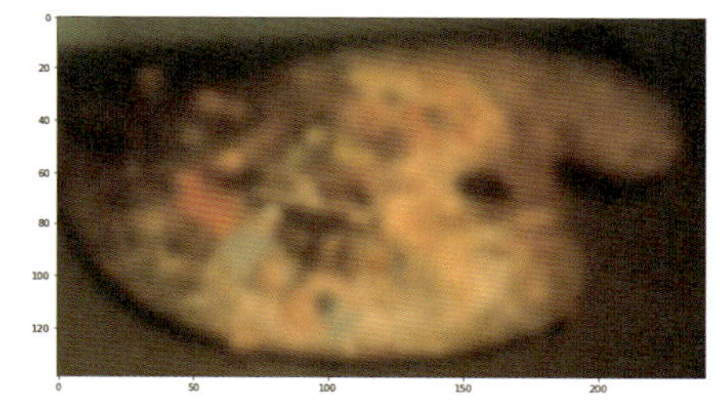

pipやcondaなどで、これらのパッケージを事前にインストールしておく必要があります。

細かな模様、暗部・濃青は見えにくい……

Pythonコードを実行し、得られた結果、健康な視力で見ることができる映像（左）と強度の白内障下で見える映像（右）を並べて比較してみましょう（**図4**）。

白内障下の濁った水晶体では「網膜にうつる光がボケてしまう」ので、景色の細部は見ることができません。また、明るく光が差し込む領域では、ボケた光でまぶしく見えてしまいそうです。そして、水晶体の濁りと着色により、全体的に暗くも見えるし、さらに青や青緑などの光の波長が短い色は大幅に暗くなってしまい、とても見えづらくなりそうです。試しに、モネが使っていた「パレット」を眺めてみても（**図5**）、「絵の具の色区別すら大変だ」ということがわかります。

白内障の症状が進んだ時期のモネは、絵の具のチューブにラベルを付けて識別できるようにしたり、パレットに絵の具を並べる順番を一定にして、色を間違えないようしていたといいます。

右目の手術後にモネが悩んだ「青視症」

人の視覚系では、複雑な補正処理が働いています。そのため、網膜に届く光が赤みを帯びているから「単純に世界が赤く見えてしまう」わけではありません。強く赤みがかった景色を見ても「世界はそんなに赤くないはず」と扱われて、足りない「青みを強調する」ような脳内処理が入ったりもします（第2章6節を参考）。

実際、水晶体を除去した手術後のモネが悩んだのは「世界が青く見えること」でした。右目の水晶体除去手術後に、「黄色」に着色されたメガネをモネが掛けていたのは、それまでの生活を経て「過剰に青く補正されて見える世界を治す」ためでした。

それだけではありません。右目だけを手術したモネの場合、左右の目で見える色が違っていたりもするわけです。したがって、モネがどんな色を認識してどんなふうに色選びをしたか、それは想像することしかできません。

手術前後の時期、モネは何枚も「薔薇園から見た家」を描いています（図6）。その中には強く赤みがかった景色もあれば、逆に青みが強い風景もあります。……水晶体を除去した「正しい光が届く右目(right eye)」で見たのが「青い世界」で、手術をせずに「残された左目(left eye)」で見たのが「赤い世界」だったりするのか？　どちらの目で見た色でモネは世界を塗ったのか？　そんなことに考えを巡らせてみるのも興味深いかもしれません。

▼図6 「薔薇園からみた家」（1923年製作）

・https://commons.wikimedia.org/wiki/Paintings_by_Claude_Monet
・https://commons.wikimedia.org/wiki/Claude_Monet

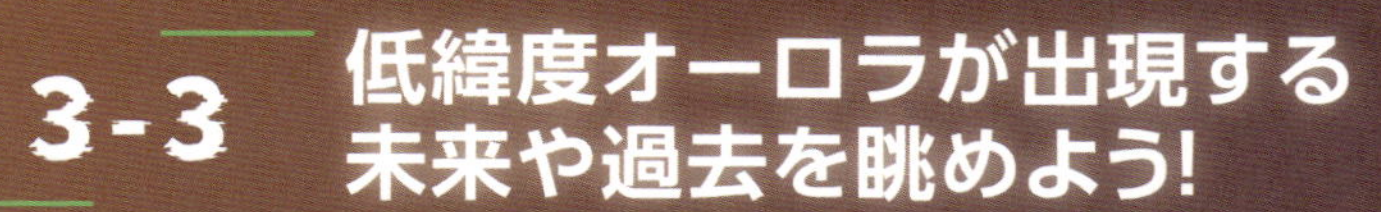

3-3 低緯度オーロラが出現する未来や過去を眺めよう!

現在から江戸・鎌倉・紀元前まで、オーロラ出現をデータ分析

2024年5月11日の夜、日本の上空にオーロラが現れた!

2023年の終わりから、北海道など北日本でオーロラが出現しています。2024年の5月11日には、広い範囲でオーロラが観察されました。通常、オーロラは北極近くや南極近くに現れるので(**図1**)、日本の上空に浮かぶのは珍しく、地平線近い空に赤く光るオーロラがSNSに数多く上げられました(参考：**図2**)。

▼図1　NASA衛星から撮影されたオーロラ

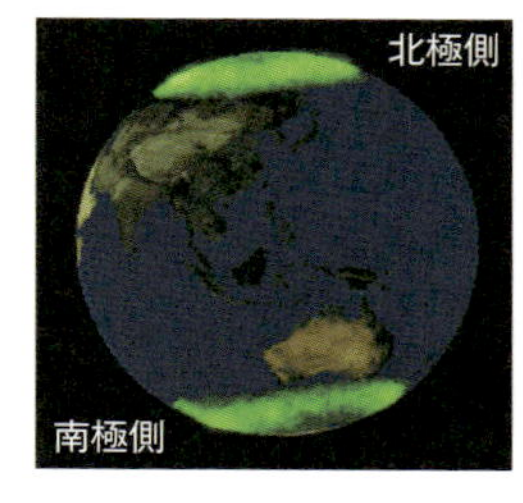

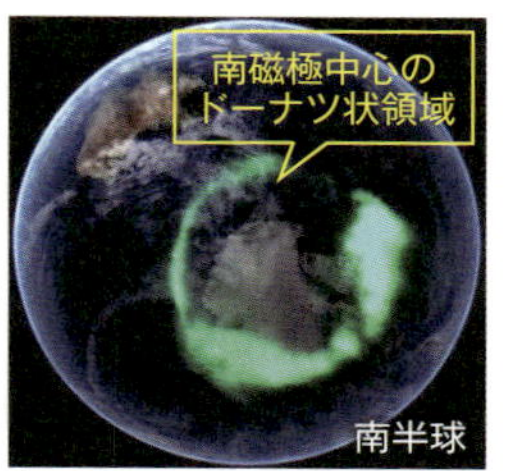

▼図2　低緯度オーロラの例（南緯約38°のオーストラリアで撮影）

電子・原子が別れる100万℃、太陽が放つ時速数百万kmの水素砲

オーロラを生み出すのは、太陽が放つ高温のプラズマと、地球の磁気や大気です。太陽が放出した100万℃にも達する電子と原子が分離した状態(プラズマ)の水素が地球を襲い、地球が作る磁場(地磁気)に巻き取られるように導かれて(主に電子が)極近くのドーナツ状の領域に注がれます。そして、大気の原子とぶつかり光を生じさせます(**図3**)。高度200kmを超えるあたりでは赤色光(酸素)、それより下では緑色光(酸素)や青や紫(窒素)、さらに高度100kmあたりではピンク色(窒素)といったように、高度に応じて色鮮やかな光が生み出されます。

▼図3 太陽が放ったプラズマが、地球の磁場に巻き取られて高緯度領域に注ぎ込み、オーロラが生じる

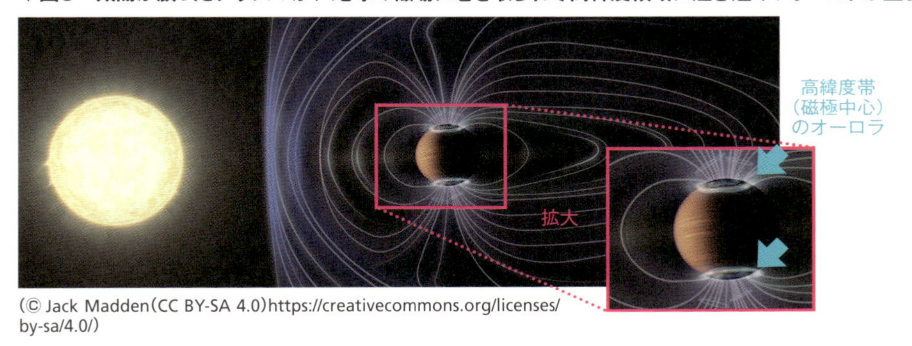

(© Jack Madden(CC BY-SA 4.0)https://creativecommons.org/licenses/by-sa/4.0/)

いつかの未来にオーロラを見たい? NOAAの出現予報をチェックせよ!

いつかオーロラを眺めたい!と思う人は多いことでしょう。けれど、オーロラが現れる場所や時間はとても限られます。彼女[注1]に出会うためには「現れそうな場所とタイミング」を知っておくことが大切です。

そこで、米海洋大気局(NOAA:National Oceanic and Atmospheric Administration)が提供している(太陽の活動などをふまえた)オーロラ出現予測をダウンロードして、地理情報を扱うためのCartopyパッケージを使って、各地域での「オーロラ発生確率(予報)」を地図上に表示するコードと実行例が**図4**です。実行例では、北半球では北磁極、南半球では南磁極を中心にしたドーナツ状領域で、オーロラが出現する予測がされています。

残念ながら、オーロラ発生が予測される場所は、ほとんどの場合に日本列島より北で、日本からオーロラを見ることは難しいものです。そこで「太陽活動が激しくなったら、オーロラの出現領域がどう広がるか」を調べてみます。

太陽活動の激しさしだいで変化するオーロラ出現緯度を描いてみよう!

「オーロラがどのくらいの緯度まで出現するか」を決める目安として「(太陽活動などにより)どのくらい地磁気が乱れているか」を表すKp指数(Kp-index)が使われます。たとえば、Kp指数が4未満だとオーロラは見えず、5になると北米のシアトルやトロントで見える、7ならもう少し南のデンバーやナッシュビ

注1) オーロラという名前は、ローマ神話の「夜明けの女神Aurōra」に由来します。

▼図4　米海洋大気局（NOAA）のオーロラ予測情報を取得して表示するコード例と実行例

```
import json; from urllib.request import urlopen
from datetime import datetime; import numpy as np
import matplotlib.pyplot as plt; import cartopy.crs as ccrs
from matplotlib.colors import LinearSegmentedColormap
from cartopy.feature.nightshade import Nightshade

def aurora_forecast():
    url='https://services.swpc.noaa.gov/json/ovation_aurora_latest.json'
    response = urlopen(url)
    aurora = json.loads(response.read().decode('utf-8'))
    dt=datetime.strptime(aurora['Forecast Time'],'%Y-%m-%dT%H:%M:%SZ')
    aurora_data = np.array(aurora['coordinates'])
    img = np.reshape(aurora_data[:, 2], (181, 360), order='F')
    img_proj = ccrs.PlateCarree(); img_extent = (0, 359, -90, 90)
    return img, img_proj, img_extent, 'lower', dt

def aurora_cmap(): # オーロラ風のカラーマップを作る
    stops = {'red': [(0.00,0.1725,0.1725),(0.50,0.1725,0.1725),(1.00,0.8353,0.8353)],
    'green':[(0.00,0.9294,0.9294),(0.50,0.9294,0.9294),(1.00,0.8235,0.8235)],
    'blue':[(0.00,0.3843,0.3843),(0.50,0.3843,0.3843),(1.00,0.6549,0.6549)],
    'alpha': [(0.00,0.0,0.1),(0.50,1.0,1.0),(1.00,1.0,1.0)]}
    return LinearSegmentedColormap('aurora', stops)

fig = plt.figure(figsize=[10, 5])
ax1 = fig.add_subplot(1, 2, 1, projection=ccrs.Orthographic(0, 90))    # 北半球
ax2 = fig.add_subplot(1, 2, 2, projection=ccrs.Orthographic(180, -90)) # 南半球
img, crs, extent, origin, dt = aurora_forecast()
for ax in [ax1, ax2]:
    ax.coastlines(zorder=3); ax.stock_img() # デフォルト画像を表示
    ax.gridlines();ax.add_feature(Nightshade(dt))
    ax.imshow(img, vmin=0, vmax=100, transform=crs,
        extent=extent, origin=origin, zorder=2,cmap=aurora_cmap())
plt.show()
```


ルで、9にもなるとテキサスあたりでもオーロラを見ることができるという具合です注2。

「Kp指数に応じた、オーロラが現れる／見える地域」を表示するコードと実行例が**図5**です。実行例を眺めると「Kp指数が大きくなると、オーロラの出現領域が低緯度に広がっていく」ことがわかります。たとえば、Kp指数が9程度になると、北海道北部にもオーロラが現れるようです。……そうはいっても、Kp指数が5になるのは11年間に900日ほど、7なら130日ほど、9になるのはわずか4日程度。オーロラが北海道に出現するのは「かなり珍しい」ことになります。

けれど、「珍しい」という言葉は「たまになら起きる」と読み替えることもできます。そうであれば、次は、日本上空に「たまに現れた」オーロラを眺めてみましょう。

注2）URL https://www.theaurorazone.com/nuts-about-kp/

▼図5　Kp指数を使い、太陽活動の程度に応じた「オーロラ出現領域」を表示するコードと実行例

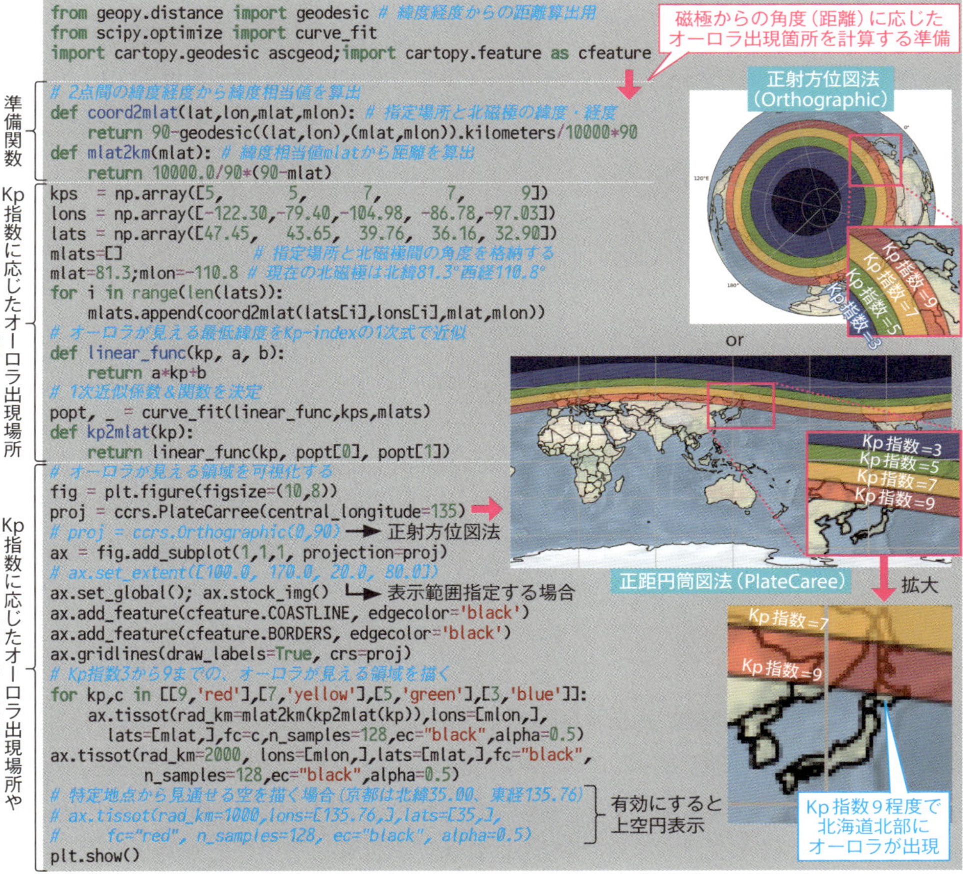

江戸中期の1770年9月17日、尾張・京都や長崎で見えた赤い光!?

古い記録をたどると、北海道や北日本どころか、中部・関西から九州地方でもオーロラが観察されています。たとえば、江戸時代中期の1770年9月17日(明和7年7月28日)、尾張や京都から長崎あたりまで「北の夜空に幾重もの巨大な赤い光(赤気=せっき)」が立ち昇り、人々が驚いたという記録が残っています(**図6**[注3]、**図7**[注4])。

注3) 高力種信『猿猴庵随観図絵』、写。国立国会図書館デジタルコレクション
URL https://dl.ndl.go.jp/pid/2537160(参照 2024-07-12)
注4) 『星解(せいかい)』東北大学附属図書館、狩野文庫デジタル、狩8-21347-1

▼図6　1770年9月17日に名古屋周辺から見えたオーロラ（高力種信『猿猴庵随観図絵』、国立国会図書館デジタルコレクション）

▼図7　1770年9月17日に京都から見えたオーロラ（『星解』、東北大学附属図書館所蔵）

図5のコードに当時の北磁極位置を入れて実行すると、オーロラが出現する領域は現在より高緯度、日本列島よりもかなり北だということがわかります（図8）。現在よりも出現領域が高緯度となるのは、当時の北磁極は、日本から今よりも遠い北米側にあったからです（図9）。

試しに、高度600km程度で光るオーロラを「見通すことができる距離」を1,000km程度と見積もり（図10）、京都から見通すことができる「上空円」を図8に描いてみても、Kp指数が9程度では京都からオーロラを見るのは難しそう……という結果です。

しかし、「難しい」＝「100％不可能」ではありません。すさまじい太陽活動が

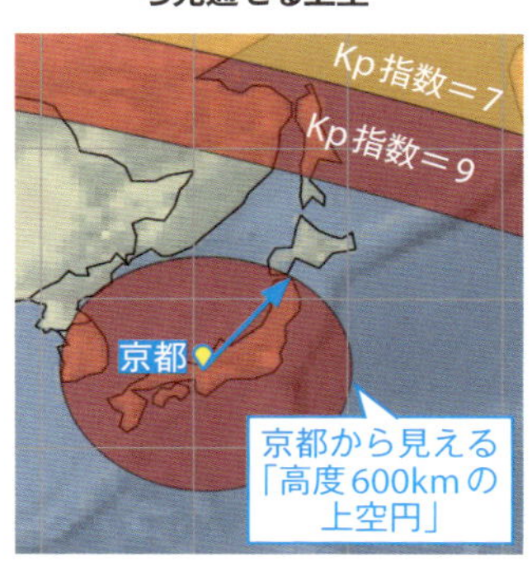

▼図8　1770年の北磁極に応じたオーロラ出現領域と京都から見通せる上空

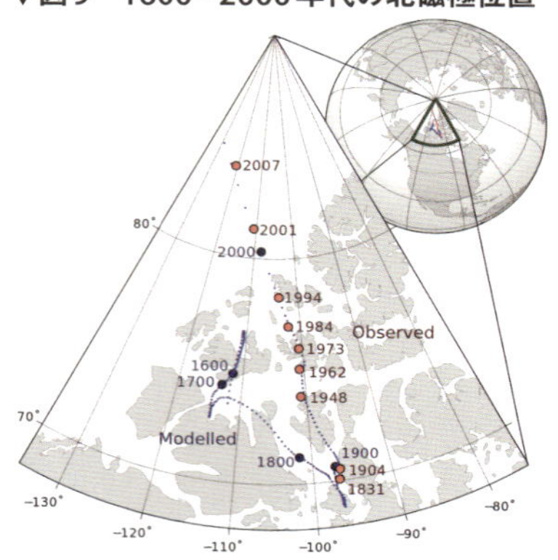

▼図9　1600〜2000年代の北磁極位置

▼図10　上空のオーロラを見通せる距離の概算

※distance2horizon関数は別途定義しています

```
import math
print('上空600kmを地平線上に見通せる距離(km)',distance2horizon(600))
print('上空600kmを30°見上げて見える距離(km)',600/math.tan(30/180*math.pi))
```

2種の方法で、おおよそ「高度600kmのオーロラを見通せる距離は1,000km」と算出

```
上空600kmを地平線上に見通せる距離(km) 8763.560920082658
上空600kmを30°見上げて見える距離(km) 1039.2304845413266
```

生じて、西日本近くの低緯度地域にまでオーロラが現れた可能性を捨てるわけにはいきません。

そこで次は、1770年9月ころの太陽活動状態を調べてみることにします。

「赤気」出現時の太陽活動は、地球を襲う「暴れん坊将軍」

SunPyパッケージを使い、米海洋大気局が提供している「近年の太陽活動の推移情報」を取得して、折れ線チャートとして描くコード例が**図11**、実行例が**図12**です。**図12**を眺めると、1770年は太陽活動が激しいピーク時期だったことがわかります。さらに、詳細は割愛しますが、地球が太陽活動の影響を強く

▼図11　1700年代以降の太陽活動の推移を表示するコード例

```
import astropy.units as u; import sunpy.timeseries as ts
from sunpy.net import Fido; from sunpy.net import attrs as a; from sunpy.time import TimeRange
from astropy.visualization import time_support

time_range=TimeRange("1749-01-01 00:00",Time.now())
result=Fido.search(a.Time(time_range),a.Instrument('noaa-indices'))
f_noaa_indices=Fido.fetch(result)
noaa=ts.TimeSeries(f_noaa_indices, source='noaaindices').truncate(time_range)
time_support();fig = plt.figure(figsize=(15,2)); ax = plt.axes()
ax.axvspan(datetime(1770+111,7,17),datetime(1770+111,11,17),label="1770/9/17",color="red",alpha=0.9)
ax.axvspan(datetime(1859+111,7,1), datetime(1859+111,11,1),label="1859/9/1(Carrington Event )",
        color="green", alpha=0.9)
ax.plot(noaa.time, noaa.quantity('sunspot RI'), label='Sunspot Number')
ax.set_ylim(bottom=0); ax.set_ylabel('Sunspot Number'); ax.set_xlabel('Year')
ax.legend(bbox_to_anchor=(1, 1), loc='upper right', borderaxespad=0)
ax.grid(True); plt.show()
```

米海洋大気局から太陽活動推移を読み込む

1770年9月17日
1859年9月1日を強調

▼図12　米海洋大気局から取得した太陽活動の推移(1700年代以降)

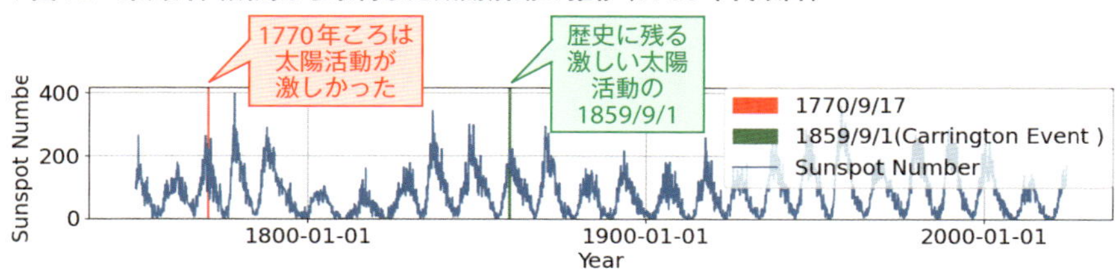

受ける季節は「春や秋」です。つまり、1770年9月は、歴史に残る「太陽活動が激しかった日＝1859年9月1日(キャリントン・イベント)」と同じように、「太陽活動が激しく」「その影響を地球が強く受ける」時期だったのです。

そう読み解いてみると、江戸時代中期、日本列島の中部・関西から九州までオーローラが現れたということも、至極自然で必然な事実だと感じられます。

聖書(マカバイ記)に描かれたエルサレム上空のオーロラ騎兵

歴史書をさらに眺めていくと、キリスト教(カトリック)などの聖書『マカバイ記Ⅱ』に、「空に盾が揺れ、槍は林立し、投げ槍が飛び、金の飾りやさまざまな胸当てがきらめいた」といった表現[注5]で「紀元前1世紀ころのエルサレム上空に出現したオーロラ」が記されています(図13)。

▼図13　マカバイ記Ⅱに記された「エルサレム上空のオーロラ」(ギュスターヴ・ドレの聖書挿絵)

エルサレムの北緯は約31°、日本の屋久島程度に位置します。中東のエルサレムでオーロラが見えたというのは、さすがに荒唐無稽に思えます。けれど、先入観にとらわれず、さらに分析してみることにしましょう。

中近東から東南アジアまで、オーロラが空を飾る紀元前1世紀!?

解説論文[注6]を読むと、当時の北磁極は東アジア側に位置していて、東経120°、北緯70°近辺だったようです。その状況で「オーロラ出現領域」と「エルサレムから見通せる上空円」を描いてみます(図14)。すると、Kp指数が9程度なら、「エルサレム北の空にオーロラを見る」ことができる、という結果になりました。……紀元前1世紀の中東にオーロラが現れたという記述は、けっして不自然で

注5）オーロラを「空に剣や長槍が現れて戦う」と表現することも多かったのです。
注6）URL https://tos.org/oceanography/article/paleomagnetism-near-the-north-magnetic-pole-a-unique-vantage-point-for-unde

▼図14　紀元前1世紀ころの「オーロラが見える領域」

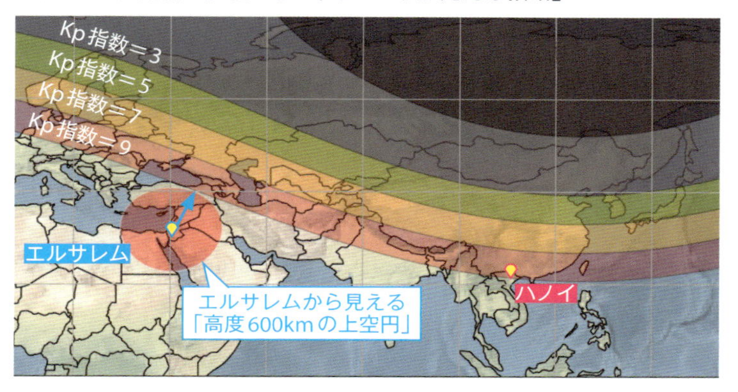

はない普通の話だったのです。

そして、**図14**を眺めてみれば、当時の中東から東アジアにかけては、広い範囲でオーロラが現れやすい状況だったということが見てとれます。日本列島はもちろん、ベトナムのハノイ上空までオーロラ出現領域が南下しています。その時代に生きていれば、亜熱帯の空に浮かぶ美しいオーロラを眺めることができたのかもしれません。

古今東西の歴史や未来、いろんな視点で世界を眺めよう!

自分が生まれた時代や短い人生の中で、低緯度オーロラを見ることは、確率的には難しいことでしょう。けれど、オーロラ予報をチェックしていれば、いつかの未来に、自分の目でオーロラを眺めることもできるかもしれません。

そしてまた、古書に書かれた低緯度オーロラを科学で読み解く作業をしてみると、ほかの人が眺めた「過去の風景」が不思議なくらいリアルに感じられて、誰かの経験を追体験することもできる気がします。

未来や過去の出来事、古今東西の歴史や未来、自分の場所や視点にとらわれず、幅広く森羅万象を体験したり、感じたりしたいものです。

3-4 能登半島地震時の電離層変化を「みちびき衛星」で調べよう!

「地震前には地中に電池が生まれて地震予知もできる」説!?

プレート前線に浮かぶ日本列島、地震が起きることは避けられない

▼図1　令和6年能登半島地震での災害支援活動

▼図2　令和6年能登半島地震の震度分布

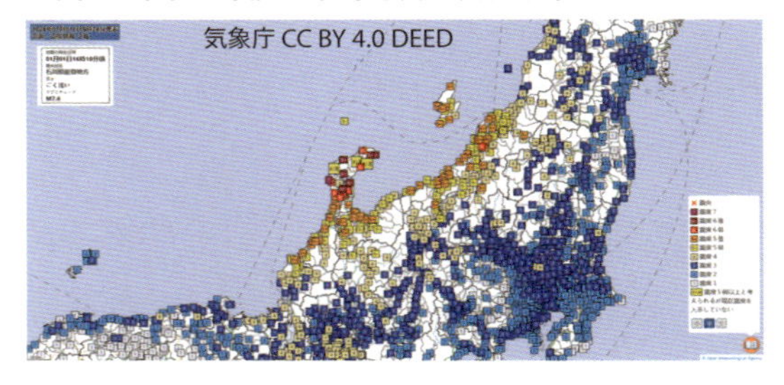

2024年1月1日の夕方、石川県能登地方を震源とする地震が起きました。令和6年能登半島地震と名付けられた地震は、輪島市などで震度7の揺れを生じさせ、東北地方太平洋沖地震を思い起こさせる被害を引き起こしました(**図1**、**図2**)。

日本列島は、地球表面を覆う岩盤(プレート)が衝突する場所に生まれた小さな陸地です。そんなプレート前線上に浮かぶ日本ですから、地震を避けることはできません。それでは、せめて地震の予兆をとらえて、被害を小さくすることはできないものでしょうか？

上空にある電離層の状態で「地震予知ができる」説……!?

震源で地震が発生した直後、地面の揺れ(地震波)が伝わる先に位置する「まだ揺れていない場所」に対して「揺れへの準備」を促す緊急地震速報は有効に使われています。また、たとえば「ユーラシアプレートとフィリピン海プレートが衝突している東海から西日本地域では、数百年以内に地震が起きるだろう」といった、長期的な予測も日常的に行われて広く周知されています。その一方、地震が発生する前に「地震がいつ(時期)・どこで(場所)・どれくらいの大きさ(規模)

で起こるか」を予測して、事前警報を出すことができるような「地震予知」は、とても難しいと言われています。

そして、地震予知を実現するにはほど遠い段階ではあるものの、地震発生前に「地殻や大気圏の電気状態が異常を示した」といった研究報告は頻繁に見かけます。たとえば、大気圏の上層部、高度100km以上の中間圏・熱圏内に位置する（空気の一部がイオンと電子に分離した）電離層（**図3**）内の電子数が「大地震発生前に異常に変化した」といった研究報告がNASAなどから発表されています（参考：内閣府「南海トラフ沿いの大規模地震の予測可能性に関する調査部会」資料[注1]）。

▼図3　中間圏・熱圏で生じる電離層

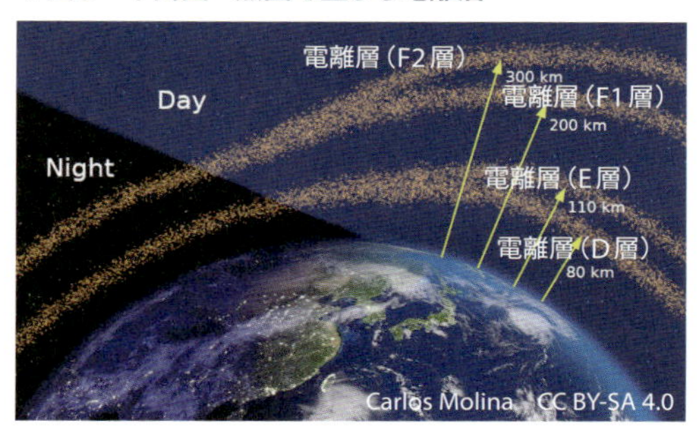

そこで、能登半島地震が起きた日の「日本上空で生じた電離層内の電子数」推移を調べてみることにします。果たして、地震前後に、何かの変化あるいは予兆を見つけ出すことができるでしょうか？

衛星測位システムの観測データで、電離層の状態を知ることができる

電離層内の電子数は、衛星測位システムを使った観測データから大雑把に知ることができます。衛星が発した測位用の電波が電離層を通過して地上に届く際、電離層内の電子数に応じて「電波が地上に届く時間の遅れ」が生じます。そして、その「遅れの程度」は電波の周波数によって変化します（**図4**）。USAが運用するGPS、EUが運用するGalileo、ロシア運用のGLONASS、日本が運用するQZSSなど、主要な衛星測位システムは、いずれも衛星から複数の電波を送信していま

▼図4　「電離層内の電子数」と「電波の周波数」に応じて「電離層通過時の測位衛星からの電波の遅れ」が生じる

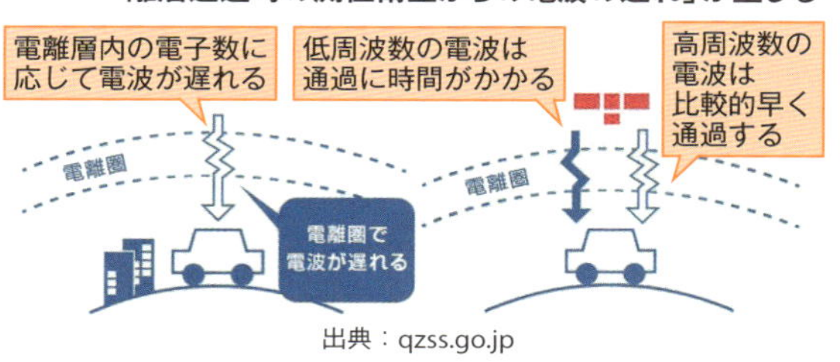

出典：qzss.go.jp

注1） URL https://www.bousai.go.jp/jishin/nankai/tyosabukai_wg/pdf/h280926shiryo04-1.pdf

す。そこで、複数周波数での「電波の遅れの違い」を手掛かりにすると、電離層内の電子数を推定することができます。

日本全国の電子基準点で受信した衛星測位データを手に入れる

日本全国の上空に位置する電離層の状態を知るためには、日本各地で受信された衛星測位システムの受信データが必要です。そこで、国土地理院が観測・提供している電子基準点の観測データをダウンロードします。ユーザー登録さえ行えば、30秒ごとに計測された観測データは誰でも入手することができます注2。

ちなみに、観測データは(GPS/Galileo/GLONASS/QZSSからのデータをRINEXバージョン3.02フォーマットで格納した)/data/GRJE_3.02というディレクトリの下にある、年月日に応じたサブディレクトリからダウンロードします。～o.gzという名前のファイルが「観測データ」で、～N.tar.gzという名前のファイルが「衛星軌道情報」です。FTPなどでダウンロードした後に、

```
$ find ./ -type f -name "*.tar.gz" -exectar zxf {} ;
```

といった具合に一括展開しておきます。

能登半島地震が起きた時間帯、日本上空にみちびき２号機がいた

電離層の状態を調べるためには、真上に位置する衛星からの電波を分析したくなります。その理由は、衛星が真上にいれば、

・観測点真上の電離層の状態がわかる
・電子数の推定誤差が少なくなる(電離層を斜めに通ると誤差が生じる)

からです。

内閣府宇宙開発戦略推進事務局が運用している衛星配置表示アプリ(GNSS View注3)で、2024年1月1日16時10分、つまり令和6年能登半島地震が起きたころの衛星配置を調べてみると、日本が運用するQZSSの人工衛星「みちびき2号機」が、日本頭上に浮かんでいたことがわかります(**図5**)。そこで、みち

注2) URL https://www.gsi.go.jp/denshi/denshi_data.html
注3) URL https://qzss.go.jp/technical/gnssview/index.html

びき２号機の送信電波を使い、日本各地で上空の電離層状態を調べてみることにします。

地震の予兆……？ 地震発生10分前に電離層の電子数が変化し始めた!?

日本各地の電子基準点で受信した「みちびき２号機」からの電波信号を手掛かりに、日本各地上空の電離層内の電子数を算出するコードが**図6**です。コード内では、所定ディレクトリ内に格納

▼図5　令和６年能登半島地震が起きたころには「みちびき２号機」が日本の真上に位置していた

衛星配置表示アプリ（GNSS View）

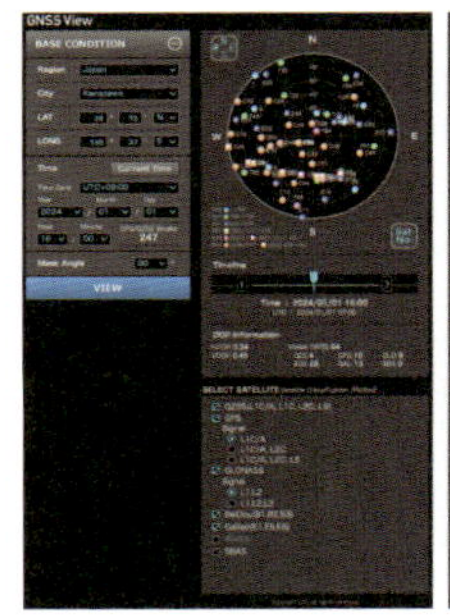

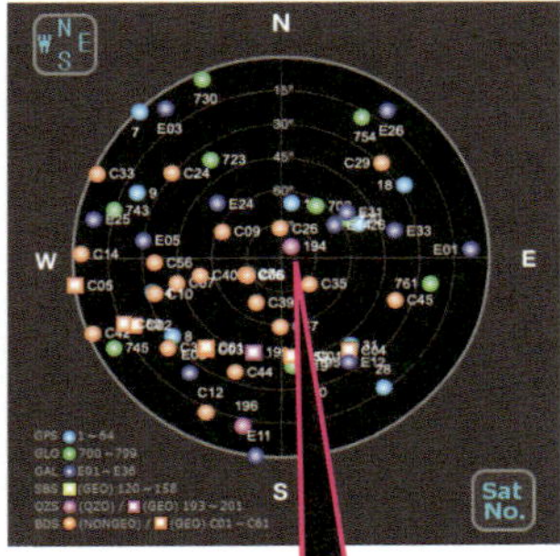

出典：qzss.go.jp

みちびき２号機

▼図6　みちびき２号機からの電波信号を使い電離層内の電子数を算出するコード例

```
import os, re, math; from gnss_tec import rnx;import matplotlib.pyplot as plt
from gnss_tec.glo import collect_freq_nums

data={} # データ格納用辞書（キーはファイル名を使う）
dir_path = "./data"  # データを展開したフォルダ
for path in os.listdir(dir_path):# データ読み込み
    file_name, ext = os.path.splitext(path)
    if ext == ".24o": # 観測データがあれば
        # 観測データ内の概略座標値を格納する
        f = open(dir_path+'/'+file_name+'.24o','r');lines = f.readlines()
        words=re.split(" +",lines[7])
        lat=math.asin(float(words[3])/6371000)*180.0/math.pi
        lon=math.atan2(float(words[2]),float(words[1]))*180.0/math.pi; f.close()
        # 対応する衛星軌道情報も読み込む
        glo_freq_nums=collect_freq_nums(dir_path+'/'+file_name+'.24q');tecs = {} # 観測データを読み込む辞書
        with open(dir_path+'/'+file_name+'.24o') as obs_file:
            reader = rnx(obs_file, glo_freq_nums=glo_freq_nums)
            for tec in reader:
                if not tec.satellite in tecs:
                    tecs[tec.satellite]=[]
                tecs[tec.satellite].append({
                    "timestamp":tec.timestamp,"phase_tec":tec.phase_tec,"p_range_tec":tec.p_range_tec})
        if 'J02' in tecs: # みちびき2号機（'J02'）の情報だけを格納する
            data[file_name]={'lon':lon,'lat':lat,'timestamp':[tec['timestamp'] for tec in tecs['J02']],
                'p_range_tec':[tec['p_range_tec'] for tec in tecs['J02']],
                'phase_tec':[tec['phase_tec'] for tec in tecs['J02']]}
            print(file_name)
```

緯度経度

電子数の推定

みちびき２号分

衛星測位システムのデータ交換フォーマット（RINEX：Receiver Independent Exchange Format）で提供されている観測データファイルと、衛星軌道情報ファイルを読み込み、電子数情報などを格納する

格納内容の説明：
- lon：経度
- lat：緯度
- timestamp：時刻
- p_range_tec：疑似距離で算出した電子数
- phase_tec：搬送波位相で算出した電子数

衛星を識別するPRNコードやSVID ID
PRN：Pseudo-Random Noise　SVID：space vehicle identification
- みちびき初号機＝PRN193（J01）・みちびき４号機＝PRN195（J03）
- みちびき２号機＝PRN194（J02）・初号機後継機＝PRN196（J04）
- みちびき３号機＝PRN199（J07）

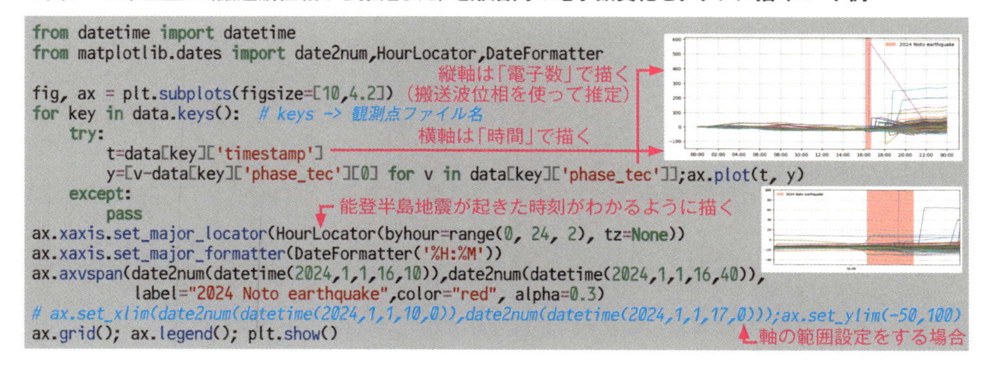

```
from datetime import datetime
from matplotlib.dates import date2num,HourLocator,DateFormatter

fig, ax = plt.subplots(figsize=[10,4.2])
for key in data.keys(): # keys -> 観測点ファイル名
    try:
        t=data[key]['timestamp']
        y=[v-data[key]['phase_tec'][0] for v in data[key]['phase_tec']];ax.plot(t, y)
    except:
        pass
ax.xaxis.set_major_locator(HourLocator(byhour=range(0, 24, 2), tz=None))
ax.xaxis.set_major_formatter(DateFormatter('%H:%M'))
ax.axvspan(date2num(datetime(2024,1,1,16,10)),date2num(datetime(2024,1,1,16,40)),
        label="2024 Noto earthquake",color="red", alpha=0.3)
# ax.set_xlim(date2num(datetime(2024,1,1,10,0)),date2num(datetime(2024,1,1,17,0)));ax.set_ylim(-50,100)
ax.grid(); ax.legend(); plt.show()
```


▼図7 日本上空の(搬送波位相から推定した)電離層内の電子数変化をグラフに描くコード例

された衛星軌道情報ファイルから「衛星測位システムの衛星が送信した電波情報」を取得したうえで、観測データファイルを読み込んで、

- 受信日時や時刻
- 電離層内の電子数
- 電子基準点のおおよその場所

をデータとして一括格納するという処理を行っています。なお、電離層内の電子数を推定する部分には、gnss-tec[注4]というPythonパッケージを使っています。

推定したデータを使い、2024年1月1日、日本上空の電離層内の電子数がどのように変化したかをグラフに描くコード例が**図7**、出力されたグラフが**図8**です。**図8**を眺めると、地震発生後には日本上空の電離層の電子数が著しく変化していることが確認できます。少なくとも、地震が起きた後には電離層の状態が確かに変化したようです。

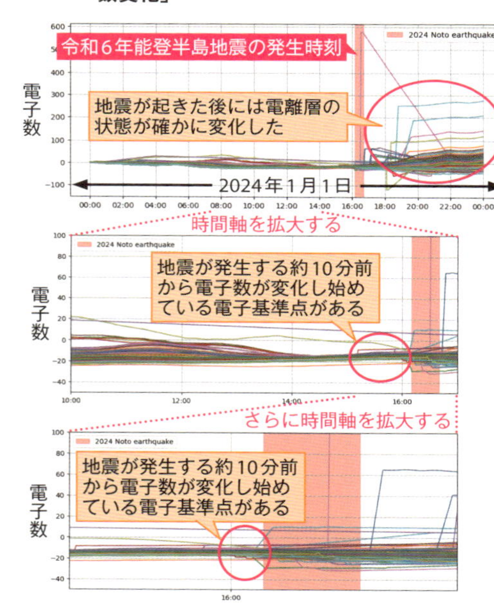

▼図8 2024年1月1日の「日本上空の電離層内電子数変化」

注4) URL https://github.com/gnss-lab/gnss-tec

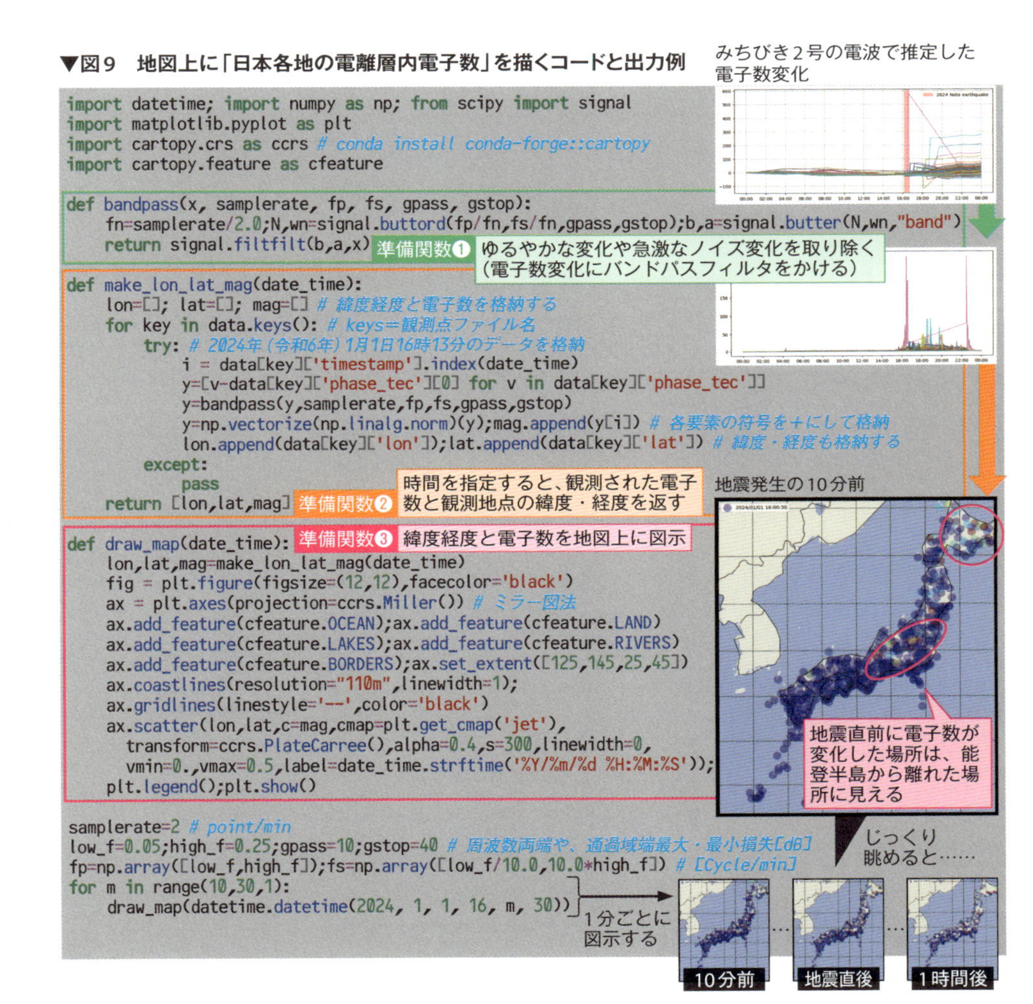

▼図9　地図上に「日本各地の電離層内電子数」を描くコードと出力例

図8を眺めていくと、地震が起きる前までの推移に対して顕著・有意かどうかは微妙なものの、「地震が発生する約10分前から電子数が変化し始めている電子基準点」が存在していることが確認できます。もしかしたら、これは「地震発生前に生じた何かの予兆」なのでしょうか!?

地震直前に電子数が変化した場所、日本地図の上に描いて見つけ出す！

……Eureka! と叫びながら風呂を飛び出す前に、落ち着いてもう少し調べてみることにしましょう。試しに、地震前後の電子数推移を日本地図上に描いて、地震の予兆現象(かもしれない)が、どこで生じたか調べてみます。

地図上に「日本各地の電離層内電子数」を描くコードと出力例が**図9**です。出力例を眺めてみると、地震直前に電子数が変化した場所は、能登半島から離れた場所であることがわかります。……深追いはしませんが、地震直前10分前に生じたように見える電子数変化は、残念ながら地震の予兆現象ではなさそうです。

震源から広がる大気の揺れや北朝鮮ロケットの軌道もわかる!

地震による大地や海面の揺れは、大気の振動も引き起こします。**図10**は、NASAのジェット推進研究所、カリフォルニア工科大学が推定した「東北地方太平洋沖地震が起きた1時間35分後の日本上空の電離層内電子数」です。地震が生じさせた大気の振動が、電離層内の状態(電子数)を変化させつつ大気中を広がっていくさまが写し出されています。

電離層内の電子数変化から知ることができるのは、NASA報告のような地震による大気振動だけではありません。たとえば、ロケットが電離層を通過する際には、その影響で電子数が変化します。そこで、国土地理院の電子基準点観測情報を用いて、北朝鮮による大陸間弾道ミサイル(ICBM)の発射を検知するシステムが提案・デモ構築されたり[注5]、北朝鮮ミサイルの推進力規模を見積もる研究も報告されていたり[注6]します。そしてさらに、電離層内の電子数変化から、台風や火山噴火といった自然現象の規模・影響の見積もりも行われています。

▼図10 東北地方太平洋沖地震が起きて1時間35分後の電離層内電子数

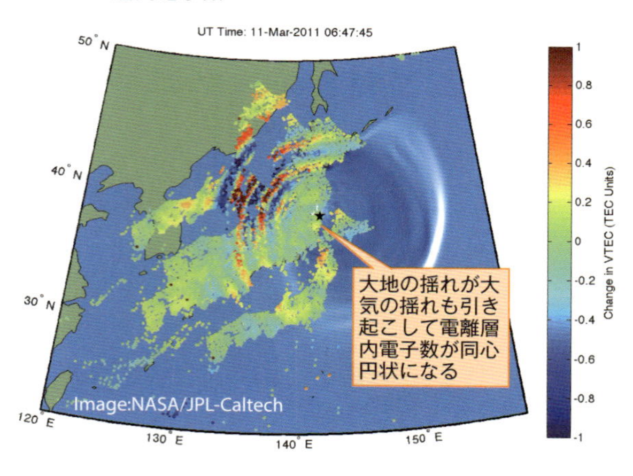

注5) URL https://gigazine.net/news/20221203-north-korean-missile-gps/

注6) URL https://doi.org/10.11366/sokuchi.64.51

地震前に地中に電池が生まれたら、ナマズで地震予知ができるかも……!?

研究報告を眺めていくと、大地震が起きる前に「電離層の状態が変化した」ことがあるのは確かのようです。そのメカニズムは不明ですが「大地震の前兆現象としての地殻破壊で電荷が移動して、いわば地中に電池が生まれて、結果として大気圏に電場変化を生じさせる」といった説明がされることが多いようです（**図11**）。

ウナギ、エイ、サメ、ナマズ、あるいはゴキブリやミツバチなど、電気（電場）を感じる能力（**図12**）を持つ動物は多いものです。であれば、そうした動物たちが、地震の予兆現象を感知しても不思議ではありません。はるか昔から地震と関連付けられてきたのがナマズやウナギです。もしかしたら、川を泳ぐナマズを観察していたら「何かの予兆」に気づくかもしれません。……信じるか信じないかは、あなた次第です！

▼図11　地震前後に電場変化が発生する想定メカニズム例

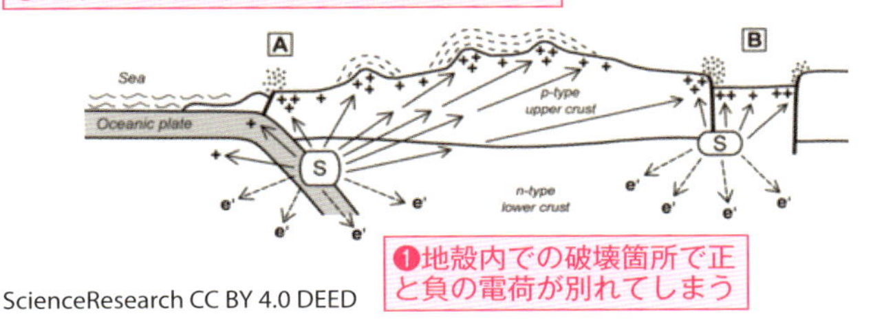

ScienceResearch CC BY 4.0 DEED

▼図12　ウナギやナマズなど電気を知覚する動物は多い

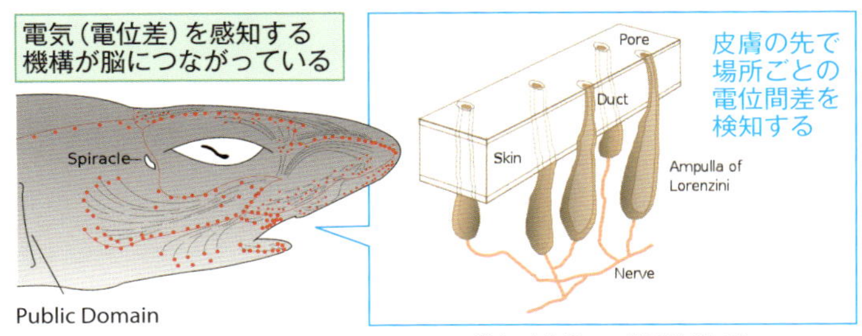

Public Domain

Chiswick Chap CC BY-SA 4.0

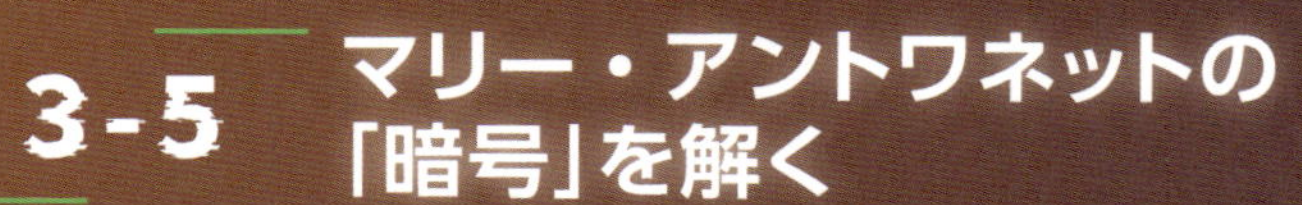

3-5 マリー・アントワネットの「暗号」を解く

秘密のコードで記された「フェルセン伯爵への手紙」

王妃アントワネットがフェルセン伯爵と交わした暗号

マリー・アントワネットは悲劇の王妃などとも呼ばれます。オーストリア王家に生まれ、ルイ16世と結婚して1774年にフランス王妃となり、フランス革命後の1793年1月に処刑されました。池田理代子氏の描く『ベルサイユのばら』(ベルばら)の主人公としても有名です。そして、『ベルばら』にも登場する重要人物、フェルセン伯爵はアントワネットの恋人です(図1)。

▼図1　マリー・アントワネット(左)とフェルセン伯爵(右)

▼図2　アントワネットが暗号で書いたフェルセンへの手紙(1791年7月9日)

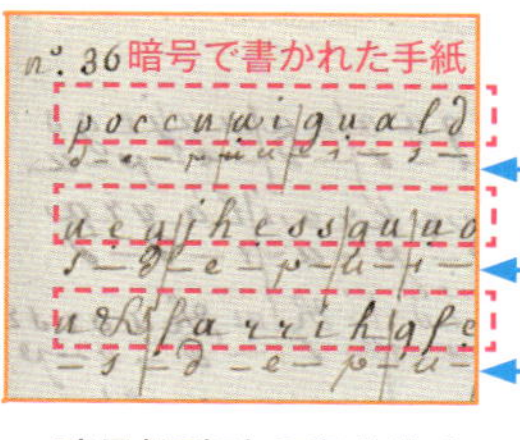

暗号解読時の書き込み(暗号鍵)

アントワネットとフェルセンは「(“あぶり出し”のような)見えないインク」や「暗号」を使った手紙をやりとりしていました(図2)。本節では、アントワネットがフェルセンに送った「暗号で書いた手紙」を解読してみることにします。

暗号鍵を使い、文字の交換相手を文字ごとに変える「多表換字法」

アントワネットが使った暗号は、「各文字を違う文字と交換する」「交換方法

▼図3　アントワネットとフェルセンが使った「文字の交換方法を文字ごとに切り替える」多表換字法暗号

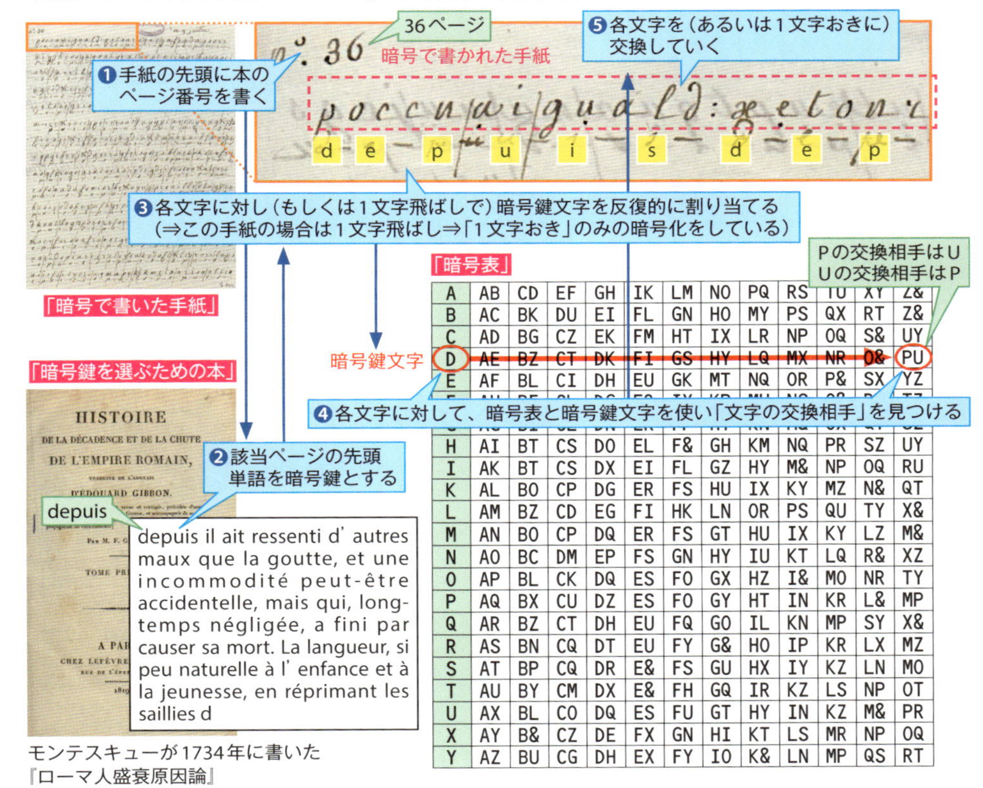

A	AB	CD	EF	GH	IK	LM	NO	PQ	RS	TU	XY	Z&
B	AC	BK	DU	EI	FL	GN	HO	MY	PS	QX	RT	Z&
C	AD	BG	CZ	EK	FM	HT	IX	LR	NP	OQ	S&	UY
D	AE	BZ	CT	DK	FI	GS	HY	LQ	MX	NR	O&	PU
E	AF	BL	CI	DH	EU	GK	MT	NQ	OR	P&	SX	YZ
F	[illegible]	[illegible]	[illegible]	[illegible]	[illegible]	[illegible]	[illegible]	[illegible]	[illegible]	[illegible]	[illegible]	[illegible]
G	[illegible]	[illegible]	[illegible]	[illegible]	[illegible]	[illegible]	[illegible]	[illegible]	[illegible]	[illegible]	[illegible]	[illegible]
H	AI	BT	CS	DO	EL	F&	GH	KM	NQ	PR	SZ	UY
I	AK	BT	CS	DX	EI	FL	GZ	HY	M&	NP	OQ	RU
K	AL	BO	CP	DG	ER	FS	HU	IX	KY	MZ	N&	QT
L	AM	BZ	CD	EG	FI	HK	LN	OR	PS	QU	TY	X&
M	AN	BO	CP	DQ	ER	FS	GT	HU	IX	KY	LZ	M&
N	AO	BC	DM	EP	FS	GN	HY	IU	KT	LQ	R&	XZ
O	AP	BL	CK	DQ	ES	FO	GX	HZ	I&	MO	NR	TY
P	AQ	BX	CU	DZ	ES	FO	GY	HT	IN	KR	L&	MP
Q	AR	BZ	CT	DH	EU	FQ	GO	IL	KN	MP	SY	X&
R	AS	BN	CQ	DT	EU	FY	G&	HO	IP	KR	LX	MZ
S	AT	BP	CQ	DR	E&	FS	GU	HX	IY	KZ	LN	MO
T	AU	BY	CM	DX	E&	FH	GQ	IR	KZ	LS	NP	OT
U	AX	BL	CO	DQ	ES	FU	GT	HY	IN	KZ	M&	PR
X	AY	B&	CZ	DE	FX	GN	HI	KT	LS	MR	NP	OQ
Y	AZ	BU	CG	DH	EX	FY	IO	K&	LN	MP	QS	RT

モンテスキューが1734年に書いた
『ローマ人盛衰原因論』

を文字ごとに切り替える」多表換字法と呼ばれる暗号です。アントワネットとフェルセンが使った暗号、アントワネット・コード注1のしくみを図示したのが**図3**です。

まず「暗号鍵を選ぶための本」と「暗号表」を共有しておきます。そして、手紙を書く場合には、

❶手紙の先頭に本のページ番号を書く
❷該当ページの先頭単語を暗号鍵とする
❸各文字に対して（もしくは1文字飛ばしで）、暗号鍵文字を反復的に割り当てる
❹各文字に対して、暗号表と暗号鍵文字を使い「文字の交換相手」を見つける

注1）「コード」には「暗号」という意味もあります。たとえば、「ダ・ヴィンチ・コード」は、「ダ・ヴィンチの暗号」です。

❺各文字を(あるいは1文字おきに)交換する

という手順で暗号化を行います。文字同士を「互いに交換」するというだけの手順ですので、暗号化とは逆方向の復号(暗号文を読む)手順も「暗号化と完全に同じ手順」になります。

また、アントワネットとフェルセンは、しばしば手抜きをしていました。それは、暗号化や復号作業を楽にするために「すべての文字を暗号化」するのではなく「1文字おきに暗号化/残りはそのまま」というものです。

ちなみに、アントワネット・コードでは、

- “W”:フランス語では低頻度なので未使用
- “I”、“J”:同文字とみなし“I”で代表
- “U”、“V”:同文字とみなし“U”で代表

といった扱いになっていました。そのため、**図3**の暗号表を眺めれば、WやJやVといった文字は登場していないことがわかります。

そして、アントワネットとフェルセンの暗号は「単語間にスペースは付けない」というものでした。それは、単語の間にスペースを付けてしまうと、第三者に暗号が解読されやすくなってしまうからです。そのため、

- 暗号化時には、スペースを取り除く
- 復号時には、想定で単語分割する

という作業を行うことになります。

アントワネット・コードを暗号化・復号化するPythonコードを書いてみよう!

アントワネット・コードの暗号化と復号を行うPython関数を書いてみます(**図4**)。多表換字用の「辞書」を作り、「暗号鍵」「テキスト」「1文字おきの手抜きをするか」を引数として渡せば、「暗号化や復号がされたテキストを返す」というものです。

Pythonコードで、文字列“Hello World”ならぬ“hellouuorld”を、アントワ

▼図4　アントワネット・コードをPythonコードで解読（暗号化／復号）する関数を書いてみる

(a) 多表換字法の辞書を作る

```
import csv

with open('crypt.csv',encoding='utf8',
        newline='') as f: # 暗号表を読み込む
    csvreader=csv.reader(f)
    data=[e for e in csvreader]
dictionary={} # 暗号鍵に応じた、交換辞書を作る
for line in data:
    for i, e in enumerate(line):
        if i==0: # 冒頭列は「暗号鍵文字」
            dictionary[e]={}
            key=e
        else: # 各文字の交換相手を辞書に追加
            dictionary[key][e[0]]=e[1]
            dictionary[key][e[1]]=e[0]
```

暗号鍵文字に応じた、文字を交換する相手を決める辞書

(b) 辞書と暗号鍵や手抜き有無を使う暗号化／復号

```
# 暗号化／復号
def encode(dictionary,key,message,is_skip):
    idx=0; ret=[]
    for i, c in enumerate(message):
        if c != ' ':
            if is_skip and i%2==1:
                ret.append(c.upper())
            else:
                key_c=key[i%len(key)].upper()
                ret.append(
                  dictionary[key_c][c.upper()])
    return ''.join(ret)
```

1文字おきのみの暗号化／復号にするか

大文字／小文字は無視する
⇒大文字にそろえる

(c) “hellouuorld”を、暗号文字“courage”（勇気）＋1文字おきの手抜き暗号で、暗号化⇒復号

```
# 「暗号鍵は“courage”、1文字おきに文字交換する」で暗号化
cipher = encode(dictionary,'courage','hellouuorld',True)
print(cipher)
```

```
# 復号する
print(encode(dictionary, 'courage', cipher, True))
```

HELLOUUORLD

ネットが使った暗号鍵の1つ“courage”(勇気)を使って暗号化→復号をさせてみると、正しく処理ができていることが確認できます。

「ヴァレンヌ事件」後、アントワネットが手紙の最後に書いた言葉

フランス革命下の1791年6月20日夜、フェルセンの助けを借りて、フランス国王ルイ16世とアントワネットたちはパリの宮殿を抜け出し、オーストリアへの逃亡を試みます。しかし、現在のフランスとベルギーの国境に近い街ヴァ

▼図5　1791年7月9日にアントワネットがフェルセンに暗号で書いた手紙を、Pythonコードで解読してみる

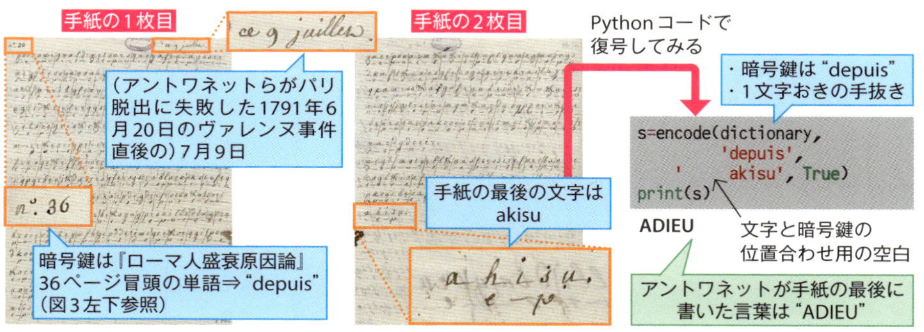

レンヌで、ルイ16世やアントワネットたちは捕まってしまい、パリへと連れ戻されることになります。それが、国民から見放されていく原因ともなったヴァレンヌ事件です。

事件直後の1791年7月9日、アントワネットはフェルセンに手紙を書きます。暗号で書かれたその手紙を、最後に解読してみることにしましょう(**図5**)。手書きの暗号文を全文解読するのは手間ですので、手紙の最後だけを解読してみることにします。

手紙の先頭に書かれた暗号鍵を示すページ番号は36。暗号鍵を選ぶために使われた書籍は1734年にモンテスキューが書いた『ローマ人盛衰原因論』でした。その36ページの冒頭に書かれている単語"depuis"(日本語の「以来」)を暗号鍵にして、手紙の最後の部分を解読してみると、こんな文字が出力されます。

"ADIEU"

さよなら。神のもとでいつか……。

フランス語の「さよなら」、アデュー(adieu)の語源は「神」="Dieu"に「場所や方向」を表す前置詞"a"が置かれた「いつか神のもとで会いましょう=永遠のさよなら」です。

1791年7月9日の手紙後も、アントワネットとフェルセンは暗号で書く手紙交換を、もう少し続けることになります。そのうえで、この手紙の最後は、その後に起きる、アントワネットとフェルセンの「永遠の別れ」を予感させます。……それとも、もしかしたら、ふたりは「神のもとで再会」しているのでしょうか。

3-6 地球を包む大気の流れを立体的に眺めよう!

地表の風から成層圏のジェットストリームを可視化する

地表からはるか上空まで、異なる高さの風の流れを眺める

空を見上げたとき、地表と違う風の流れを感じることが多いものです。たとえば、地上で感じる風とは逆方向に、上空に浮かぶ雲が流れていることも少なからずあります。そのように、風の流れは立体的な構造を持つ(**図1**[注1])にもかかわらず、天気予報コーナーなどで説明される風向きは、とても単純な平面的な情報だったりします。

▼図1　地球を包む大気の循環

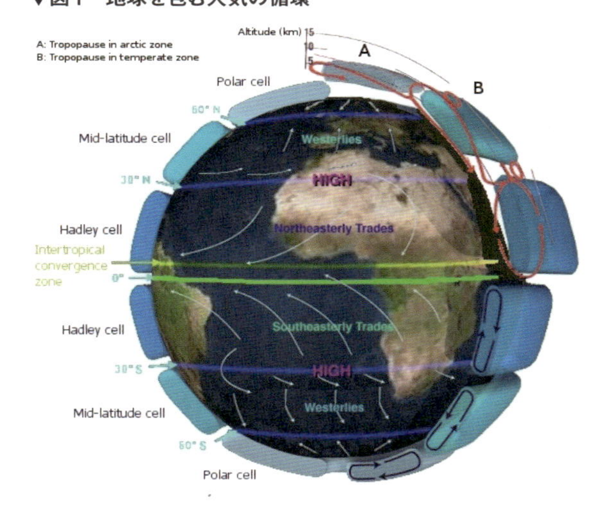

今回は、地表を歩く私たちが感じる街の風から、ジェット機が空を飛ぶ高度よりさらに上の成層圏まで、地球全体を包む風の流れを高さごとに、かつ立体的に可視化してみます。

地球全体の気象情報モデルNASA提供のMERRA-2を使う

地球全体の気温や気圧や空気の流れ……さまざまな気象情報を計測・提供しているデータセットの1つが、NASAの全球モデルデータ同化局(GMAO)によるMERRA-2です。そこで、MERRA-2のデータをダウンロードして、可視化処理をしてみることにします。

注1) URL https://tenbou.nies.go.jp/learning/note/theme1_3.html

▼図2　MERRA-2のnetCDF4形式ファイルを読み込む

```
from netCDF4 import Dataset  ← netCDF形式のデータアクセスのために読み込む
import numpy as np
import matplotlib.pyplot as plt
import cartopy.crs as ccrs           } 地理空間情報の可視化は
import cartopy.feature as cfeature   } Cartopyパッケージを使う

data = Dataset('MERRA2_300.tavg1_2d_slv_Nx.20040929.nc4',mode='r')
print(data)
<class 'netCDF4._netCDF4.Dataset'>
root group (NETCDF4 data model, file format HDF5):
    History: Original file generated: Sat Oct 4 01:13:14 2014 GMT
    Comment: GMAO filename: d5124_m2_jan00.tavg1_2d_slv_Nx.20040929.nc4
    Filename: MERRA2_300.tavg1_2d_slv_Nx.20040929.nc4
    (..略..)
```

MERRA-2モデルには多くのデータが含まれている

まずは、ゴダード地球科学データ情報サービスセンター(GES DISC)注2でユーザー登録して、アクセスできる情報種を追加するための手順注3を行い、Authorized Apps - APPROVE MORE APPLICATIONS に、“NASA GESDISC DATA ARCHIVE”を登録します。すると、MERRA-2オンラインアーカイブ注4から、日ごとのデータをダウンロードすることができるようになります。

それでは、MERRA-2のnetCDF4形式ファイルを読み込み、含まれる情報種を確認してみましょう(**図2**)。すると、緯度・経度・高さに応じた風速・気温やさまざまな情報が含まれていることがわかります。

地表を含めて高度10kmを超えるくらいまでの大気層は対流圏と呼ばれ、その上にある高度50km程度までの層が成層圏です。MERRA-2に含まれているのは、地表から成層圏まで、具体的には地表2mから15kmくらいまでの、6レベルの高さにおける気象情報です。

3次元的な地理空間情報もCartopyなら簡単に扱える

次に、MERRA-2データを使って、立体的な風の流れを地理空間情報と重ねて描いてみることにします。**図3**は、

・風速算出

注2) URL https://www.earthdata.nasa.gov/eosdis/science-system-description/eosdis-components/earthdata-login
注3) URL https://disc.gsfc.nasa.gov/earthdata-login
注4) URL https://goldsmr4.gesdisc.eosdis.nasa.gov/data/MERRA2/M2T1NXSLV.5.12.4/

▼図3 風速算出・欠損値対応・風の流れの描画関数などを定義する

```
def get(atr): # 属性名からデータを取得
    return data.variables[atr]

def get_uv(atr): # 属性名にUやVを追加
    return(get('U'+atr), get('V'+atr))

def fill_with_nan(x): # 欠損部分は0にする
    x_nans = x[:]; x_nans[x==x._FillValue]=0
    return x_nans

def make_ws(u, v): # 欠損部分対応や風速算出
    u_nans = fill_with_nan(u); v_nans = fill_with_nan(v)
    wind_speed = np.sqrt(u_nans**2+v_nans**2)
    return (u_nans, v_nans, wind_speed)

def draw_map(u, v,         # 風ベクトル(u:経度方向、v:緯度方向)
             c,            # 色
             s,            # スケール
             s_height,     # 人工衛星の高さ(m)
             is_draw_map,  # 地図を描くか・否か
             filename):    # 画像保存するファイル名
    # 全球表示する場合
    fig = plt.figure(figsize=(40,40),facecolor='black')
    ax = plt.axes(projection=ccrs.NearsidePerspective(
         central_longitude=137.0,
         central_latitude=0,
         satellite_height=s_height, # 100000000
         false_easting=0,
         false_northing=0,
         globe=None))
    if is_draw_map:
        ax.add_feature(cfeature.OCEAN)
        ax.add_feature(cfeature.LAND)
        ax.add_feature(cfeature.LAKES)
        ax.add_feature(cfeature.RIVERS)
        ax.add_feature(cfeature.BORDERS)
        ax.coastlines(resolution="110m",linewidth=1)
        ax.gridlines(linestyle='--',color='black')
    qv = plt.quiver(lon, lat, u, v, c,
        transform=ccrs.PlateCarree(),
        scale=s, alpha = 1.0,cmap='coolwarm')
    fig.savefig(filename, format='png', dpi=120)
```


・風速や気温に対する欠損値対応

・地図上に風の流れを可視化する関数

などを定義するコードです。そして**図4**が、地表2mから高度約14,000mまでの高さの風速や気温情報を描くコードです。これらのコードを実行して得られる「地表からの高度ごとの風の流れ」を並べたのが**図5**です。地球上のさまざまな高さを流れる、それぞれ大きく異なる風の動きが可視化されていることがわかります。

図3コードの「気象情報や地図空間情報を描く際に用いる投影法を指定する部分」を変えると、メルカトル図法(**図6**、**7**)やミラー図法(**図8**、**9**)といったさ

▼図4 地表2mから高度約14,000mまでの高さの風速や気温情報を描くコード

```
winds = [
    {'height':"2M",   'file':"2M.png",   'map':True, 'scale':200, 'alt_in_m':2},
    #{'height':"10M",  'file':"10M.png",  'map':False, 'scale':200, 'alt_in_m':10+10},
    #{'height':"50M",  'file':"50M.png",  'map':False, 'scale':200, 'alt_in_m':50+10},
    {'height':"850",  'file':"850.png",  'map':True, 'scale':200, 'alt_in_m':1500},
    {'height':"500",  'file':"500.png",  'map':True, 'scale':200, 'alt_in_m':5500},
    {'height':"250",  'file':"250.png",  'map':True, 'scale':200, 'alt_in_m':14000}
]
```

地表2mから高度約14,000mまでの風速・気温情報を処理するためにリストを用意（気温情報が不要な場合なら、高度10m、50mも利用可能）

```
s = 2 # データ抽出の間隔
lon, lat = np.meshgrid(get('lon'), # 経度
                       get('lat')) # 緯度
lon = lon[::s,::s]; lat = lat[::s,::s]
```

処理するデータの経度・緯度範囲やデータ抽出の間隔を指定する

```
# 高さごとの風速・気温情報を可視化する
for w in winds:
    u, v = get_uv(w['height']); u, v, ws = make_ws(u, v)
    u  = u[0,::s,::s]; v  = v[0,::s,::s]; ws = ws[0,::s,::s]
    draw_map(u, v, ws, w['scale'], 100000000000, w['map'], w['file'])
```

各高度の風情報を地理空間情報に重ねて描く

```
    # 気温を可視化する場合
    #t  = get('T'+w['height']); t  = t[0,::s,::s]
    #t  = (t-np.min(t))/(np.max(t)-np.min(t))
    #draw_map(u, v, t, w['scale'], 100000000000, w['map'], w['file'])
```

気温情報を描画色に反映させる場合などはこの部分を有効にする（高度10m、50mは気温情報がないので注意）

▼図5 MERRA-2気象全球モデルによる2004年9月29日の気象データ（球表示）

地上2m　地上約1,500m　地上約5,500m　地上約14,000m

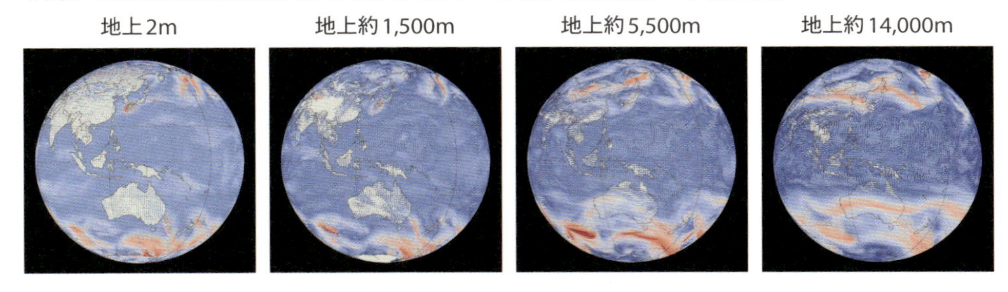

▼図6 投影法をメルカトル図法表示にするためのコード

```
# メルカトル図法
    fig = plt.figure(figsize=(40,40),facecolor='black')
    ax = plt.axes(projection=ccrs.Mercator(central_longitude=135))
```

経度中心を指定

▼図7 MERRA-2気象全球モデルによる2004年9月29日の気象データ（メルカトル図法表示）

地上2m　地上約1,500m　地上約5,500m　地上約14,000m

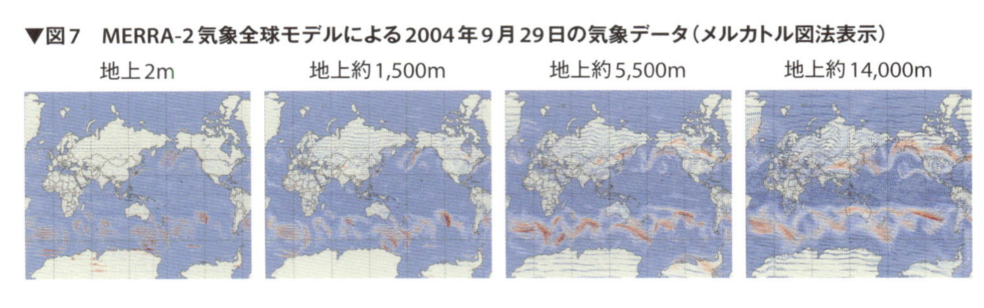

▼図8　投影法をミラー図法表示にするためのコード

```
# ミラー図法
    fig = plt.figure(figsize=(20,20),facecolor='black')
    ax = plt.axes(projection=ccrs.Miller())
    ax.set_extent([120, 150, 20, 50]) 描く経度(min、max)、緯度範囲(min、max)を指定
```

▼図9　MERRA-2気象全球モデルによる2004年9月29日の気象データ(ミラー図法表示)

地上2m

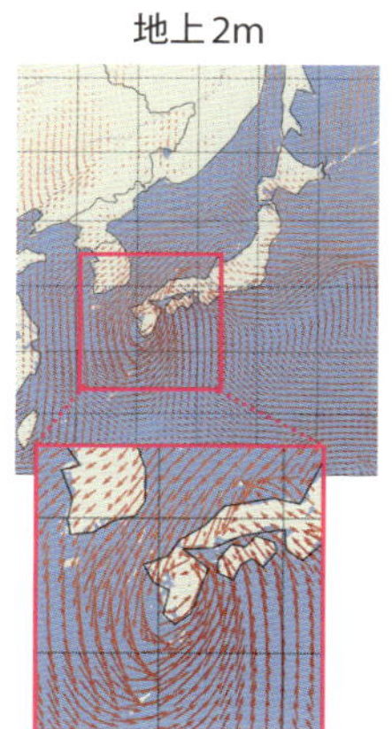

地上約1,500m

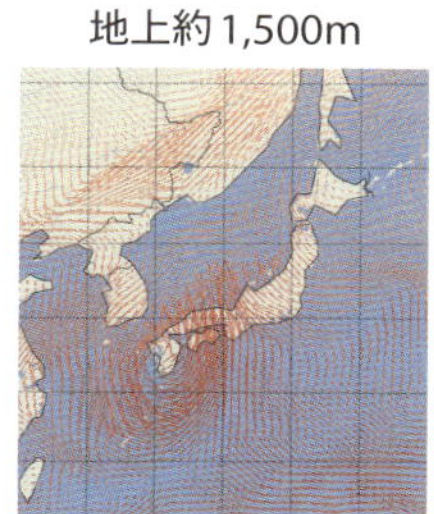

地上約5,500m

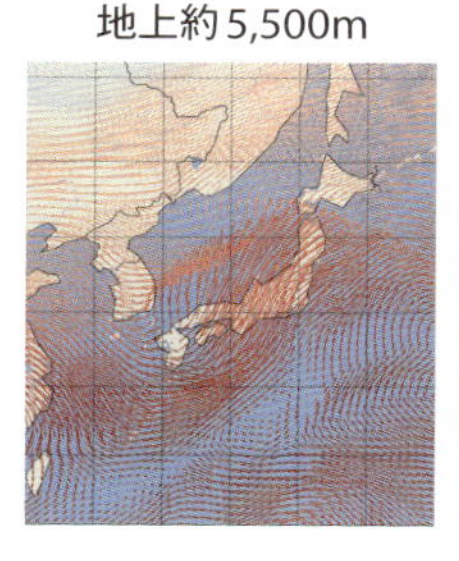

地上約14,000m

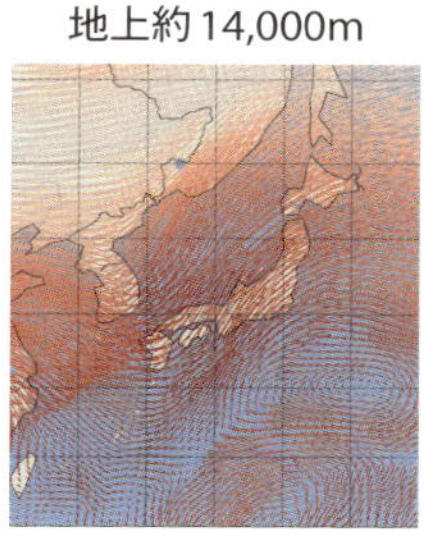

まざまな投影法で眺めることもできます。

今回使ったMERRA-2データは、2004年9月29日分です。そのため、**図9**のミラー図法を使って描かれた日本・九州近くを眺めてみると、西日本と東海・東北地方に大雨災害を引き起こした平成16年台風21号や秋雨前線を確認することができます。

「緯度や経度で表される3次元球面上のデータ処理」を行うことは難しいと思われるかもしれません。しかし、Cartopyパッケージを使うと、3次元の地理空間情報処理も意外に簡単です。

地表から対流圏・成層圏まで、高さや地域ごとに違う風が吹いている

風の流れは高さごとに異なります。

- 地表近くを流れる
  - 偏西風
  - 貿易風
  - 熱帯低気圧(台風)
- 高度10km近くを流れる
  - 偏西風(ジェット気流)

など、それぞれの高さ・地域ごとに、それぞれ特徴的な姿をしています。

地上2mなど地表近く、南半球を流れる偏西風や貿易風を見れば、15世紀から17世紀にかけて、ヨーロッパからアフリカ・アジア・アメリカ大陸へ向けて、風で走る帆船で旅した大航海時代の「海上の高速道路」を思い起こします。

あるいは地上約5,500mを超える対流圏の上部を眺めれば、強く吹く偏西風、風速数十m/sを超えるジェット気流(ジェットストリーム)も見えてきます。遠く離れた地球上を結ぶ長距離ジェット旅客機は、成層圏近くの対流圏上部を飛行します。ジェット気流に乗って航空機が飛ぶと、飛行時間や必要な燃料を大幅に削減することができます。こちらは、現在の地球各地を結ぶ航空機の「高速道路」です。

▼図10　Google EarthでMERRA-2気象全球モデルの情報を表示するためのKMLファイルを生成するコード

```
def dstLatLon(lat, lon, heading, l):
    lat0=l/(40000*1000)*360 # 地球1周(m)/360°
    lon0=l/(40000*1000)*360/np.cos(lat)
    lat0=lat0*np.cos(heading)
    lon0=lon0*np.sin(heading)
    return lat+lat0, lon+lon0

f = open('wind.kml', 'w')
f.write("<?xml version='1.0' encoding='UTF-8'?>\n")
f.write("<kml xmlns='http://earth.google.com/kml/2.2'>\n")
f.write("<Document>\n   <name>flight</name>\n")
for k, w in enumerate(winds):
    u, v = get_uv(w['height']); u, v, ws = make_ws(u, v)
    u  = u[0,::s,::s]; v  = v[0,::s,::s]; ws = ws[0,::s,::s]
    alt = w['alt_in_m']*10 # 高度は見やすさのために10倍にしておく
    for i in range(lon.shape[0]):    # 緯度(latitude)ごとに
        for j in range(lon.shape[1]): # 経度(longitude)ごとに
            #if lat[i,j]>0 or lat[i,j]<-60 or lon[i,j]>60 or lon[i,j]<-60:
            #    continue
            color = int(np.clip(10*int(ws[i,j]),0,255))
            lat_d, lon_d = dstLatLon(lat[i,j], lon[i,j],
                        np.pi/2-np.arctan2(v[i,j],u[i,j]), ws[i,j]*10000)
            f.write("<Placemark>\n        <TimeSpan>\n            <begin>"
            +'2023-10-18T00:00:00'
            +"</begin>\n        </TimeSpan>\n")
            f.write("   <Style>\n   <LineStyle>\n")
            f.write("   <color>40"+
                 '%02x%02x%02x'%(0, 255-color, color) +"</color>\n") # 色順はABGR
            f.write("   <width>5</width>\n   </LineStyle>\n")
            f.write("   </Style>\n   <LineString>\n")
            f.write("       <extrude>0</extrude>\n")
            f.write("       <altitudeMode>absolute</altitudeMode>\n")
            f.write("        <coordinates>"
            +str(lon[i,j])+","+str(lat[i,j])+","+str(alt)
            +" "+str(lon_d)+","+str(lat_d)+","+str(alt)+"</coordinates>\n")
            f.write("   </LineString>\n</Placemark>\n")
f.write("</Document></kml>\n"); f.close()
```

経度・緯度方向風速から風速を線表示する際の「端点」について緯度と経度を求める

経度・緯度方向の風速や合計の風速・高度などを算出しておく

描く緯度・経度を制限する場合に使う

風の向きや速度を表す線の色や両端点を計算する

風速を表す「線」を生成する

地球を包む3次元的な大気循環をGoogle Earthで可視化する

最後に、各高度を流れる風の3次元構造をインタラクティブに眺めるために、ここまでに加工したMERRA-2の風速情報をGoogle Earthで読み込めるKMLファイルにしてみます。そのためのコードが**図10**、作成したKMLファイルをGoogle Earthで可視化した例が**図11**や**図12**です。銀河を背景に宇宙に浮かぶ地球、そして地球を包む大気の循環が3次元的に複雑な模様を作り流れるさま、それらが立体的に浮かび上がります。

地球を包む大気の流れを手に入れ、分析・可視化することは難しくありません。地球上のさまざまな高さを流れる風の様子を眺めてみると、さまざまな気づきを得ることができます。

▼図11　Google Earthで表示した「宇宙に浮かぶ地球周囲の3次元的な大気の流れ」

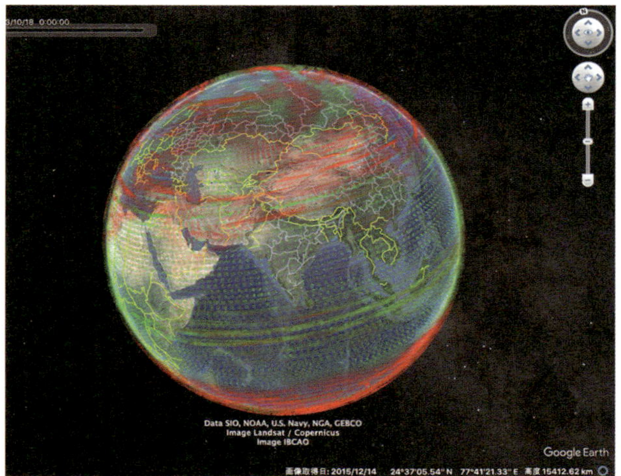

▼図12　Google Earthで表示した3次元的な大気循環や、アフリカ大陸南端、喜望峰近くの3次元的な風の流れ

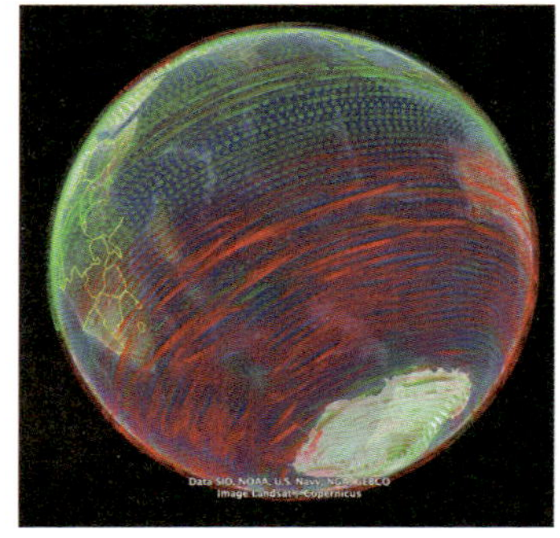

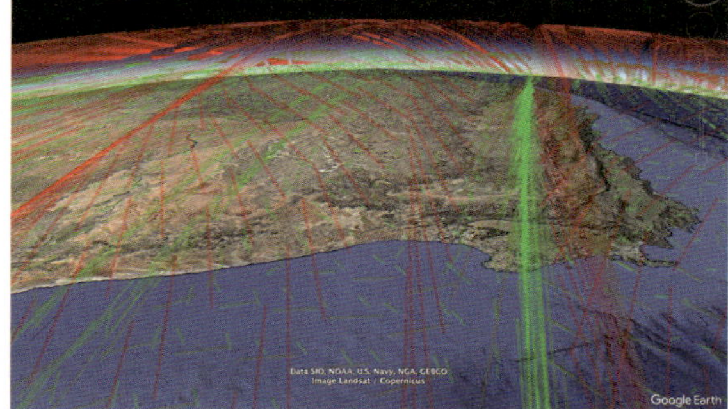

3-7 美術鑑識探偵風「油絵のひび割れ」鑑賞法

Python＋画像処理で名画の裏側を推理しよう!

科学捜査的・美術鑑識探偵的に絵画を楽しみ、味わってみよう!

美術館での「絵画の楽しみ方・味わい方」は人それぞれ違うものです。そして、さまざまな楽しみ方をする人がいる一方で「絵画を見ても、楽しみ方・味わい方がわからない」と悩む人も少なからずいるかもしれません。そこで、今回はPythonを使った科学捜査的・美術鑑識探偵的な絵画の楽しみ方を紹介します。具体的には、油絵の表面に現れた「ひび割れ」をPythonで抽出・分析して、油絵の「背景・裏側」を推理して、楽しんでみます。

歴史に残る油絵に浮かぶ「ひび割れ」「クラクリュール」

歴史を経た油絵には、少なからず「ひび割れ」が生じるものです。**図1**はヤン・ファン・エイクの『ルッカの聖母』です。エイクは、15世紀、『フランダースの犬』物語でおなじみフランドル地方(オランダ南部、ベルギー西部、フランス北部にまたがった地域)で活躍した画家。油絵の工芸技法を大きく進展させたため「油絵の発明者」と称されたりもします。そんなエイクが描いた『ルッカの聖母』の表面には、多数の「ひび割れ」が浮かんでいます。

▼図1 ヤン・ファン・エイク『ルッカの聖母』

こうした「ひび割れ」は、クラクリュール(フランス語craquelé、英語ではcraquelure)と呼ばれます。ひび割れが生じる原因は、短期的あるいは長期的に生じる油絵具の膨張や収縮、油絵が描かれた支持体(メディア)の変形、あるいは外部から受けた変形や衝撃などです。

高機能なFiji(ImageJ)を操るPyImageJを使った画像処理

まずは、Pythonで「ひび割れの抽出・情報取得」をできるようにしておきます。画像処理を行うためのPythonパッケージは多くありますが、今回はPyImageJ[注1]パッケージを使います。PyImageJは、Java言語で書かれた画像処理ソフトのImageJ(現行バージョンはImageJ2)の機能をPythonから使ったり、ImageJ2をGUIで操ったりするためのPythonパッケージです。1980年代に作られたNIHImageの流れをくんだImageJは、膨大な画像処理機能を備えています[注2]。

図2は、PyImageJを使って「ひび割れを検出・情報を取得」するコード例です。「近傍の色に対し急激に明暗が異なる部分」を目立つようにしたうえで、筋(すじ)や畝(うね)のように走る線状部分を抽出するという処理を、ImageJを操り行います。事前に(代表的なImageJディストリビューションである)Fiji[注3]とPyImageJをインストールしたうえで**図2**のコードを実行すると、画像の「ひび割れ」部分を抽出し、さらに、「ひび割れ」の位置・長さ・幅・方向といった情報を取得します。

図3は『ルッカの聖母』のひび割れを抽出した例です。画像に応じたパラメータ調整も必要ですが、ひび割れを適切に抽出できていることがわかります。

▼**図3 PyImageJで抽出した「ひび割れ」**

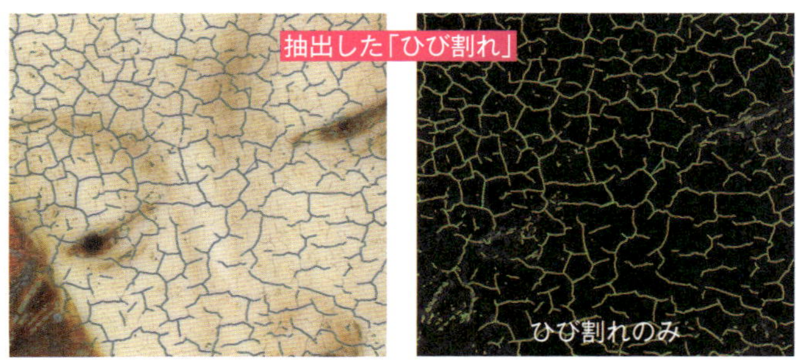

注1) URL https://github.com/imagej/pyimagej
注2) Rasband, W.S., ImageJ, U. S. National Institutes of Health, Bethesda, Maryland, USA, http://imagej.nih.gov/ij/, 1997-2012.
Schneider, C.A., Rasband, W.S., Eliceiri, K.W. "NIH Image to ImageJ: 25 years of image analysis". Nature Methods 9, 671-675, 2012.
注3) URL http://fiji.sc

▼図2　PyImageJを使って「ひび割れ」を抽出・分析（情報取得）をするコード例

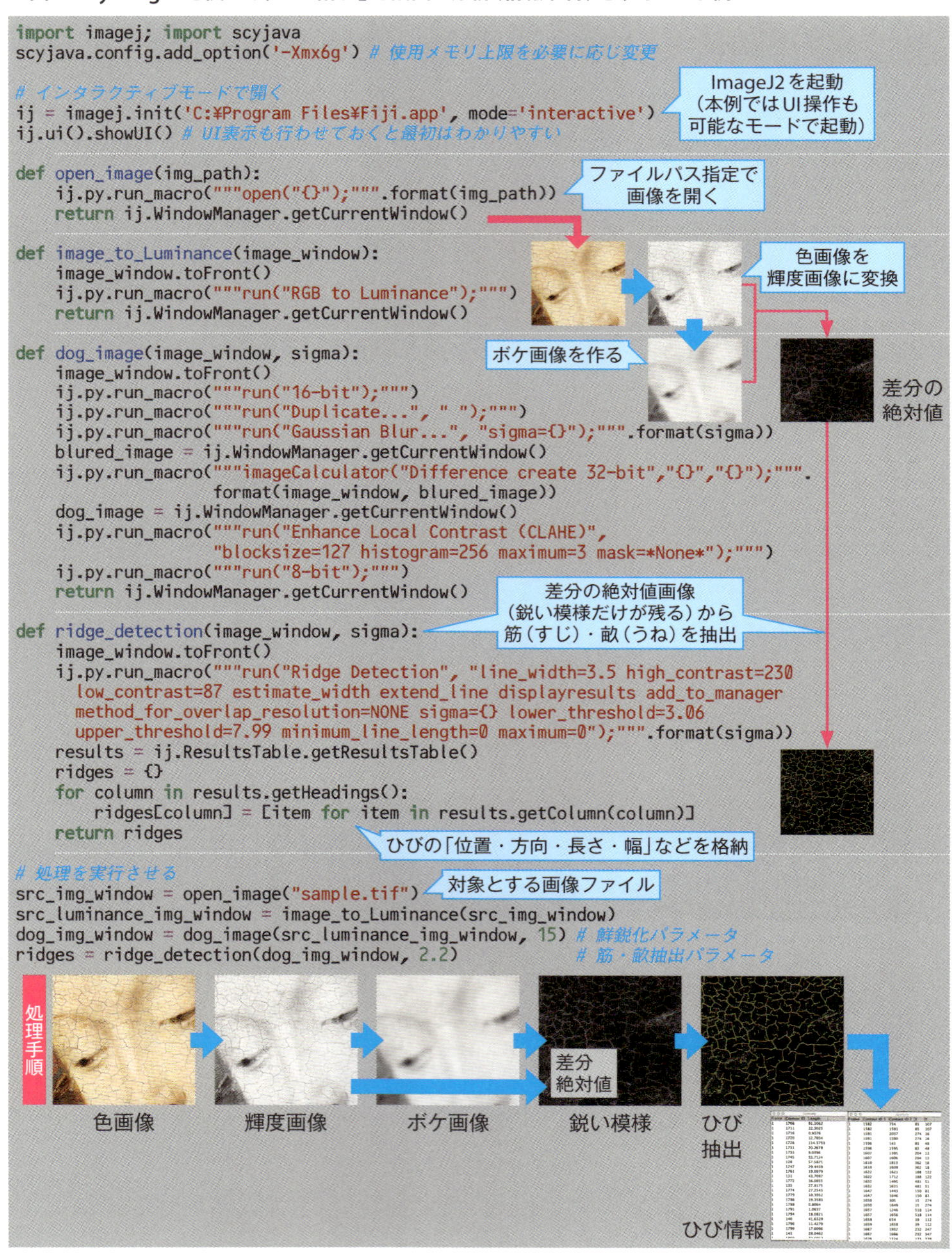

```
import imagej; import scyjava
scyjava.config.add_option('-Xmx6g') # 使用メモリ上限を必要に応じ変更

# インタラクティブモードで開く
ij = imagej.init('C:¥Program Files¥Fiji.app', mode='interactive')
ij.ui().showUI() # UI表示も行わせておくと最初はわかりやすい

def open_image(img_path):
    ij.py.run_macro("""open("{}");""".format(img_path))
    return ij.WindowManager.getCurrentWindow()

def image_to_Luminance(image_window):
    image_window.toFront()
    ij.py.run_macro("""run("RGB to Luminance");""")
    return ij.WindowManager.getCurrentWindow()

def dog_image(image_window, sigma):
    image_window.toFront()
    ij.py.run_macro("""run("16-bit");""")
    ij.py.run_macro("""run("Duplicate...", " ");""")
    ij.py.run_macro("""run("Gaussian Blur...", "sigma={}");""".format(sigma))
    blured_image = ij.WindowManager.getCurrentWindow()
    ij.py.run_macro("""imageCalculator("Difference create 32-bit","{}","{}");""".
                format(image_window, blured_image))
    dog_image = ij.WindowManager.getCurrentWindow()
    ij.py.run_macro("""run("Enhance Local Contrast (CLAHE)",
                "blocksize=127 histogram=256 maximum=3 mask=*None*");""")
    ij.py.run_macro("""run("8-bit");""")
    return ij.WindowManager.getCurrentWindow()

def ridge_detection(image_window, sigma):
    image_window.toFront()
    ij.py.run_macro("""run("Ridge Detection", "line_width=3.5 high_contrast=230
      low_contrast=87 estimate_width extend_line displayresults add_to_manager
      method_for_overlap_resolution=NONE sigma={} lower_threshold=3.06
      upper_threshold=7.99 minimum_line_length=0 maximum=0");""".format(sigma))
    results = ij.ResultsTable.getResultsTable()
    ridges = {}
    for column in results.getHeadings():
        ridges[column] = [item for item in results.getColumn(column)]
    return ridges

# 処理を実行させる
src_img_window = open_image("sample.tif")
src_luminance_img_window = image_to_Luminance(src_img_window)
dog_img_window = dog_image(src_luminance_img_window, 15) # 鮮鋭化パラメータ
ridges = ridge_detection(dog_img_window, 2.2)             # 筋・畝抽出パラメータ
```

「聖母」のひび割れ模様を眺めると、塗り重ねた画材の厚さが見えてくる!?

エイクが描いた『ルッカの聖母』のさまざまな部分でひび割れ抽出をしてみると、ひび割れの結果生まれた「島」の大きさは、場所ごとに大きく異なることに気づかされます(**図4**)。画材を厚く塗り重ねた部分ほど「ひび割れ島」が大きく、塗りが少なそうな部分では「小さく細かく」割れているように見えます。

▼図4　ひび割れ模様は塗り重ねた画材の厚みを反映する

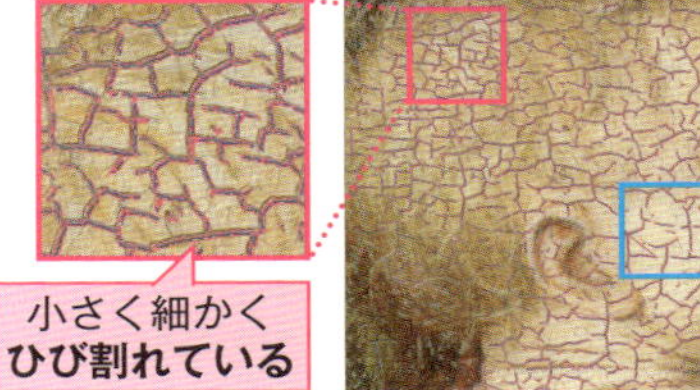

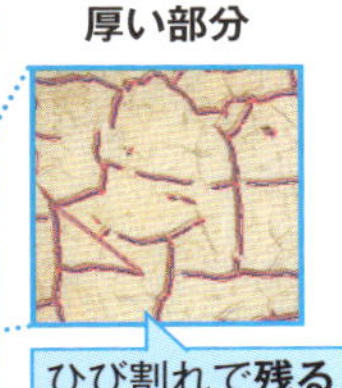

少し考えてみると、それはとても「自然」です。チョコレート板をポケットに入れておけば、薄いチョコレート板は細かく砕けますが、厚いチョコレート板は割れても大きな形を残しているものです。構造的に厚い部分は割れにくく、薄い部分は砕けやすい……結果として「塗りに応じたひび割れ島」が生まれる、というわけです。

表面に浮かんだひび割れの模様を眺めれば、塗り重ねられた画材の厚さを想像することができるのです(想像は自由です)。

『モナ・リザ』のひび割れからは、微笑みの裏にある模様が見えてくる!?

次は、エイクと同時代の15世紀、レオナルド・ダ・ヴィンチが描いた『モナ・

▼図5　レオナルド・ダ・ヴィンチ『モナ・リザ』(顔部分のひび割れは木目を反映している)

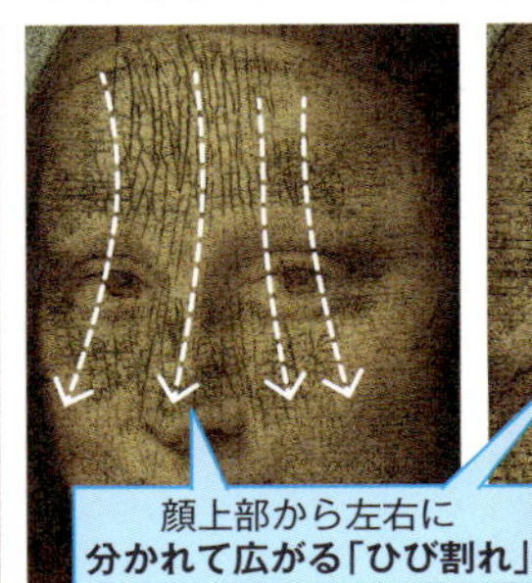

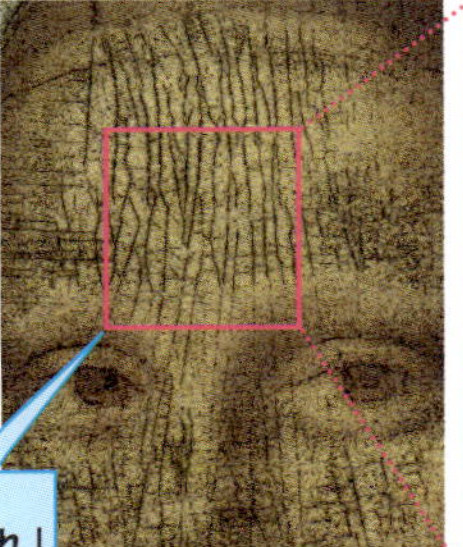

▼図6 （『ルッカの聖母』が描かれた）オークと（『モナ・リザ』が描かれた）ポプラの植生分布

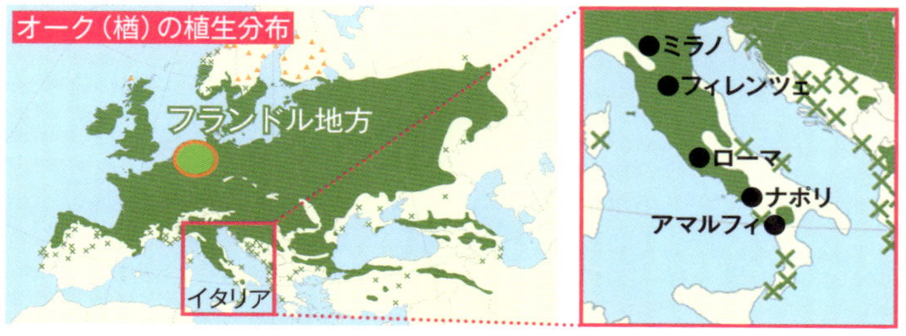

Giovanni Caudullo (CC BY 4.0)

Giovanni Caudullo (CC BY 4.0)

リザ』を眺めてみます。図5は、微笑む『モナ・リザ』の顔部分のひび割れを抽出した結果です。顔の上部から、斜めに左右に分かれて広がるようなひび割れが生じていることがわかります。

『モナ・リザ』のX線撮影画像[注4]や裏側を撮影した写真[注5]を眺めると「顔部分のひび割れは、『モナ・リザ』が描かれた木板の木目模様とほぼ同じ」だということがわかります。実は『モナ・リザ』はポプラ板の上に描かれていて、『モナ・リザ』の微笑みの上に浮かぶひび割れを画像処理して詳しく眺めると、その裏側にある木目まで想像できたりするわけです。

ひび割れの模様を調べると、時代・地域の植生も見える!?

『モナ・リザ』はポプラ板の上に描かれていましたが、エイクの『ルッカの聖母』はオーク板の上に描かれていました。エイクやダ・ヴィンチが生きた15世紀には、油絵は木板に描かれることが普通だったのです。

『ルッカの聖母』が描かれたコナラ属に属する落葉広葉樹のオーク、『モナ・リザ』が描かれたヤマナラシ属の落葉広葉樹ポプラ、その植生図（図6）を眺めてみます。すると、ポプラはフランドル地方では見つけられず、オークはイタリアでは南

注4） URL https://focus.louvre.fr/en/mona-lisa/compare/scientific-tests
注5） URL https://twitter.com/PeoriaMuseum/status/1235582356766982150

方だけに限られる、という納得感ある状況が浮かび上がります。

木板上に描かれた油絵のひび割れを眺め、木目の特徴も調べれば「画家が活躍した時代・地域の自然植生を推理する」こともできるようになります。

17世紀のオランダ絵画に浮かぶ、経糸と緯糸が織りなす帆布模様

次は、エイクが暮らしたフランドル地方で17世紀を過ごした画家、ヨハネス・フェルメールの『地理学者』と『天文学者』です。オランダ東インド会社が、アジアに位置する日本の長崎出島に来ていた時代のオランダ絵画を眺めてみます。

17世紀になると、油絵を描く支持体（メディア）の主役はキャンバスに移行していました。麻糸を使い、経糸（たていと）と緯糸（よこいと）が巡り合い互い違いに織られて作る平織布上に、油絵を描くのが一般的になっていました（**図7**）。

キャンバス上に描かれた『地理学者』を拡大してみると（**図8**）、平織り模様に応じた、具体的には経糸（たていと）に沿った「ひび割れ」が生じていることがわかります。そこで『天文学者』に対してひび割れ抽出・分析をしてみると（結果例は**図9**、コード例は**図10**）、明確な方向性があることが確認できます。

▼図7　平織りは、縦に張った経糸（たていと）の上下に、緯糸（よこいと）を交差させることで、織られる

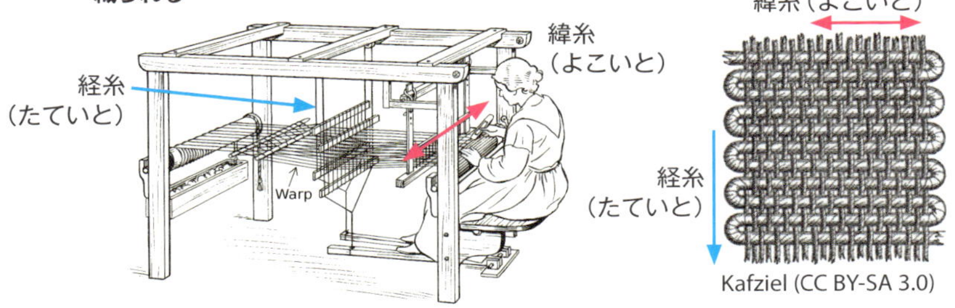

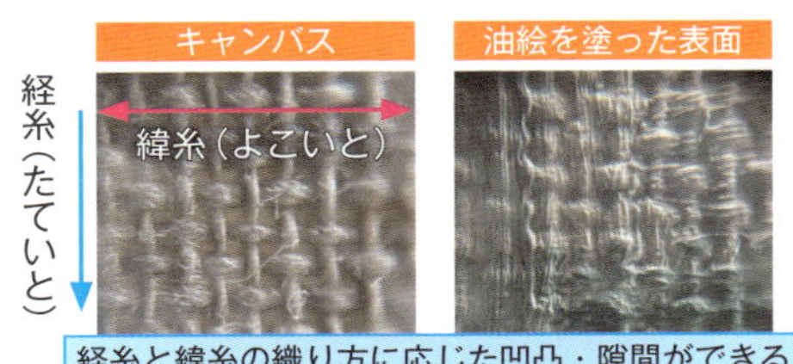

▼図8　フェルメール『地理学者』

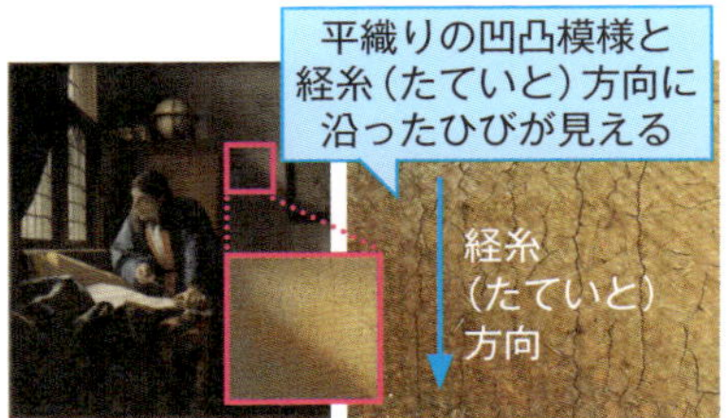

▼図9　フェルメール『天文学者』のひび割れ方向分布を解析する

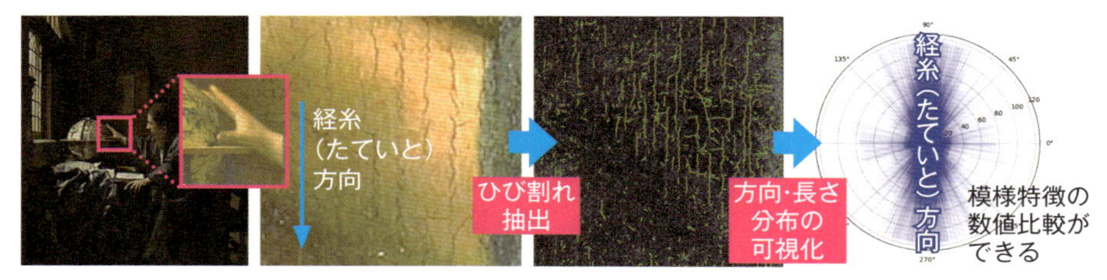

▼図10　抽出したひび割れの方向分布を極座標チャートに描くPythonコード

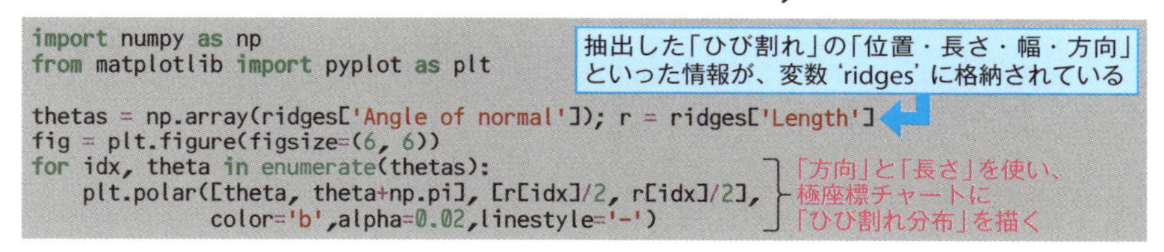

```
import numpy as np
from matplotlib import pyplot as plt

thetas = np.array(ridges['Angle of normal']); r = ridges['Length']
fig = plt.figure(figsize=(6, 6))
for idx, theta in enumerate(thetas):
    plt.polar([theta, theta+np.pi], [r[idx]/2, r[idx]/2],
              color='b',alpha=0.02,linestyle='-')
```


今回はひび割れの方向だけを分析しましたが、画像から、

- ひび割れの方向や密度分布
- 経糸／緯糸の周期や密度分布

を分析することもできます。実は、『地理学者』と『天文学者』は、そうした分析をX線画像に対して行い「同じキャンバス布を使い、隣り合った部分の上に描かれた」と検証されています[注6]。

20世紀のフェルメール贋作事件！「ひび」を見れば真贋がわかる!?

最後に、20世紀中盤の1941年、フェルメールが暮らした街にあるデルフト工科大学を出たハン・ファン・メーヘレンのフェルメール贋作（がんさく）『イサクの祝福』を眺めましょう。

メーヘレンは、古い油絵から画材を取り除いたキャンバスの上に、揮発性油に溶いた顔料で画を描き、その上にフェノール樹脂を塗りました。そして「古びた色」「時代を経て画材が固まったような状態」「ひび割れ」を人工的に作り出し、贋作を制作しました。

注6） URL https://jhna.org/articles/canvas-weave-match-supports-designation-vermeer-geographer-astronomer-pendant-pair/

▼図11　ハン・ファン・メーヘレンによるフェルメール贋作『イサクの祝福』

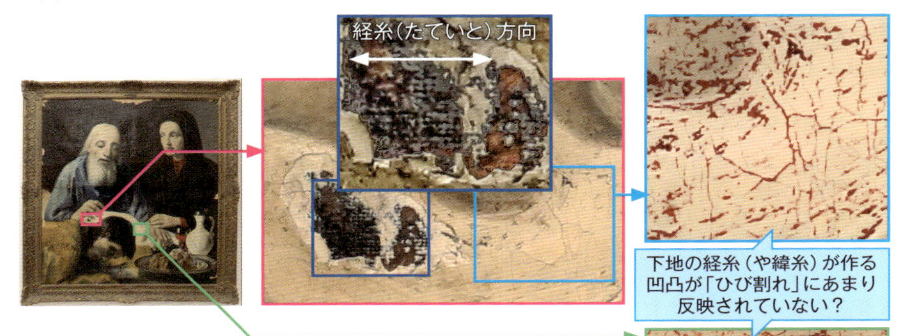

『イサクの祝福』のひび割れは、一見「自然なひび割れ」にも見えるかもしれません。しかし、ここまでに眺めてきた、画材の厚みに応じたり、平織り模様に沿ったりした自然なひび割れのパターンには見えないように思えます(**図11**)。Pythonを使い油絵のひび割れを多く眺め、分析すれば、油絵の真贋鑑定もできそうです。

出会い・眺めるものすべて、妄想や想像=創造で楽しもう!

美術館で油絵に出会うとき、その眺め方・楽しみ方・味わい方は、百人百様・千差万別です。油絵の上に浮かぶ「ひび割れ模様」から、画材の厚みを想像したりすることもできれば、画材の下にある木板・植生状況や、織物産業の状況を妄想することもできます。

そんな推理・妄想が、本当の史実に沿っているとは限りません。そのうえで、「一を聞いて十を知る」ならぬ「ゼロから百を妄想する」ことも、ある種の才能・楽しみ方です。

写真撮影が許されている美術館も海外では一般的ですし、最近では、世界各地の美術品をオンラインで眺めたり、高解像度の画像情報を手に入れたりもできます。Pythonと画像処理を使い、出会って眺めるものすべて、科学捜査的・美術鑑識探偵的に、あるいは自分の妄想120%で「勝手に謎を解き明かし、自分なりの物語を創造してみる」のもきっと楽しいと思います。

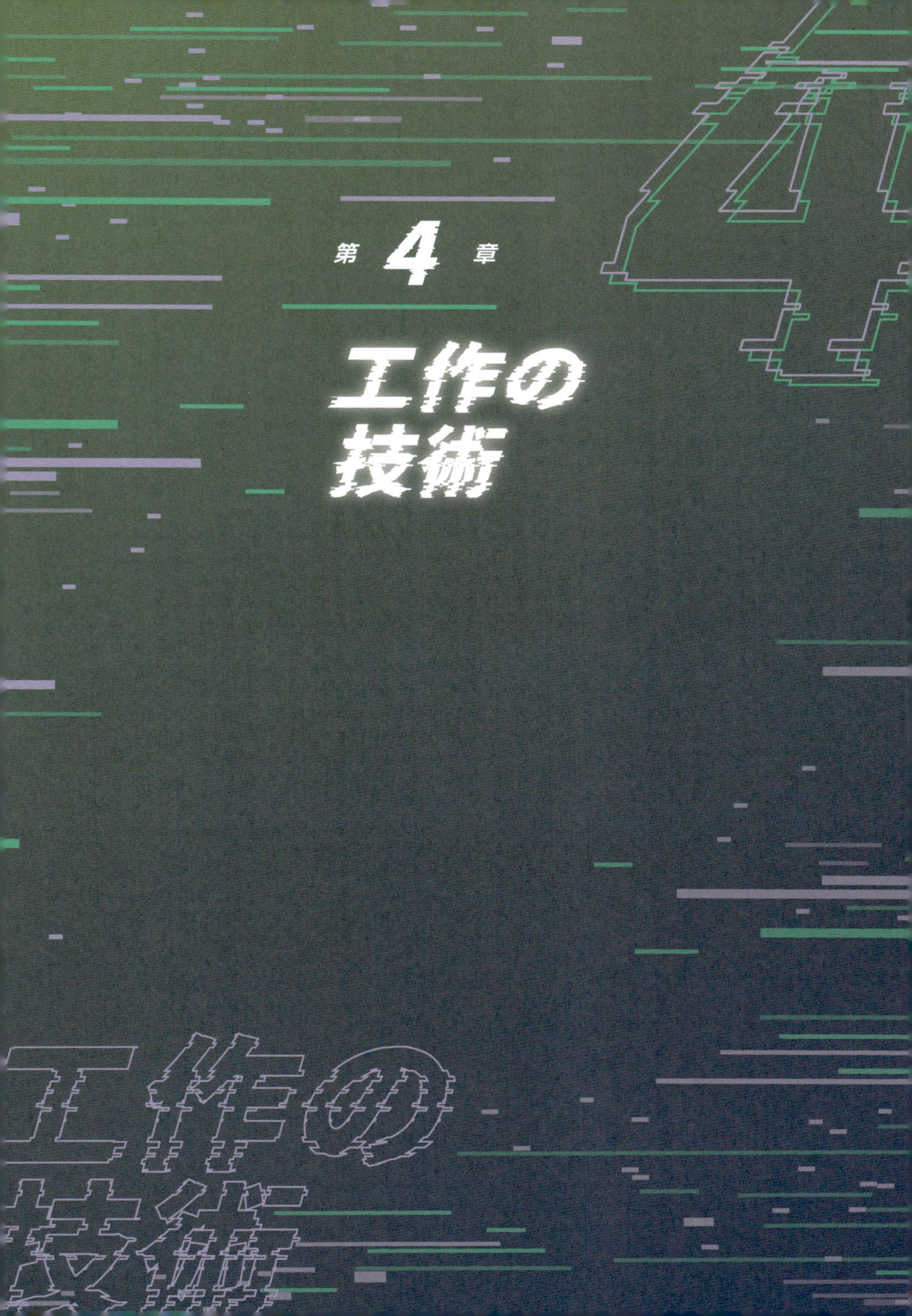

第4章

工作の技術

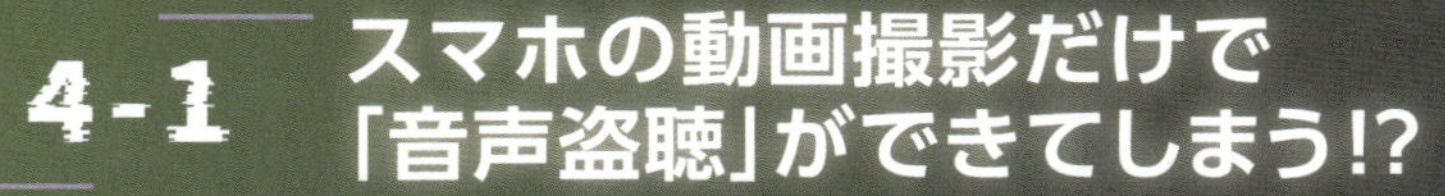

4-1 スマホの動画撮影だけで「音声盗聴」ができてしまう!?

届かないはずの音を画像から復元する技術

防音ガラス越しに、「声」が漏れる恐怖!?

漏洩すると恐ろしいもの、そのひとつが「音声」でしょう。国家機密や企業秘密に関する会話、あるいは、個人の秘密を赤裸々に話した音声……もし流出してしまったら、それは想像もしたくない恐ろしい事態です(**図1**)。

▼図1　音声の盗み聞き・盗聴は怖いもの

Photo：A. Strakey "Eavesdropping" (CC BY-ND 2.0)
https://www.flickr.com/photos/smoovey/3297533849

あるいは、重要な機密ではなくても「ひとりごと」や「鼻歌」だって、他人に聞かれたら、顔から火が出るくらいに恥ずかしく感じたりするものです。

実は「防音ガラス越しでも、音声を傍受・盗聴する」ことができます。具体的には、「盗み聞きをしたい場所」にスマホのカメラを向けるだけで、その場所にいれば聞こえるはずの音声を再生することができるのです。

「揺れ」が見えれば「音」も聞こえる!?

「音」とは、いったいどんなものでしょうか？　狭義の「音」は、「人の耳で聞くことができる空気の振動」です。空気の振動が作り出す空気圧の波が、耳の中にある鼓膜を揺らして、わたしたちは「音」を聞くことができます(**図2**)。そして、音＝空気の振動が人の鼓膜を揺らすように、音が聞こえる場所では空気が「ありとあらゆるモノ」を揺らしています。

ということは「盗み聞きをしたい場所」にカメラを向けて、その場所にある「モノの揺れ」を高速度に撮影することができたなら、空気の揺れ＝音を復元できる、ということになります。

▼図2　空気の圧力が波となって耳の中の鼓膜を振動させ、人は音を聞き分ける
（https://commons.wikimedia.org/wiki/File:1408_Frequency_Coding_in_The_Cochlea.jpg）

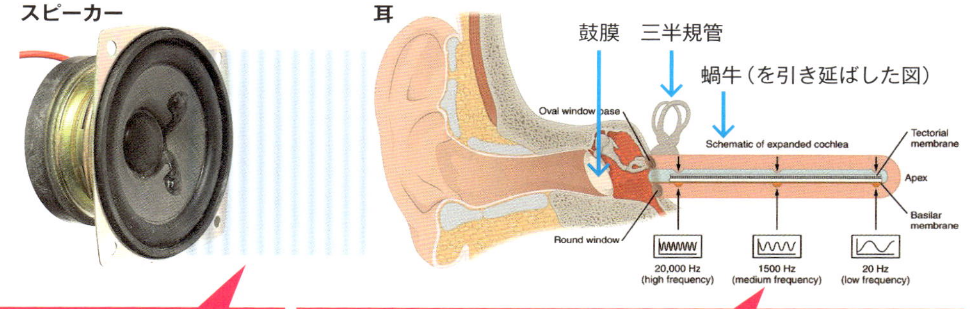

ポテチ袋や電球の揺れ……カメラ盗聴技術はたくさんある!?

カメラで高速度撮影した映像を使って、音声を復元する(音声傍受や音声盗聴する)技術は、数多く提案されています。たとえば、部屋の中にあるさまざまな物体、

- ポテトチップスやキットカットの菓子袋
- 観葉植物の葉
- ティッシュ箱
- コップに入った水面

……を高速度カメラ等で撮影し、「部屋内の音声」を復元する技術が提案されています注1。あるいは、カメラではありませんが、望遠鏡に高速読み取り可能な光センサーを取り付けて、

- 部屋に吊るされた電球

を撮影し、光の揺れから「部屋内の音声」を再現する技術も提案されています注2。

注1）URL http://people.csail.mit.edu/mrub/VisualMic/
注2）URL https://www.nassiben.com/lamphone

それでは、スマホのカメラでも「映像からの音声傍受」が簡単にできるか？というと、そう都合よく話は進みません。なぜかというと、解決しなければならない大きな課題があるからです。

音声の「空気の揺れ」は毎秒2万回、揺れが速すぎてスマホ撮影は不可能!?

「可聴音」と呼ばれる「人が聞き取ることができる音」は、周波数で言うと100〜20,000ヘルツくらいです。わかりやすく言うと、「音は1秒あたり100回〜2万回ほど揺れる(往復する)」くらいの速さで揺れています。

最近のスマホが高機能なカメラを備えているとはいえ、それでも秒間2万枚もの高速度撮影機能を備えた製品はありません。たとえば、Apple社のiPhone 16でも、毎秒240枚の撮影速度が上限です。撮影速度が毎秒240枚程度だと、その撮影速度でとらえることができる「揺れ」の上限は、秒あたり120往復まで。単純に考えれば、可聴音の「空気の揺れ」は、スマホカメラでは撮影できないということになります……。

それでは、「映像からの音声傍受・盗聴」には特殊な高速度撮影カメラが必須で、スマホカメラでは絶対不可能なのでしょうか？

いえ、そんなことはありません。「知識や知恵、技術とヒラメキがあれば、やりたいことは何でもできる！」が本研究所のモットーです。頭と道具をうまく使えば、普通のスマホでも「盗み聞きしたい場所にカメラを向ければ、音声を傍受・盗聴する」ことができるのです。

CMOS撮像センサーの特性をふまえると、スマホカメラが超高速度カメラに大変身!

スマホに搭載されているカメラには、CMOSと呼ばれる種類の半導体素子を使った撮像センサーが使われています。そのCMOSセンサーの特徴を活用すれば、原理的には、撮影速度よりはるかに高い「揺れ」も撮影することができます。

CMOSセンサーでは「画素行ごとに、光を受けるタイミングや読み出しタイミングが異なる」ローリングシャッターと呼ばれる機構が使われます。センサー画素の最上行から最下行までを「各画素行を順に撮影・読み出していく」のです。

▼図3 CMOSセンサーのローリングシャッターは「行ごとに受光・読み出しタイミング」が異なる
（https://commons.wikimedia.org/wiki/File:Wien-Prag_rolling_shutter_P1270600.jpg）

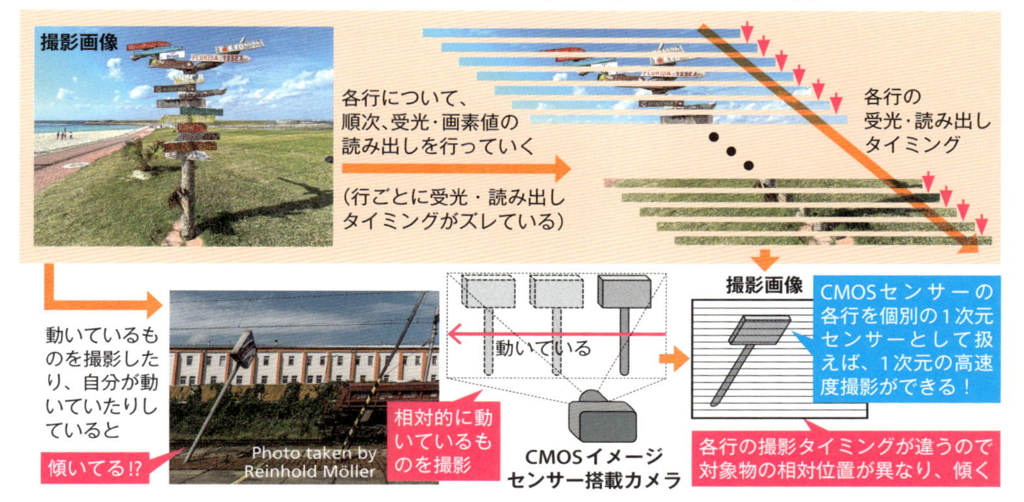

つまり「撮影タイミングが(各画素行ごとに)“ある程度の時間”ずつズレた連続撮影をしている」ような機構になっています(**図3**)。

すると、たとえばiPhone 16で、

・横1,920列×縦1,080行の画像を
・毎秒240枚で動画撮影する

のであれば、CMOSセンサーのローリングシャッター機構をふまえると、

・毎秒240枚×1,080行＝毎秒259,200行

の高速撮影をしているようなものです。つまり、各瞬間は1行(1,920画素)しか撮影できない「1次元カメラ」にはなりますが、毎秒26万行の高速な「揺れ」撮影ができるはず！というわけです。

テスト用に「わかりやすい」音声を作る!

まずは、「スマホカメラを使った音声盗聴」実験用の音声ファイルを作りましょう。映像から音声を復元できているか？の確認作業を楽にするために、

▼図4 「1秒ごとに100Hz⇒1,000Hzを繰り返す音声ファイル」をテスト用に作る

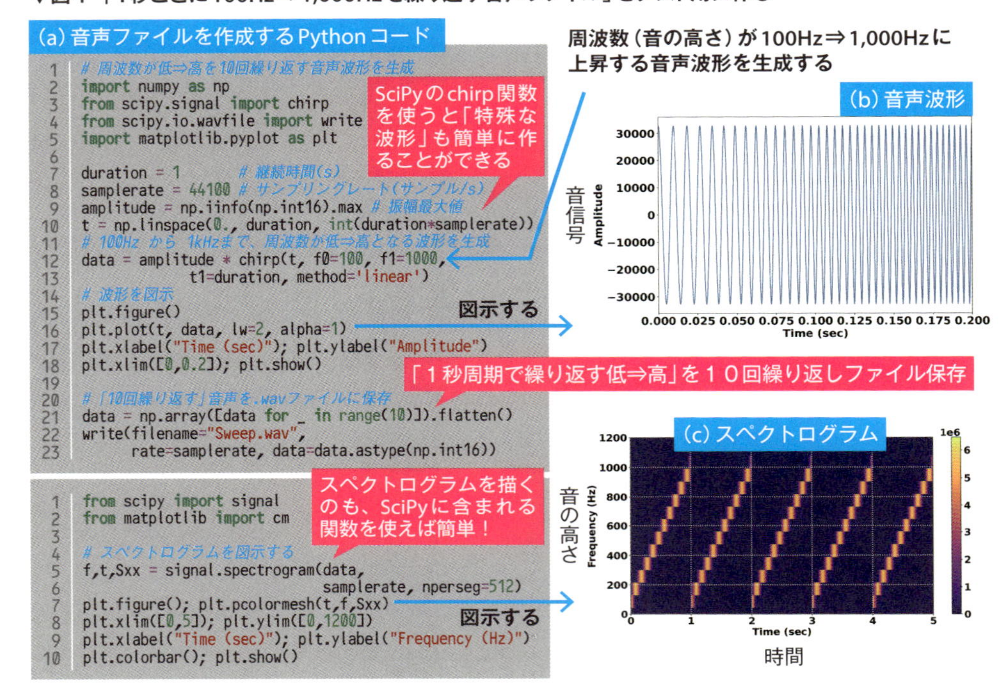

「音の高さが低→高を繰り返す音声」
を実験では使うことにします。

図4が音声ファイルを作成する(a)コードと、(b)音声波形や(c)スペクトログラム(音声の時系列的な周波数強度を示した図)です。音声波形グラフからは「段々と音の周期が短くなっていく」様子が見てとれますし、スペクトログラムからは「音声周波数が1秒ごとに100Hz→1,000Hzの上昇を繰り返している」ことがわかります。

テスト音源で撮影実験してみよう!

それでは、撮影実験をしてみましょう。まずは、スピーカーの近くに折り鶴を置いてみます。そして、作ったテスト用の音声ファイルをスピーカーから再生しておきます。

▼図5　スピーカー近くに置いた折り鶴を、望遠レンズを取り付けたスマホカメラで撮影する

そのうえで、望遠レンズを取り付けたスマホカメラで、折り鶴を「超拡大」して、毎秒240フレームで動画撮影してみます(**図5**)。超拡大撮影する理由は「撮影画像の最上行〜最下行が(撮影時刻はズレているけれど)同じ場所を写している」状態にするためです。

スピーカーから出る音波が折り鶴を揺らし、紙の向きがわずかに変われば「撮影される紙の明るさ」も変化しますから、撮影画素値の変化として、スピーカーが鳴らしている音がスマホ撮影動画に記録されるはずです。

わずか数行!? スマホカメラを使った盗聴コード

「スマホ撮影動画から音声を復元する」Pythonコードが**図6**の(a)です。処理内容はとても簡単なもので、

①「揺れ信号リスト」を作成

動画の各フレームに対して、(横方向で)中央の緑画素を、最上行から最下行まで抜き出し、冒頭フレームと差分をとったうえで、「揺れ信号リスト」に追加

②「揺れ信号リスト」を1次元に平坦化

揺れ信号の(スムーシングで)ノイズを除去したうえで、データを減らす。1次元の揺れ信号を低次数の多項式で近似し、近似式で差分をとり、ゆるやかな変化を取り除く

③揺れ信号を音声ファイルとして保存

という具合です。必要最低限の部分だけであれば、わずか数行のシンプルなコー

▼図6　スマホカメラで撮影した動画からの音声復元コード

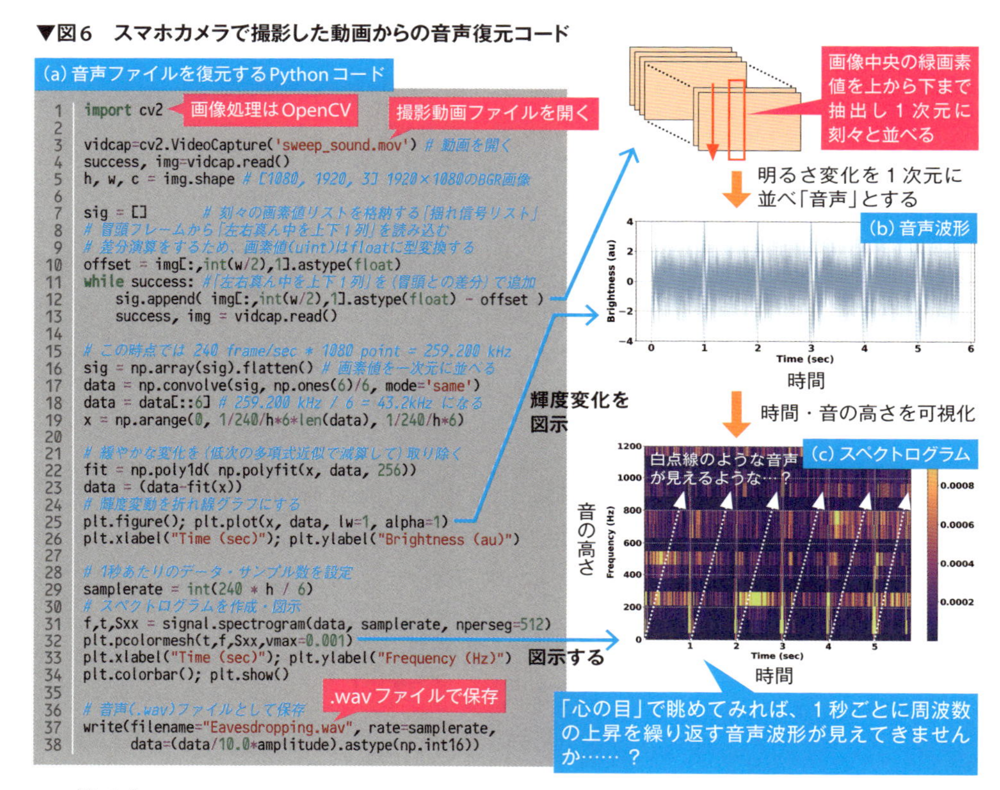


```
 1  import cv2
 2
 3  vidcap=cv2.VideoCapture('sweep_sound.mov') # 動画を開く
 4  success, img=vidcap.read()
 5  h, w, c = img.shape # [1080, 1920, 3] 1920×1080のBGR画像
 6
 7  sig = []        # 刻々の画素値リストを格納する「揺れ信号リスト」
 8  # 冒頭フレームから「左右真ん中を上下1列」を読み込む
 9  # 差分演算をするため、画素値(uint)はfloatに型変換する
10  offset = img[:,int(w/2),1].astype(float)
11  while success: #「左右真ん中を上下1列」を(冒頭との差分)で追加
12      sig.append( img[:,int(w/2),1].astype(float) - offset )
13      success, img = vidcap.read()
14
15  # この時点では 240 frame/sec * 1080 point = 259.200 kHz
16  sig = np.array(sig).flatten() # 画素値を一次元に並べる
17  data = np.convolve(sig, np.ones(6)/6, mode='same')
18  data = data[::6] # 259.200 kHz / 6 = 43.2kHz になる
19  x = np.arange(0, 1/240/h*6*len(data), 1/240/h*6)
20
21  # 緩やかな変化を(低次の多項式近似で減算して)取り除く
22  fit = np.poly1d( np.polyfit(x, data, 256))
23  data = (data-fit(x))
24  # 輝度変動を折れ線グラフにする
25  plt.figure(); plt.plot(x, data, lw=1, alpha=1)
26  plt.xlabel("Time (sec)"); plt.ylabel("Brightness (au)")
27
28  # 1秒あたりのデータ・サンプル数を設定
29  samplerate = int(240 * h / 6)
30  # スペクトログラムを作成・図示
31  f,t,Sxx = signal.spectrogram(data, samplerate, nperseg=512)
32  plt.pcolormesh(t,f,Sxx,vmax=0.001)
33  plt.xlabel("Time (sec)"); plt.ylabel("Frequency (Hz)")
34  plt.colorbar(); plt.show()
35
36  # 音声(.wav)ファイルとして保存
37  write(filename="Eavesdropping.wav", rate=samplerate,
38        data=(data/10.0*amplitude).astype(np.int16))
```

ドです。

撮影動画から得られた音声波形が**図6**の(b)、「スピーカーで再生している音の高さ・強さ」と「映像から復元した音の高さ・強さ」の比較をするために、スペクトログラムを描いたのが**図6**の(c)です。ほらね！　きれいに音声を復元できているでしょう！……とまでは言えないものの、「心の目」で眺めてみれば、1秒ごとに低周波数→高周波数を繰り返す音声が、ギリギリ見えてくるのではないでしょうか。

明るさ変化でなく模様を追跡する方法も

今回の撮影映像からの音声復元処理では、被写体表面の明るさ変化を用いて「揺れ＝音」の復元を行いました。しかし、条件によっては、明るさ変化でなく「カメラに写る対象物表面にある模様の動き」を頼りに、音声復元をしたくなるか

もしれません。

そんな場合には、米国開催の学会SIGGRAPHで2014年に報告された、“The Visual Microphone：Passive Recovery of Sound from Video”で使われたアルゴリズムのPython実装コード[注3]を使うのが便利です。公開されているPythonコードは高速度カメラ映像用なので、スマホ向けには、今回のコード同様にローリングシャッター機構を使う処理を入れる必要がありますが、「音声ノイズ除去機能」なども含まれているので、より良好な音声復元ができることでしょう。

望遠鏡にスマホを付けて眺めれば、火星の人のつぶやきも盗み聞きできる!?

「カメラ越しの音声傍受や盗聴」という言葉を聞くと、怖くて恐ろしい話題にしか思えないかもしれません。けれど、楽しくて夢ある活用方法だって、きっとあるはずです。

たとえば、犬や猫たちが集まる場所にスマホカメラを向けてみる。次の瞬間、彼ら・彼女たちが交わす言葉が聞こえてくるかもしれない。あるいは、スマホに望遠鏡を取り付けて夜空に浮かぶ火星に向けてみる。すると、火星の人が孤独につぶやく「ひとりごと」が聞こえてくるかもしれない[注4]……。

空気の波では伝わらないはるか遠くの音も、音が生み出す光の揺れをカメラ撮影することができたなら、その音を聞くこともできる。……どこか遠くにスマホを向けて、どこか遠くで聞こえる音に耳を澄ませてみたくなるのではないでしょうか？

注3） URL https://github.com/dsforza96/visual-mic
注4） 「大気のゆらぎによるノイズしか聞こえないのでは？」というツッコミが、何より先に聞こえてきそうです。

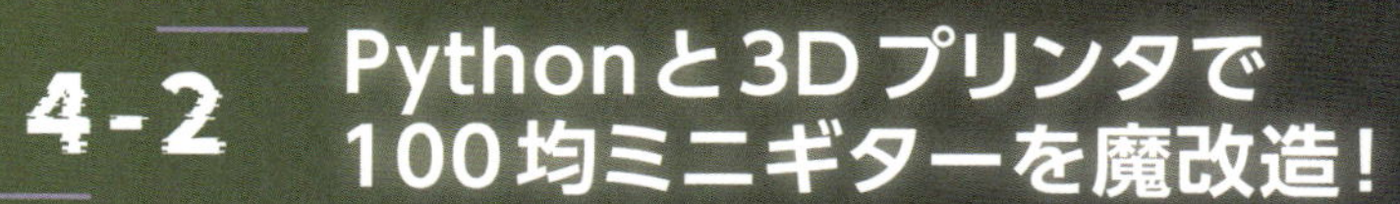

4-2 Pythonと3Dプリンタで 100均ミニギターを魔改造!

和音が最高に調和する変態楽器

いつも聴いているギターの音階、「完璧に調和した和音」を鳴らせない?

ギターから響くコード(和音)の上に重なる歌が好き、という人も多いはず。どんな歌手やバンド・グループが好きかは、人それぞれ違いはあれど、ロックやポップス……ギター演奏が入った曲は、とても人気があります。

そんな大人気のギター(**図1**)が、実は「"完璧に調和"した和音を鳴らすことはできない(難しい)」と書くと、「ちょっと何言ってるかわからない(by サンドウィッチマン)」と感じる人も、少なからずいるかもしれません。この言葉の意味は、どういうことでしょうか?

▼図1 ギターの構造

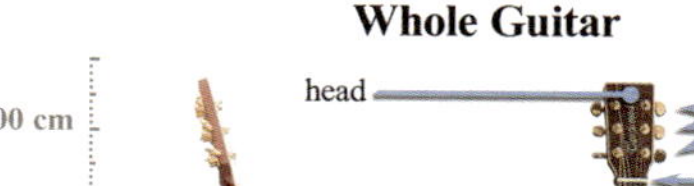

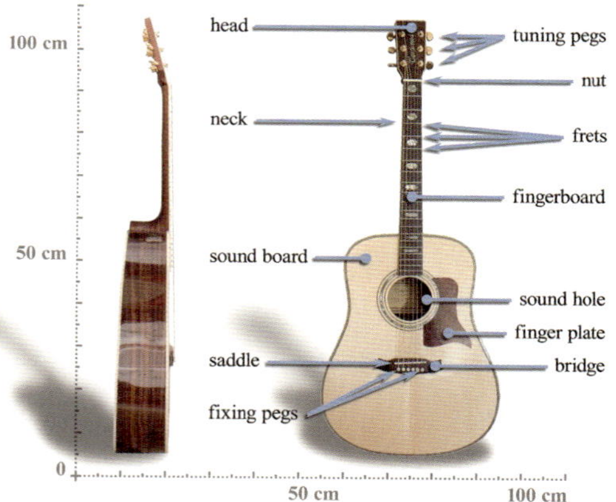

https://commons.wikimedia.org/wiki/File:Acoustic_Guitar_Anatomy.jpg

今使われている音階の「平均律」、ドレミ……の音程比率を眺めてみよう!

今の時代、わたしたちが聴く音楽のほとんどは、さまざまな民族音楽といった例外はあれど、「平均律」という「音律」を使って作曲・演奏されています。音律というのは、とても大雑把に言えば、ド・レ・ミ・ファ・ソ・ラ・シ・ド……といっ

▼図2 PyTuningで平均律を作る

```
# pip install pytuning
from pytuning.scales \
import create_edo_scale
edo_scale=create_edo_scale(12)
display(edo_scale)
```

音階処理用パッケージを入れる

平均律の音程比率を1オクターブ(12音)作る

$\sqrt[12]{2}$ の等比級数

$$\left[1,\ \sqrt[12]{2},\ \sqrt[6]{2},\ \sqrt[4]{2},\ \sqrt[3]{2},\ 2^{\frac{5}{12}},\ \sqrt{2},\ 2^{\frac{7}{12}},\ 2^{\frac{2}{3}},\ 2^{\frac{3}{4}},\ 2^{\frac{5}{6}},\ 2^{\frac{11}{12}},\ 2\right]$$

た各音階が「どんな音の高さで並んでいくか」を決めたルールです。

平均律では「ド・ド#・レ・レ#・ミ・ファ・ファ#・ソ・ソ#・ラ・ラ#・シ・ド」という1オクターブ12音が並んでいきます。この音階が「(音の高さでは)どんな比率として並んでいるか」を、Pythonでさまざまな音階処理をするためのPyTuningパッケージを使って、眺めてみると、こうなります(図2)。

等比級数的な「平均律」の音程は“あの”メルセンヌが計算・導出した!?

平均律は、音階が1つ上がると$\sqrt[12]{2}$の比率で音が高くなり、1オクターブ(平均律では12音)上がると、$\left(\sqrt[12]{2}\right)^{12}=2$倍になります。つまり、隣接音階間の比率が常に等しい＝等比級数として作られています。平均律の音の高さを計算したのは、「2進数では“すべてが1になる”メルセンヌ数$=2^n-1$」で知られる17世紀の学者マランヌ・メルセンヌです(図3)。

▼図3 「平均律」を計算したメルセンヌ

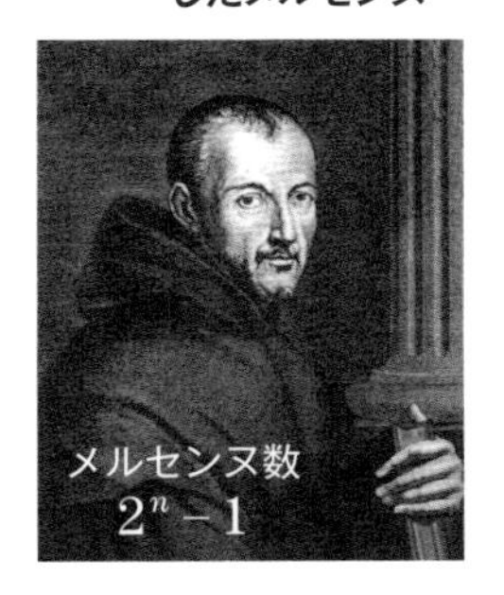

「無理」数で等比級数な「平均律」だから、和音をきれいに割り切るのは「無理」だよね

$\sqrt[12]{2}$という無理数の比で並ぶ等比級数な音階が平均律ですから、複数の音階を重ねたときに「音の振動がきれいに(公倍数的に)重なる」ことは、オクターブ上に2の倍数で重なる音を除けば、絶対「無理」な注文です。本記事の冒頭の言葉で言うと「“完璧に調和”した和音を、平均律は鳴らせない」というわけです。

平均律で「ド・ミ・ソ」という3音が重なる和音の音声を作り、波形を図示したり、.wav音声ファイルを保存したりするPythonコード・結果例が図4です。音声波形を眺めると、刻々と音声波形が変化して「うなり」があることがわかります。また、音声ファイルを聞けば、時間的に変化する「うなり」を感じるはずです。

和音が「公倍的」にカチッと調和する！プトレマイオスが作った有理な「純正律」

平均律では「きれいに和音が重ならない」のであれば、「和音が(公倍数的に)

▼図4 「平均律」の音階(比率)で「ド・ミ・ソ」の和音波形を作り、図示・音声ファイル化する

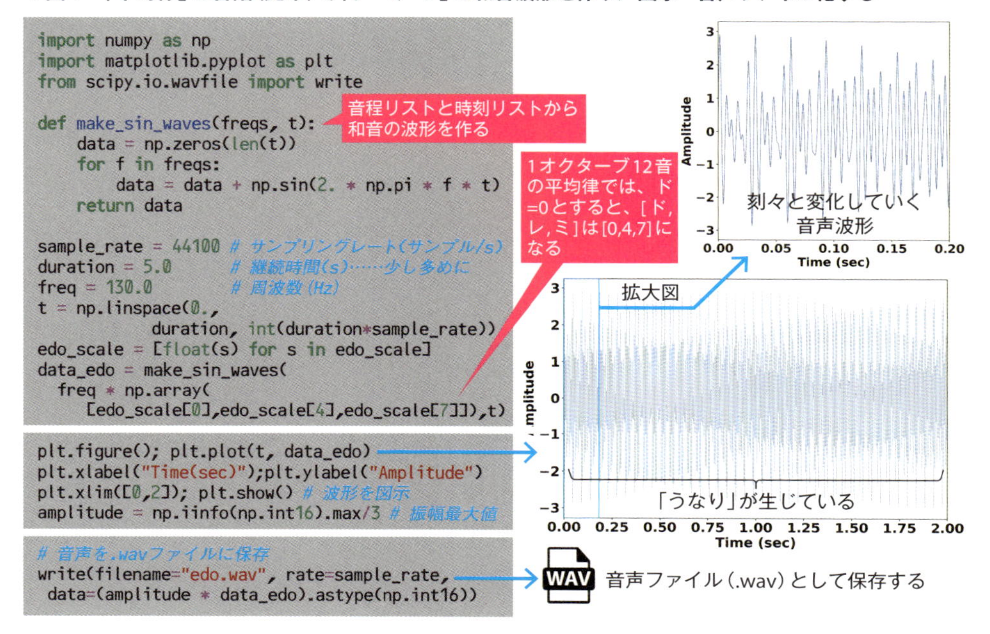

```
import numpy as np
import matplotlib.pyplot as plt
from scipy.io.wavfile import write

def make_sin_waves(freqs, t):
    data = np.zeros(len(t))
    for f in freqs:
        data = data + np.sin(2. * np.pi * f * t)
    return data

sample_rate = 44100 # サンプリングレート(サンプル/s)
duration = 5.0      # 継続時間(s)……少し多めに
freq = 130.0        # 周波数(Hz)
t = np.linspace(0.,
        duration, int(duration*sample_rate))
edo_scale = [float(s) for s in edo_scale]
data_edo = make_sin_waves(
  freq * np.array(
    [edo_scale[0],edo_scale[4],edo_scale[7]]),t)
```

```
plt.figure(); plt.plot(t, data_edo)
plt.xlabel("Time(sec)");plt.ylabel("Amplitude")
plt.xlim([0,2]); plt.show() # 波形を図示
amplitude = np.iinfo(np.int16).max/3 # 振幅最大値
```

```
# 音声を.wavファイルに保存
write(filename="edo.wav", rate=sample_rate,
 data=(amplitude * data_edo).astype(np.int16))
```


完全に重なる」音階を探してみることにします。

和音が美しく調和する音階の代表例が、西暦1世紀の学者プトレマイオス(図5)が作った「純正律」です。純正律の音階を作り、純正律で「ド・レ・ミ・ファ・ソ・ラ・シ・ド」という1オクターブ(8音)がどんな比率で並んでいるか、確認してみましょう(図6)。

▼図5 「純正律」を作ったプトレマイオス

▼図6 「純正律」の1オクターブ音階(比率)

```
from pytuning.scales import \
        create_diatonic_scale
from pytuning.constants import \
        five_limit_constructors
pure_scale=create_diatonic_scale(
  five_limit_constructors,"TtsTtTs")
display(pure_scale)
```

純正律……オプションの意味はドキュメントを読もう!

$$\left[1, \frac{9}{8}, \frac{5}{4}, \frac{4}{3}, \frac{3}{2}, \frac{5}{3}, \frac{15}{8}, 2\right]$$

▼図7 「純正律」の音階(比率)を作り、純正律での「ド・ミ・ソ」の和音波形・音声ファイルを作る

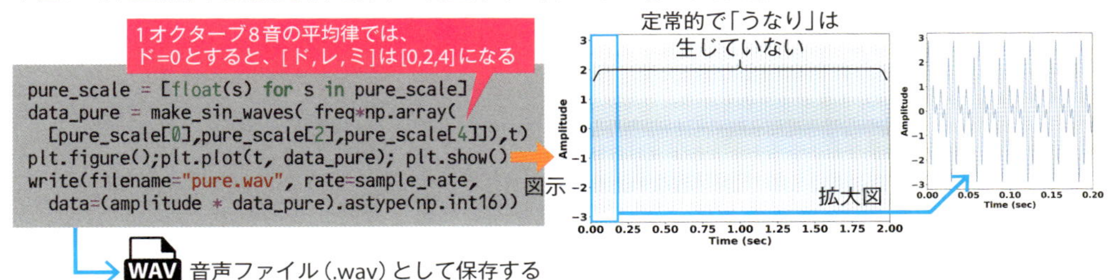

表示された純正律の音階、「ドを基準とした各音の高さの比率」を眺めると「分母と分子が単純な整数からなる分数」になっています。「1オクターブ上がると、音の高さが2倍になる」という関係は平均律と同じ。けれど、各音の比率が、有理的で単純です。

この差が、和音の響きにどんな違いを生むかを確認するために、平均律の場合と同じように、「ド・ミ・ソ」3音を重ねた和音の音声波形を作り、図示・音声ファイル化してみます(**図7**)。すると、平均律の場合とは違い、音声波形はとても定常的で「うなり」がまったくありません。音声ファイルを聞いてみても、「これ、本当に和音?」と感じるほど、透き通った響きに感じられることでしょう。

「純正律」を奏でる楽器を作りたい! ……しかし製造には「重大な技術課題」が?

こんなことを思いついた人もいるかもしれません。平均律ではなくて、純正律に基づいたギターを作れば「"完璧に調和"した和音を鳴らすギターができる」はず!

それは確かに、そのとおり。……しかし、純正律ギター製作には、製造上の「重大な技術課題」があるのです。その説明と対策、

- どんな製造上の技術課題が発生するか
- その技術課題はどのように解決できるか

を確認するために、100円ショップで「ミニギター(弦が4本しかないので、ほぼウクレレ)」を買ってみました(**図8**)。このミニギターを、純正律演奏用に改

造してみることにします。

まず、ネック部分の指板にとりつける「“音程を決めるための”フレット」を、純正律に基づいて作る必要があります。弦楽器では、「弦が振動する基本周波数(f)、振動する弦長(l)、張力(T)、線密度(ρ)の間に、

$$f\,[Hz] = \frac{1}{2l}\sqrt{\frac{T}{\rho}},\ l = \frac{1}{2f}\sqrt{\frac{T}{\rho}}$$

という関係式があります。弦長(l)が「フレット」位置で決まることに着目すると、『“音階の高さ(周波数)の逆数”に応じたフレット位置にしてやれば、好きな音律のギターを作ることができる』ことになります。

▼図8　百均ショップのミニギター(ウクレレ)

純正律ギターの音を決める“フレット”は、音ごとに位置がバラバラで作りづらい!

4弦ギターのフレット位置を、平均律と純正律とで計算・図示するコードが図9です。平均律は、ありとあらゆる音程間で、等比的に音が高くなっていく(弦長が等比逆数的に短くなっていく＝フレット間隔が等比的に短くなっていく)

▼図9　「平均律」と「純正律」音階で「ミニギターの指板に付ける“フレット”の位置を描く」

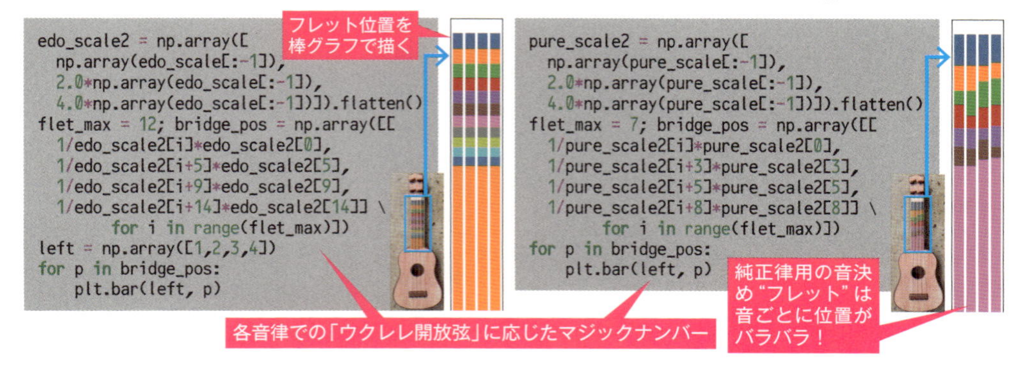

```
edo_scale2 = np.array([
  np.array(edo_scale[:-1]),
  2.0*np.array(edo_scale[:-1]),
  4.0*np.array(edo_scale[:-1])]).flatten()
flet_max = 12; bridge_pos = np.array([[
  1/edo_scale2[i]*edo_scale2[0],
  1/edo_scale2[i+5]*edo_scale2[5],
  1/edo_scale2[i+9]*edo_scale2[9],
  1/edo_scale2[i+14]*edo_scale2[14]] \
      for i in range(flet_max)])
left = np.array([1,2,3,4])
for p in bridge_pos:
    plt.bar(left, p)
```

```
pure_scale2 = np.array([
  np.array(pure_scale[:-1]),
  2.0*np.array(pure_scale[:-1]),
  4.0*np.array(pure_scale[:-1])]).flatten()
flet_max = 7; bridge_pos = np.array([[
  1/pure_scale2[i]*pure_scale2[0],
  1/pure_scale2[i+3]*pure_scale2[3],
  1/pure_scale2[i+5]*pure_scale2[5],
  1/pure_scale2[i+8]*pure_scale2[8]] \
      for i in range(flet_max)])
for p in bridge_pos:
    plt.bar(left, p)
```

単純なフレット構造になります。それに対して、純正律では、等比的な音階ではなくて音階間ごとに比率が異なるため、フレット位置も「音階ごとにバラバラ」になってしまうのです。これこそが、純正律ギターを作るうえでの「重大な技術課題」です。

冒頭に「ギターは"完璧に調和"した和音を鳴らすことはできない(難しい)」と書いたのは、この製作上の技術課題が理由です。

純正律を奏でる「フレット」をPythonコードで3Dモデル化してみる！

しかし、現代はデジタル・ファブリケーション(デジファブ)時代です。従来の製造法では作るのが難しい構造も、3Dモデルを作り、各種デジファブ手段を使って製造することも、けっして難しいことではありません。そこで、100均ミニギターの改造部品、

- 指板に取り付けるフレット
- (ネックと逆側にある)ブリッジ

を、Pythonによる計算処理で3Dモデル化し、3Dプリンタで出力することで、100均ミニギターを改造してみます。

100均ミニギターの大きさを計測した結果をもとに、純正律用の改造部品を3Dモデル化するPythonコードが**図10**(a)、出力モデル例が**図10**(b)、そして、FDM(熱溶解積層)方式の3DプリンタAdventure 3 Liteで出力した部品が**図10**(c)です。Pythonでの3Dモデル作りにおいてはOpenSCAD(https://openscad.org)という3D CADフリーソフトをインストールしたうえで、OpenSCADの機能をPythonから使い、Jupyter Notebook上で可視化するsolidパッケージやviewscadパッケージを使うことで、3Dモデル(STLファイル)を簡単に作ったり、表示したりしています。

100円+消費税で買ったミニギター、Pythonと3Dプリンタで超魔改造！

3Dプリンタで出力した改造用部品とエレキギター弦を使い、超魔改造された100均ギターが**図11**です。黒色フィラメントで印刷した「純正律用の特製指

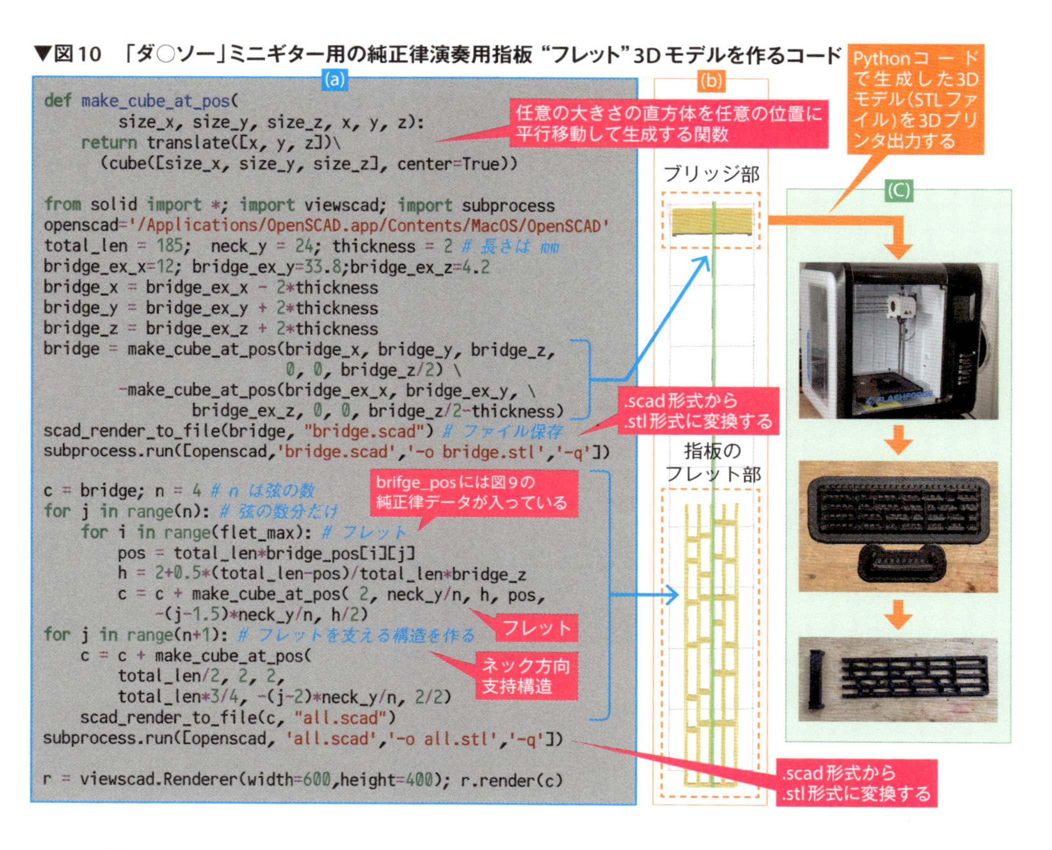

▼図10　「ダ○ソー」ミニギター用の純正律演奏用指板 “フレット”3Dモデルを作るコード

板フレット」が、──阿弥陀如来の後光に由来する──アミダクジ状の模様となり、スペシャル感満載のギターに生まれ変わりました。

「文字でしか伝えられない」本記事では、純正律ミニギターが響かせる音を伝えられないのが実に残念ですが、ミニギターを弾くと、「ピョウピョミョーンン」と筆舌尽くしがたい最高の和音が響きます。

数学・物理やデジファブ環境を駆使したアナログ楽器作りは超楽しい!

数百年前にメルセンヌが計算した平均律の和音と、2千年近く前のプトレマイオスが考えた純正律の和音を聞き比べると、「純正律は“まるで1つの音のように”調和して聞こえる……けれど、平均律の微妙な違和感がある和音のほうが心地良い」と感じる人も多いかもしれません。筆者も実はそう感じたりします。

複数の音が混じるとき、個性ぶつかり合う和音のほうが、違和感あっても心地良い、と思ったりもします。

今回は、数学や物理、そして3Dプリンタのようなデジファブ環境を使い、聞き慣れた音楽とは別の音律を弾くことができる楽器を作ってみました。プログラミングと数百円で楽しめる「自分だけのアナログ楽器作り」……とても楽しくお勧めです。

▼図11　Pythonと3Dプリンタで魔改造された「純正律」音階用の100均ミニギター

4-3 プログラマブルな家電リモコンを100円で作る

「見えない赤外線」をイヤホン端子で送受信!?

家電を遠隔操作するリモコンは、見えない赤外線信号を送ってる

テレビやエアコンを使うのに不可欠な道具が「家電リモコン」です。壁際などに置かれたテレビ、部屋の天井近くに設置されたエアコン、どちらも離れた場所から使います。そのため、テレビやエアコンの電源を入れたり、設定を変えたりする際には、こうしたリモコン＝目に見えない赤外線を飛ばして家電を操作する赤外線リモコンを使うことになります。

本節では、スマホ／タブレットやPCなどを使った「家電リモコン」を作ってみます。必要な部品は「イヤホン端子(不要イヤホンの分解でもOKです)」「赤外線LED(赤外線発光ダイオード)2本」だけ。LEDは1本30円程度ですから、プログラマブルな家電リモコンを100円程度で製作してみることにします。

イヤホン端子にLEDをつなぐと、赤外線信号を録音できる!?

まずは、リモコンが発する赤外線を受信してみることにしましょう。**図1**のように、イヤホン端子のマイク入力端子にLEDをつなげて、リモコンの先をLEDに向けておきます。そして、音声録音をしながら、リモコンボタンを押してみます。録音した音声ファイルを再生すると「カリッ」という音が聞こえます。それがリモコンが発している赤外線信号です。赤外線LEDは「電圧を与えると赤外線が出る」「赤外線を受けると電圧が生じる」部品なので、赤外線を電気信号に変換することもできるのです。

▼図1　マイク端子に赤外線LEDをつなぐ

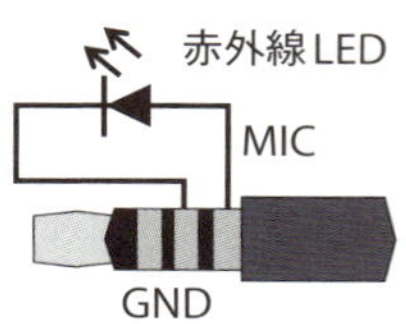

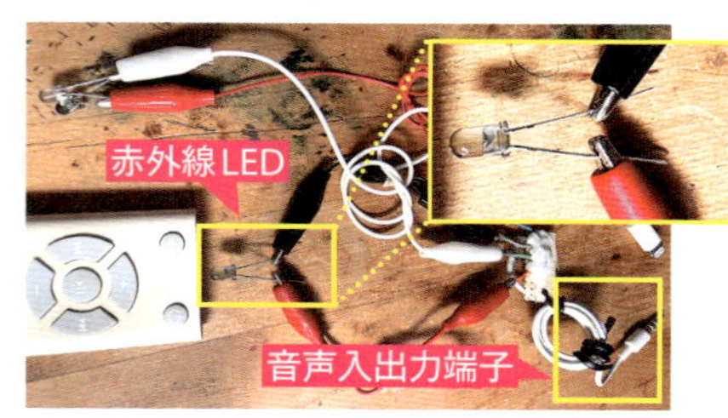

録音音声を可視化

▼図2　家電リモコンが発した赤外線信号を録音した音声波形を可視化するPythonコード

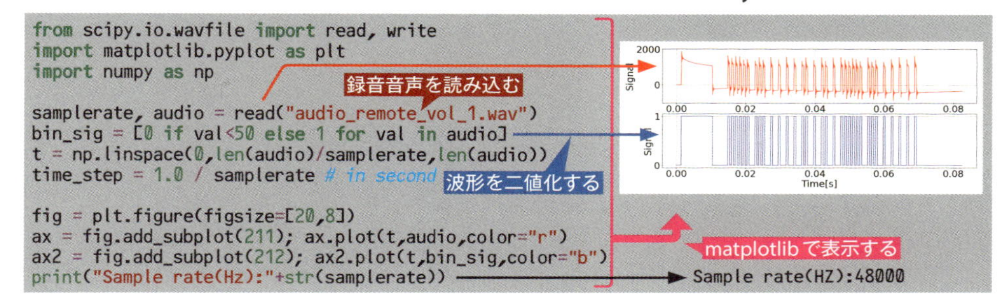

するPythonコードを書けば(**図2**)、リモコンが発した赤外線の信号波形を眺めることができます。

1秒に約3万8千回点滅する家電リモコンの赤外線信号

家電リモコンが使う赤外線信号は、

・NECフォーマット
・家電製品協会(AEHA)フォーマット
・SONYフォーマット

という、3種類の形式が主流です。いずれの形式も、1秒間に3万8千回(38kHz)程度の赤外線の高速点滅信号を使い、さらに、その高速点滅信号を出すか・出さないかを切り替えることで、0 or 1のデジタル情報群の送受信を行います。**図2**で可視化した音声波形では38kHzの点滅は見えませんが、それは44.1kHzや48kHzといった(サンプリングレートの)スマホやPCによる音声録音では38kHzの点滅は高速過ぎるからです。

0 or 1のデジタル信号として赤外線信号を読み取ってみよう!

録音した赤外線信号を二値化した波形を、家電リモコンの赤外線信号のフォーマット(**図3右上**)にもとづいて読み取ってみると、この例の場合は、NECフォーマットで、[0, 0, 0, 0, 0, 1, 0, 0, 1, 1, 1, 1, 1, 0, 1, 1, 0, 1, 1, 0, 0, 0, 0, 0, 1, 0, 0, 1, 1, 1, 1, 1]といったビット列が送信されていることがわかります。

▼図3　赤外線信号を二値化した波形をフォーマットを判別したうえでビット列に変換する

```
T_length =     {"NEC":16, "AEHA":8, "SONY":4}
T_low_length = {"NEC":8,  "AEHA":4, "SONY":0}
bits = []; state = "wait"
for val in bin_sig:
    if state == "wait":
        if val > 0.5:
            state = "leader_high"; step_count = 0
    elif state == "leader_high":
        if val > 0.5:
            step_count += 1
        else:
            state = "leader_low"
            leader_in_us = step_count*time_step*1000000
            if leader_in_us > 4000:
                ir_format = "NEC"
            elif leader_in_us > 2800:
                ir_format = "AEHA"
            else:
                ir_format = "SONY"; state = "start_bit"
            T_count = step_count / T_length[ir_format]
    elif state == "leader_low":
        if val > 0.5:
            state = "start_bit"
    elif state == "start_bit":
        if ir_format == "SONY":
            val = - val
        if val < 0.5:
            state = "data_bit"; step_count = 0
    elif state == "data_bit":
        if val > 0.5:
            bit = 1 if step_count > T_count * 1.7 else 0
            bits.append(bit);state="start_bit";step_count=0
        else:
            step_count += 1
print("Format is: " + ir_format); print(bits)
```

スタートビットやデータビットの長さ

赤外線信号を二値化した波形（bin_sig）をビット列に変換する

スタートビットの長さ（μ秒）を調べる→フォーマット／信号単位推定に使う

スタートビットの長さを手がかりに、フォーマット種を判定する

スタートビットを読み込む

NEC & AEHAフォーマットとSONYフォーマットの違いを信号反転させて吸収する

データビットを読み込む

どのフォーマットか出力し、ビット列も出力

家電製品協会（AEHA）フォーマット

・信号単位：425μ秒
・変調周波数：38kHz
・スタートビット：x8 ON、x4 Off
・パルスの後にビット表現空隙幅が続く

スタートビット　データビット　ストップビット

ビット列：0 0 0 0 1 …… 0

SONYフォーマット

・信号単位：600μ秒
・変調周波数：40kHz
・スタートビット：x4 ON
・空隙にビット表現パルス幅が続く

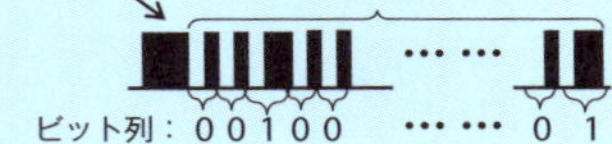

LEDの発光開始電圧1.5Vを最大1Vの音声端子から作り出す!?

リモコンからの信号を受信できたので、次は赤外線LEDを光らせて、

▼図4 「録音」した赤外線音声信号を、音声出力端子につないだLED2本で発光させる音声ファイル生成コード

```
from scipy import signal

ir_fs = 38000 / 2
max_val = np.iinfo(np.int16).max
start_bit =        {"NEC":max_val,"AEHA":max_val,"SONY":0}
data_bit =         {"NEC":0,"AEHA":0,"SONY":max_val}
data_bit_length = {"NEC":3,"AEHA":3,"SONY":2}
bits.append(0); data = []; t = 0
for i in range(100):
    data.append([0,0])
for i in range(round(T_count*T_length[ir_format])):
    val = max_val*signal.square(2*np.pi*ir_fs*t,duty=0.5)
    data.append([val, -val]); t += time_step
for i in range(round(T_count*T_low_length[ir_format])):
    data.append([0, 0])
for i in range(len(bits)):
    for j in range(round(T_count)):
        val = start_bit[ir_format]*signal.square(2.*np.pi*ir_fs*t,duty=0.5)
        data.append([val, -val])
        t += time_step
    n = data_bit_length[ir_format] if bits[i] else 1
    for j in range(round(T_count*n)):
        val = data_bit[ir_format]*signal.square(2.*np.pi*ir_fs*t,duty=0.5)
        data.append([val, -val])
        t += time_step
if ir_format != "NEC":
    for j in range(round(T_count)):
        val = max_val*signal.square(2.*np.pi*ir_fs*t,duty=0.5)
        data.append([val, -val]); t += time_step
for i in range(100):
    data.append([0, 0])
write('output1.wav', samplerate, np.asarray(data, dtype=np.int16))
```

38kHzの赤外線点滅をLED2個で実現するので周波数は1個あたり半分

スタートビットやデータビットの設定

開始前余白

スタートビットHigh部分

スタートビットLow部分

データビット

ストップビット

赤外線信号を点灯させる音声ファイルを保存

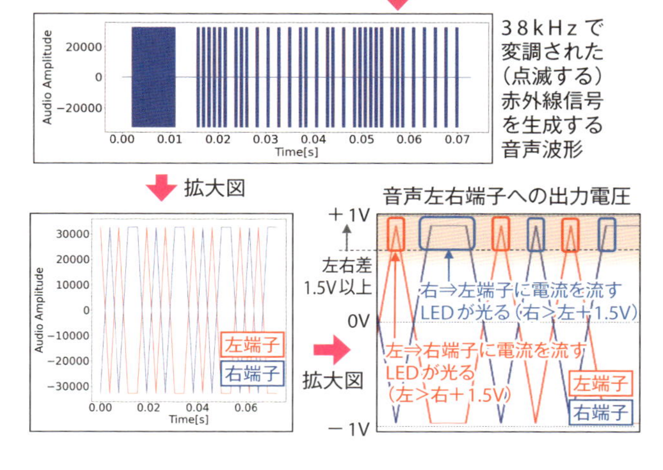

読み取った信号内容を信号送信してみます。……そのためには、解決しなければならない問題があります。赤外線LEDを光らせるには1.5V程度の電圧が必要ですが、音声端子出力からは、音量最大でも±1Vほどの電圧しか出力することができないのです。

そこで、音声出力の左右端子間にLEDをつなぎます。こうすれば、たとえば左チャンネルに+1V、右チャンネルに−1Vを出せば、左右端子間に2Vの

電位差が生じ、LEDを光らせることができるわけです。

逆向きLED2本の交互点灯で38kHzの高周波点滅を実現

もうひとつ、問題があります。それは、44.1kHzや48kHzといった(サンプリングレートの)音声出力で、38kHzという高周波点滅をどのように実現するか？です。この問題に対する解決策は「2本のLEDを音声出力の左右端子間に逆向きにつなぐ」というものです。

そんな配線をしたうえで、左右チャンネルに位相が180度異なる矩形(くけい)信号を出力すると、44.1kHzや48kHzといったフォーマットの音声出力でも、38kHzの高周波でLEDが点滅するようになります注1。そこで、リモコン発光信号を生成する「音声ファイル」を保存するコードを書いて、実行します(**図4**)。

最終的に、音声出力端子に、2本の赤外線LEDが逆向きに接続された状態(**図5左**)で、生成された音声ファイルを再生すれば、「家電リモコンと同じ赤外線信号」を送信することができます。**図5右**は、iPhoneを赤外線リモコンにして、オーディオ制御をしている例です注2。

▼図5　左右端子間にLED2本を逆向きにつないで送信する

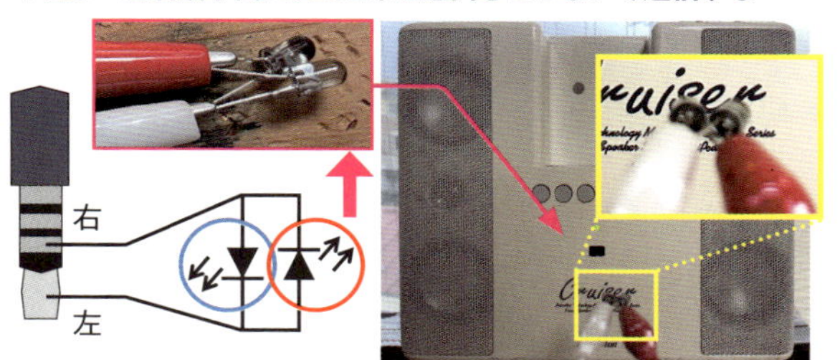

プログラマブルに家電を制御して最高のスマート環境を実現しよう!

スマホ／タブレット／PCの音声入出力端子に赤外線LEDをつなぐと、赤外線リモコン信号を受信／送信すること、つまりプログラマブルに家電を制御することができます。

たとえば、音声認識とリモコン制御を組み合わせて、エアコンに「少し寒いよ」と話しかけると制御温度が上がったり、地震が起きたらテレビの電源を自動で入れたり……あなたが思う「最高のスマート環境」を実現させてみるのはいかがでしょうか。

注1) 出力できる周波数の上限は、ナイキスト周波数(サンプリング周波数の1/2)に思えますが、こうした構成にすると(LED発光特性も相まって)38kHzの点滅が実現できます。

注2) 信号列を2個組み合わせて送る必要がある機器もあります。

4-4 美しく姿を変える「ホログラム菓子」を作る

台所は工場、調理は製造、砂糖で作る光学レンズ素子

平面が立体に見えるホログラム、とても不思議にきれいで魅力的

「ホログラム」という言葉で思い浮かべるもの、それは人それぞれ違うことでしょう。たとえば、紙幣や商品に貼られた、キラキラと光る「偽造防止用のホログラム」。あるいは、ただ薄い平面状のシートなのに、シートの手前から奥まで立体的な世界が浮かび上がる「3次元像を記録したホログラム(図1)」。……どんなホログラムであったとしても、眺め方に応じて見え方が変化するさまは、とても不思議にきれいで魅力的です。今回は、そんな「ホログラム」風のお菓子を作っていきます。

2次元に並ぶレンズ群と画像模様、組み合わせて作るホログラム!?

「ホログラム」は、光の波としての性質、波が重ね合わさるときの振る舞いを利用したものです。その振る舞いを制御するには、髪の毛の太さの百分の一くらいのミクロな細工が必要になるため、由緒正しいホログラムを作るのは、それほど簡単ではありません。

そこで、今回は「2次元の平面状に並ぶレンズ構造(2次元レンズアレイ)」と「レンズ構造の配置に対応した色模様画像」を作り、眺める方向ごとに違う色や違う見え方になる「疑似ホログラム」を作ってみます。単純に言うと、「カマボコ型のレンズが1方向(1次元)に並ぶレンチキュラーシートを使った立体写真(図

▼図1　眺める方向次第で見え方が変わる「ホログラム」(本当に立体的に見えていることがわかります)

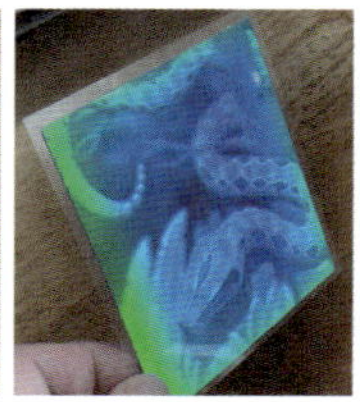

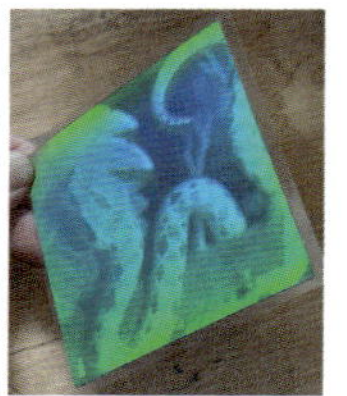

2)」の「2次元版」を作ります。

▼図2　レンチキュラーシートを使った立体写真

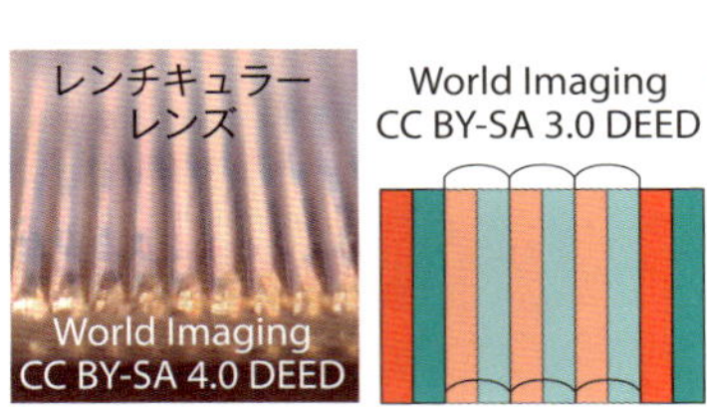

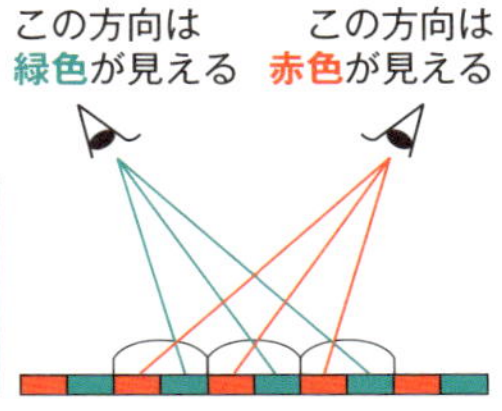

光学レンズの材料は「砂糖」、台所という工場で調理・製造する!

まずは「2次元レンズアレイ」を作りましょう。レンズを作る原材料、それは誰の家にもある調味料、甘さを生み出す「砂糖」です。きれいに固まった砂糖の屈折率は、種類や状態によって変わりますが、およそガラスやプラスチックと同じくらい。つまり、光学レンズ材料として十分使うことができるはずです。

そんな砂糖でレンズを作る調理の手順は、①砂糖を熱して液体にして、②「2次元レンズアレイの形をした型」に液体の砂糖を注ぎ込み、③砂糖が冷めて固まると「2次元レンズアレイ」ができあがる！という流れです。

台所には、砂糖はもちろん、砂糖を溶かす小鍋も、小鍋を熱するコンロもあります。つまり、(後で3Dプリンタなどを使うため、けっしてすべてそろっているわけではないものの)使う材料や道具が用意されているわけです。

さらに、砂糖を固めたものは結局は「氷砂糖」です。ということは、ホログラムとして見た目が美しいだけでなく、実験後に廃棄することなく「おいしくいただく」こともできます。

それでは、台所という名の工場で、食材を材料に、そして料理器具を製造治具にして、設計・製造作業を始めましょう！

最初に作るのは「型枠」でなく「型枠」を作るための「原型」

始めに作らなければならないものは「溶けて液体化した砂糖をレンズ構造状に固めるための型(型枠)」ではありません。まずは「型枠を作るための“原型”」を作ります。その理由は、3Dプリンタで型枠を作るわけにはいかないからです。食品材料を注ぎ込む型枠は、食品に触れても大丈夫な「人体に無害で耐熱性や耐久性がある、たとえば食品対応のシリコーンゴム材料」にする必要があります。

そこで、手始めに3Dプリンタ(とビーズ玉)で「原型」を作ります(**図3**)。そして、作成した原型に食品対応シリコーンゴムを注ぎ「2次元レンズアレイ用の型枠」を作ります(**図4**)。その後に、固まったシリコーンゴム製の型枠をよく洗浄して、熱で液化した砂糖を型枠に注ぎ込み、ゆっくりと冷やすことで「砂糖製の2次元レンズアレイ(**図5**)」を作る、という手順をとります。

シリコーンゴム型枠を作るための「原型」は、3Dプリンタとビーズ玉を組み合わせて作ります。ビーズ玉を使う理由は、手軽に使えるFDM方式の3Dプリンタの出力物は(後加工なしでは)積層痕などが残り、光学レンズ用の原型としては表面の滑らかさが不足するからです。そこで、2次元状にビーズ玉を並べる構造を3Dプリンタで出力して、その出力物にビーズ玉を接着して「原型」とします。

なお、3Dプリンタで出力する3Dモデルは、**図6**のようなPythonコードで生成します。このコードは、Solid Pythonパッケージを使い、3Dモデルを.scadファイルとして出力したうえで、OpenSCADアプリケーションを呼び出して、3Dプリンタで出力できる.stlファイルに変換しています。そのため、このコードの最終端部の実行には、OpenSCADのインストールが必要となります。

▼図3　3Dプリンタとビーズ玉で「原型」を作る

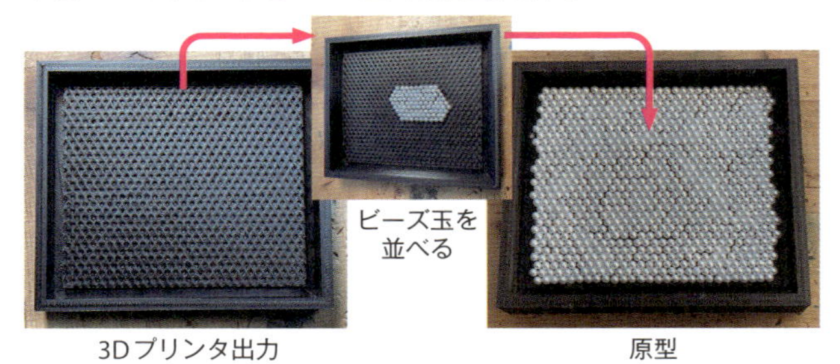

▼図4　原型を使い「シリコーンゴム製型枠」を作る

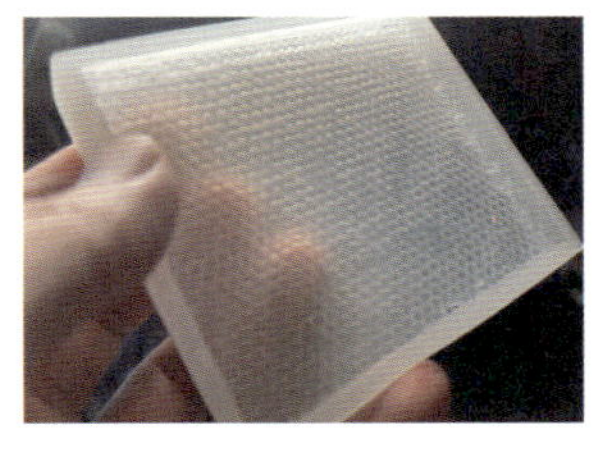

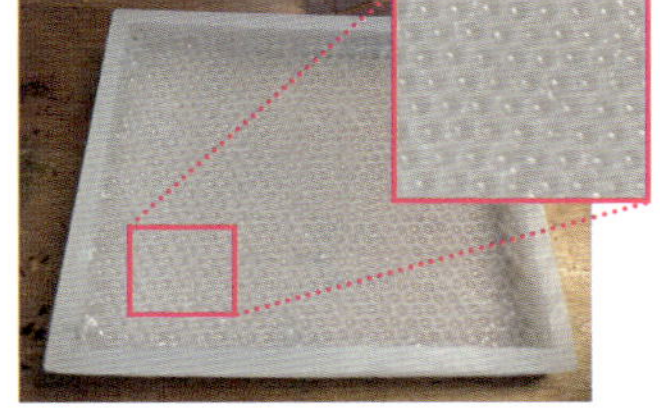

▼図5　型枠に砂糖を入れて固めた「2次元レンズアレイ」

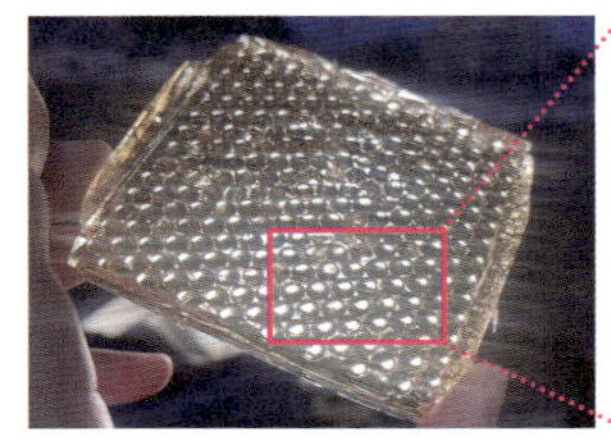

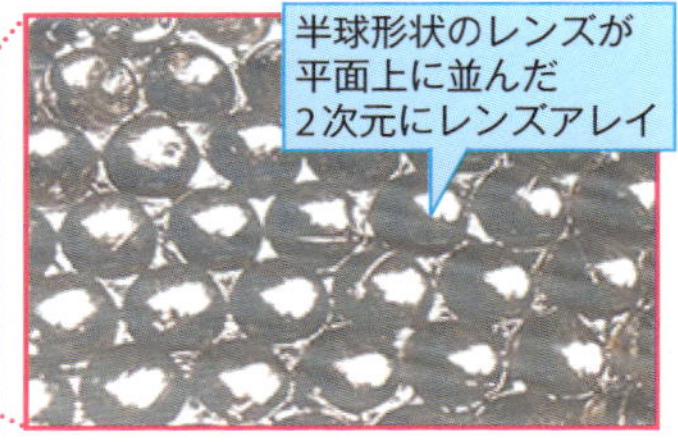

▼図6 「型枠を作るための"原型"」の3Dモデルを出力するPythonコード

```
import math
from solid import * # pip install solidpython

def make_sphere_at_pos(size_d, xyz): # 直径, 場所[x,y,z]
    return translate(xyz)(sphere(d=size_d, segments=4)) # 4は形状の滑らかさ

def make_cube_at_pos(size_xyz, xyz):
    return translate(xyz)(cube(size_xyz, center=True))

x_num = 10
y_num = 10
r = 1.5 # 球の半径(mm)
d = 2 * r # 球の直径でもあり、広い方向のspaceでもある
narrow_space=math.sqrt(3)*r # 狭い方向のspace
base_thickness = 4  # 厚み(mm)
base_height = 5     # 高さ(mm)
base_over_height=10 # 余分な高さ(mm)
edge_length = 3     # 周囲幅(mm)
base_x_size = (x_num) * narrow_space+2*edge_length
base_y_size = (x_num) * d + 2*edge_length
base_x_outer_size = base_x_size + 2*base_thickness
base_y_outer_size = base_y_size + 2*base_thickness
silicone_thickness = 4 # mm
# 直方体を作る
mold_base = make_cube_at_pos([base_x_outer_size,
                              base_y_outer_size,
                              base_height+base_thickness+base_over_height],
                             [base_x_size/2,
                              base_y_size/2,
                              (base_height+base_thickness+base_over_height)/2])
# 直方体を削る
mold_base = mold_base - make_cube_at_pos(
                             [base_x_size,
                              base_y_size,
                              base_over_height+base_thickness],
                             [base_x_size/2,
                              base_y_size/2,
                              base_height+base_thickness+(base_over_height+base_thickness)/2])
# 周囲の「お堀」部分
mold_base = mold_base - make_cube_at_pos(
                             [base_x_size,
                              silicone_thickness,
                              base_height+base_over_height+base_thickness],
                             [base_x_size/2,
                              silicone_thickness/2,
                              base_thickness+(base_height+base_over_height+base_thickness)/2])
mold_base = mold_base - make_cube_at_pos(
                             [silicone_thickness,
                              base_y_size,
                              base_height+base_over_height+base_thickness],
                             [silicone_thickness/2,
                              base_y_size/2,
                              base_thickness+(base_height+base_over_height+base_thickness)/2])
mold_base = mold_base - make_cube_at_pos(
                             [base_x_size,
                              silicone_thickness,
                              base_height+base_over_height+base_thickness],
                             [base_x_size/2,
                              base_y_size-silicone_thickness/2,
                              base_thickness+(base_height+base_over_height+base_thickness)/2])
mold_base = mold_base - make_cube_at_pos(
                             [silicone_thickness,
                              base_y_size,
                              base_height+base_over_height+base_thickness],
                             [base_x_size-silicone_thickness/2,
                              base_y_size/2,
                              base_thickness+(base_height+base_over_height+base_thickness)/2])
# 球形部分を除去(3Dプリンタだけで型を作るなら足すところだが、ビーズ球を使うため、抜く)
spheres = []
for y in range(y_num):
    Y=y*d+r+edge_length
    Z=base_height+base_thickness
    for x in range(x_num):
        X=x*narrow_space+r+edge_length
        if x%2 == 0:
            spheres.append( make_sphere_at_pos(d,[X,Y,Z])   )
        else:
            spheres.append( make_sphere_at_pos(d,[X,Y+r,Z]) )
# 最終的に生成された形状
mold_base = difference()(mold_base,spheres)
# .scad ファイルに出力する
scad_render_to_file(mold_base, "lensMold.scad")

import subprocess
# OpenSCADを使って、.scad ファイルをSTLファイルに変換する
openscad = '/Applications/OpenSCAD.app/Contents/MacOS/OpenSCAD'
subprocess.run([openscad, 'lensMold.scad', '-o lensMold.stl','-q'])
```

▼図7　コンロで溶かした砂糖は「真空おひつ」内で固める

コンロで砂糖を溶かす

「真空おひつ」内で砂糖を固める

熱で液化した砂糖を型枠に注ぎ、真空中で冷やすと「できあがり」

それでは、台所という名の工場で、調理ならぬ製造作業を始めましょう。

まずは、鍋に砂糖をたっぷり入れて、コンロの上で熱して液化させます。砂糖が十分に溶けたらシリコーンゴムの型枠に注ぎます。

次は、溶けた砂糖が冷めて固まるのを待つ工程です。この工程は、千円程度で買うことができる「真空おひつ」の中で行うのがお勧めです(**図7**)。その理由は「きれいなレンズ」を作るためです。真空にすることで、液化した砂糖に混ざった空気や水分を抜き、レンズの中に泡などが残ることを防ぎます。

先に示した**図5**を眺めれば、砂糖を材料にして、平面上に「きれいな半球状のレンズ」が並ぶ「2次元レンズアレイ」ができあがっていることがわかります。台所にある食材と道具で、光学部品を製造することもできるのです。

各方向からのレンズ焦点部に、見せたい色を並べた画像を作る

後は「2次元の平面状に並ぶレンズ構造」に対応する画像模様を作ります。各方向からのレンズ焦点部に、見せたい色を並べた画像を作るのです。たとえば、上下3方向×左右3方向＝9方向に対し、それぞれ異なる色が見える画像模様を作り出すPythonコードが**図8**です。コードの処理内容はとても単純です。2次元の平面状に並ぶレンズ構造(2次元レンズアレイ)の各レンズを介して「各方向から見えるはずの焦点位置」に「所定の色が配置」された画像を生成させる、という内容です。

▼図8　方向（9方向）に応じて、異なる色が見える画像模様を作り出すPythonコード

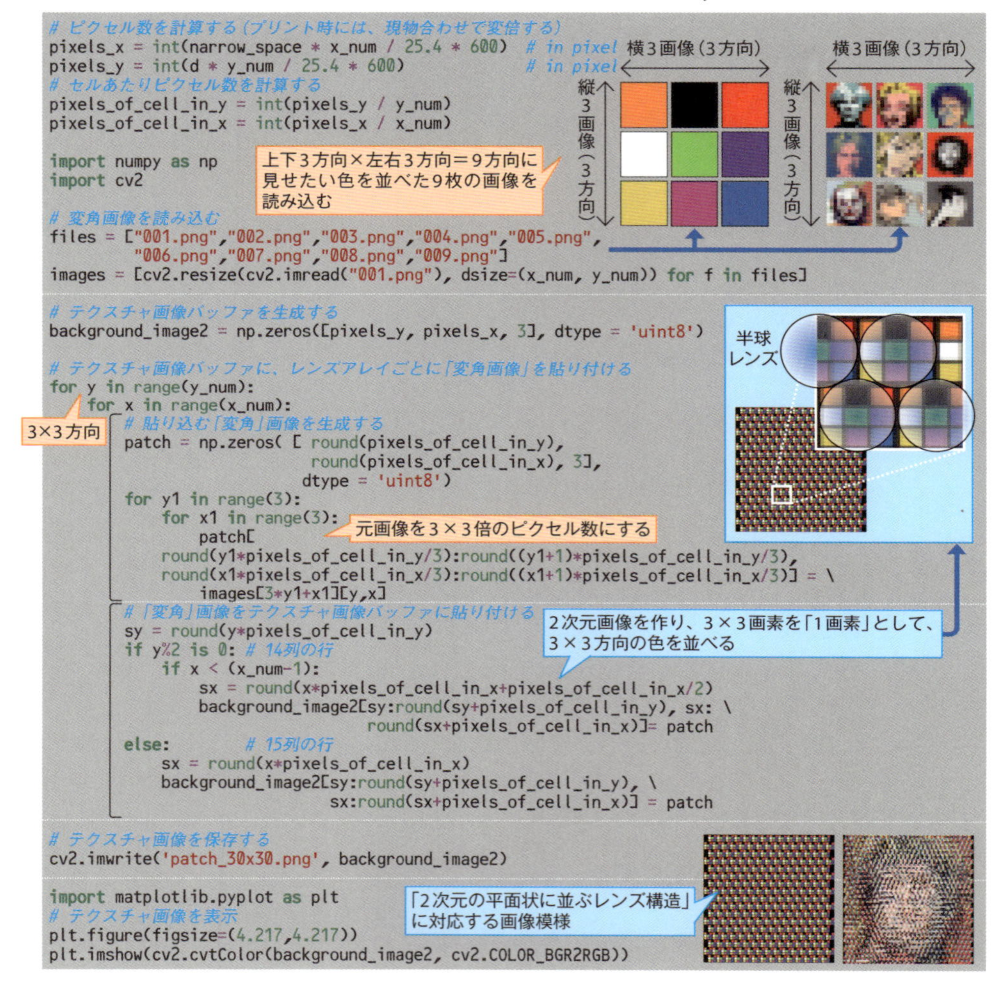

```
# ピクセル数を計算する(プリント時には、現物合わせで変倍する)
pixels_x = int(narrow_space * x_num / 25.4 * 600)  # in pixel
pixels_y = int(d * y_num / 25.4 * 600)  # in pixel
# セルあたりピクセル数を計算する
pixels_of_cell_in_y = int(pixels_y / y_num)
pixels_of_cell_in_x = int(pixels_x / x_num)

import numpy as np
import cv2

# 変角画像を読み込む
files = ["001.png","002.png","003.png","004.png","005.png",
         "006.png","007.png","008.png","009.png"]
images = [cv2.resize(cv2.imread("001.png"), dsize=(x_num, y_num)) for f in files]

# テクスチャ画像バッファを生成する
background_image2 = np.zeros([pixels_y, pixels_x, 3], dtype = 'uint8')

# テクスチャ画像バッファに、レンズアレイごとに「変角画像」を貼り付ける
for y in range(y_num):
    for x in range(x_num):
        # 貼り込む「変角」画像を生成する
        patch = np.zeros( [ round(pixels_of_cell_in_y),
                            round(pixels_of_cell_in_x), 3],
                          dtype = 'uint8')
        for y1 in range(3):
            for x1 in range(3):
                patch[
            round(y1*pixels_of_cell_in_y/3):round((y1+1)*pixels_of_cell_in_y/3),
            round(x1*pixels_of_cell_in_x/3):round((x1+1)*pixels_of_cell_in_x/3)] = \
                images[3*y1+x1][y,x]
        # 「変角」画像をテクスチャ画像バッファに貼り付ける
        sy = round(y*pixels_of_cell_in_y)
        if y%2 is 0: # 14列の行
            if x < (x_num-1):
                sx = round(x*pixels_of_cell_in_x+pixels_of_cell_in_x/2)
                background_image2[sy:round(sy+pixels_of_cell_in_y), sx: \
                                  round(sx+pixels_of_cell_in_x)]= patch
        else:        # 15列の行
            sx = round(x*pixels_of_cell_in_x)
            background_image2[sy:round(sy+pixels_of_cell_in_y), \
                              sx:round(sx+pixels_of_cell_in_x)] = patch

# テクスチャ画像を保存する
cv2.imwrite('patch_30x30.png', background_image2)

import matplotlib.pyplot as plt
# テクスチャ画像を表示
plt.figure(figsize=(4.217,4.217))
plt.imshow(cv2.cvtColor(background_image2, cv2.COLOR_BGR2RGB))
```


眺め方次第で姿を変える、美しくて甘い「ホログラム菓子」

生成した画像模様を印刷し、2次元レンズアレイの下部に置いてみます。たとえば、薄い透明プラスチック皿の下に印刷した画像を貼り付けて、その上に砂糖で作った2次元レンズを置き、2次元レンズと画像模様をうまく位置合わせしてみます。あるいは、2次元レンズアレイの下に薄いプラスチックを貼り

▼図9　眺める方向次第で色が変わったり（左の6枚）、模様が変わったりする（右の2枚）「ホログラム氷砂糖」

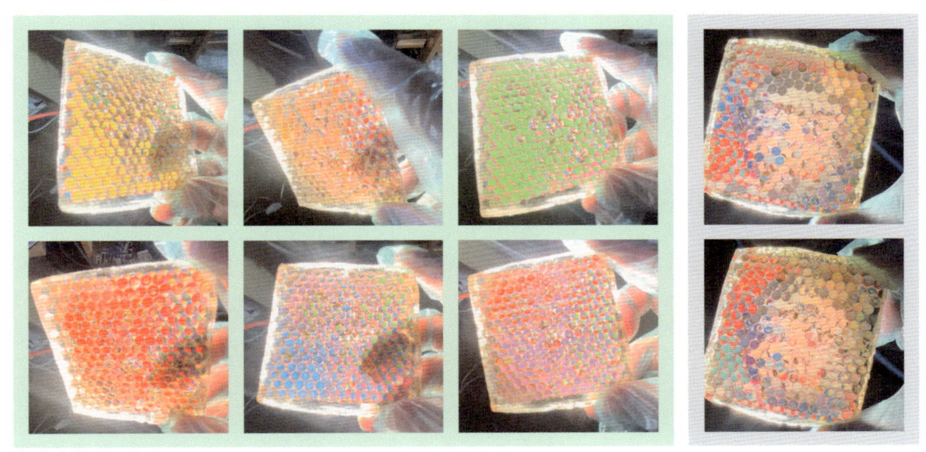

付けて、その下に画像を貼り付けてみます。

そんなふうに「盛り付け」した、眺める方向次第で色が変わり、見える模様が変化するホログラム菓子の例が**図9**です。眺める方向に応じて驚くほど色や模様が変わります。ちなみに、この例では画像をゼラチンシート上に「食用インク」で印刷し、色模様がつけられたゼラチンシートを氷砂糖製レンズアレイに貼り付けているので、実際に食べることもできます。つまり、美しいだけでなく、甘くておいしい「ホログラム氷砂糖」を作ってみたわけです。

数限りなくある「食材」で、気持ちを込めた「氷菓」を作る

世の中にあるものは、見る方向や時間、眺め方次第で異なって見えるものです。そして、そんな姿に美しさを感じたりします。今回は砂糖を材料にして、ホログラム風の見え方をする魅力的な氷砂糖を作ってみました。

砂糖に限らず、光学レンズに変身する食材は、ほかにも数限りなくあります。たとえば、甘い砂糖水をレンズの形に凍らせて、真夏の一瞬だけ楽しむことができる言葉どおりの氷菓を味わう。あるいは、透明ゼリーや寒天を使ってレンズを作り、レンズが柔らかく揺れる動きに応じて色が変わる姿に見とれる。……そんな、気持ちを食材に込めた「氷菓」を作り出してみたくなりますね。

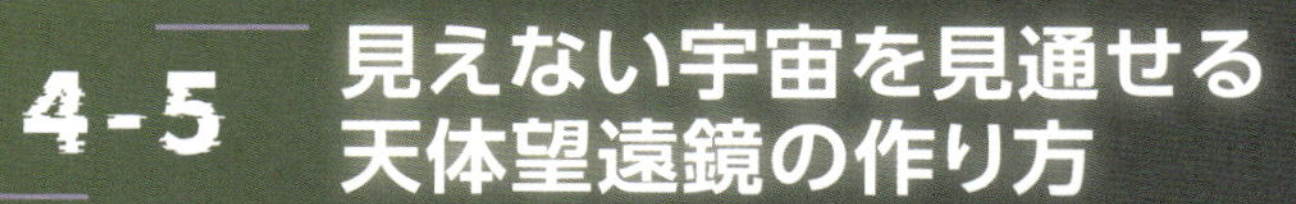

4-5 見えない宇宙を見通せる天体望遠鏡の作り方

始めよう! 天体観測……電波望遠鏡からガンマ線まで

午前2時、望遠鏡を夜空に向けて、地球を包む星や銀河を眺めたい

都会生活をしていると、きれいな星空を眺めることは難しいものです。それでも、夜空に浮かぶ星や銀河を眺めたいと思ったことがある人は多いのではないでしょうか。あるいは、天体望遠鏡を宙(そら)に向けて天体観測をしてみたい……そう感じたことがある人もいるかもしれません(**図1**)。

▼図1　都会でも星空を眺めたり、天体観測したりしたいはず

そこで、Pythonを使って星空を描いて眺めてみたり、さらには「宇宙を見通す天体望遠鏡」を作ってみることにしましょう。

SIMBADデータベースを使って、地球を全球的に包む天体を描く

星空を描くためには、天体の方向や明るさといった情報が必要になります。Astroqueryパッケージを使うと、フランスのストラスブール天文台が運営している天体データベースSIMBAD[注1]から、天体情報を簡単に取得することができます。

図2は、天体の方向と明るさ(等級)をSIMBADから取得するコード例です。人が視認できる天体は6等級程度までなので、7等級より明るい太陽系外天体情報を取得しています。

太陽系外天体の方向や明るさを取得したうえで、Astropyパッケージを使って、地球を全球的に包む星空(太陽系外天体)を描くコード例が**図3**、その出力結果が**図4**です。この例では、天体位置(方向)を赤経・赤緯で表す赤道座標系、つ

注1) Set of Identifications, Measurements, and Bibliography for Astronomical Data

▼図2　SIMBADデータベースから、7等級より明るい太陽系外の天体情報を取得するコード例

```
import numpy as np
from astroquery.simbad import Simbad;from astropy.table import vstack
# SIMBADデータベース
simbad = Simbad(); simbad.TIMEOUT = 5000 # デフォルトは100
simbad.add_votable_fields('flux(V)') # 星の明るさ情報を取得する
# 情報取得時のタイムアウトを低減するため、分割取得する
step = 0.2
stars = [simbad.query_criteria('Vmag < 0.0',otype='star')] # まず0等級より明るい星情報を取得
for i in np.arange(0.0,7.0,step):                          # 0～7等級までの星情報を順次取得
    stars.append(simbad.query_criteria(f'Vmag < {i+step} & Vmag >= {i}', otype='star'))
    print(f'{int(i/7.0*100)} % done.')
print("100% done.")

from astropy.coordinates import SkyCoord
from astropy import units as u
# 分割取得した星情報テーブルを合体する
stars = vstack(stars)
# 星情報テーブルから、赤道座標(赤経, 赤緯)と明るさ(等級)がそろったデータを抽出する
ras = []; decs = []; sizes = []
for i in range(len(stars)):
    try:
        sc = SkyCoord(ra=stars['RA'][i],dec=stars['DEC'][i],unit=['hourangle','deg'])
        ra = sc.ra.to_value(u.deg); dec = sc.dec.to_value(u.deg)
        size = (7.0-stars['FLUX_V'][i]) # *0.5
        ras.append(ra); decs.append(dec); sizes.append(size)
    except: # データ異常箇所を表示する
        print(f"{i} {stars['RA'][i]} {stars['DEC'][i]}")
```

Astroqueryパッケージを使って、SIMBADデータベースにアクセスする

情報を取得

天体の方向(赤経・赤緯)と明るさ(等級)を配列に格納する

まりは地表位置を表す経度・緯度の「天体版」とも言える赤道座標系上に、太陽系外天体を描いています。

当然ながら、地球を包む全方向(全球面方向)にあるすべての天体を、地表から見ることはできません。地表から見通すことができる天体は、地平線の上に位置する「半球」方向の天体に限られます。そのため、宇宙空間上で回転する地球上から眺めることができる天体は、場所や日時に応じて変化していきます。

図2・図3では、東京を現在地として、「各月初日深夜0時の天頂方向」と「8月1日深夜0時に見通せる地平線」も、星空上に重ねて描いています。たとえば、8月1日深夜0時には、その瞬間の地平線(黄色線)より上にある天体が見えることになります。

星の方向を地平座標で表して、地平線の上に見える星空を描く

赤道座標系に描いた星模様を眺めても、地表で眺める「半球状の星空」を思い浮かべることは難しいものです。そこで、各天体の方向を地平座標(地表での方位や高度)で表して、極座標の散布図として描くコード例が**図5**、出力例

▼図3 赤道座標系上に、太陽系外天体方向と、東京での各月初日の深夜0時の天頂方向、8月1日深夜0時の地平線を描くコード例

```
from astropy.coordinates import Angle, EarthLocation, AltAz, ICRS
from astropy.time import TimezoneInfo, Time; import datetime
import matplotlib.pyplot as plt
# 現在地を設定する（東京の経度・緯度を使う）
longtitude = Angle('139.6917d') # 現在地：経度
latitude   = Angle('35.6894d')  # 現在地：緯度
my_location = EarthLocation(lat=latitude, lon=longtitude, height=0)
time_zone = TimezoneInfo(9*u.hour)   # 現在地のタイムゾーンを設定する
# 地平座標  Altitude-Azimuth system（方向：Azimuthと高度：Altitude）
# 方位は南を基点（0度）とし、西回りに360度までの数字で表す（真西が90度、真北が180度、真東が270度）
# 高度は水平線を基点（0度）とし、天頂（頭の真上）方向に＋90度まで、天底方向に－90度までの数字で表す
azimuth  = 180 * u.deg  # 例: 180度（南向き）
altitude =  90 * u.deg  # 例: 45度
ras_above=[]; decs_above=[]; ms=[] # 所定緯度経度・所定時間での天頂方向
ras_area=[]; decs_area=[]          # 8月1日深夜0時の地平線
for i in range(12):          # 1～12月
    ms.append(str(i+1))      #「何月か」を文字列として格納しておく
    # 1～12月の月初・深夜0時0分0秒時点での天頂方向を示す
    current_time_ = Time(datetime.datetime(2024,i+1,1,0,0,0, tzinfo=time_zone))
    # 現在地で、所定時刻での、真上方向を地平座標（方位と高度）天頂方向で指定
    altaz_coord_above = AltAz(az=azimuth, alt=altitude,
                              obstime=current_time_,location=my_location)
    # 赤道座標(赤経=αまたはR.A.= Right Ascension, 赤緯=δまたはDecl.= Declination)に変換
    equatorial_coord_above = altaz_coord_above.transform_to(ICRS())
    ras_above.append(equatorial_coord_above.ra.deg)    # 赤道座標（赤経）
    decs_above.append(equatorial_coord_above.dec.deg) # 赤道座標（赤緯）
    if i==7: # 8月1日 深夜0時に見ることができる領域を表してみる
        for az in range(360): # 地平座標で、地平線＝すべての方位で高度0度の方向を描く
            altaz_coord_ = AltAz( az=1*az*u.deg, alt=0*u.deg,
                                  obstime=current_time_, location=my_location)
            equatorial_coord_ = altaz_coord_.transform_to(ICRS())
            ras_area.append(equatorial_coord_.ra.deg)
            decs_area.append(equatorial_coord_.dec.deg)
plt.figure(figsize=[24,12]); plt.rcParams["font.size"] = 24
ax = plt.axes(); ax.set_facecolor('black')
ax.set_xlabel('Right Ascension');ax.set_ylabel('Declination');
# 星情報を赤道座標(赤経,赤緯)上で散布図として描く
ax.set_xlim(0,360);ax.set_ylim(-90,90); plt.scatter(ras, decs, c='w',s=sizes)
plt.scatter(ras_area, decs_area, c='y',s=8)         # 8月1日深夜0時の地平線を描く
for i, m in enumerate(ms):                # 1～12月の月初・深夜0時0分0秒時点での天頂方向
    ax.annotate(m,xy=(ras_above[i],decs_above[i]),c='w',size=30)
plt.scatter(ras_above, decs_above, c='w',s=130);plt.show()
```

地表上の位置や観察時間

天頂方向

各月初日の深夜0時の天頂方向を描く準備

8月1日深夜0時の地平線を描く準備

赤道座標の天体位置と東京での各月初日の深夜0時の天頂方向と8月1日深夜0時の地平線を描く

▼図4 赤道座標系（横軸：赤経、縦軸：赤緯）に描いた太陽系外天体

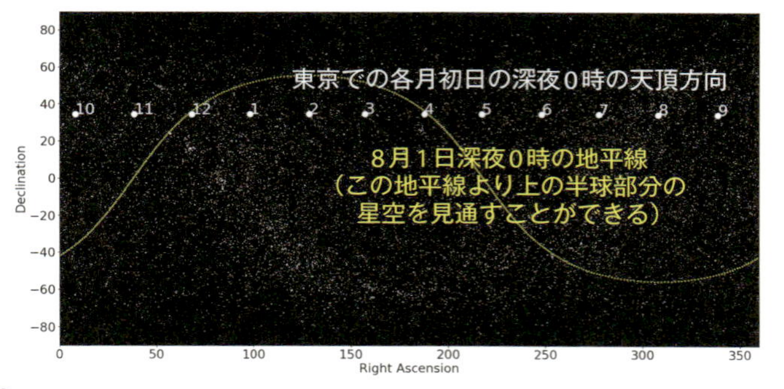

が図6です。地平線の上に浮かぶ天体の姿を半円上に描いて眺めてみると、地表で眺める星空を直感的にイメージすることができるようになります。

▼図5　太陽系外天体の方向を、場所・時刻に応じた地平座標で極座標上に描くコード例

```
# current_time=Time(datetime.datetime.now(tz=time_zone))            # 現在時刻
current_time=Time(datetime.datetime(2024,2,1,0,0,0,tzinfo=time_zone)) # 時間指定する場合
# 現在時刻と現在地をもとに、それぞれの星の赤道座標を地平座標に変換する
azs=[];alts=[];sizes2=[]
for idx, _ in enumerate(ras):
    if True:              # 星の明るさでのフィルタリングを行わない場合
    #if sizes[idx]>2:   # 星の明るさでのフィルタリングを行う場合
        sc=SkyCoord(ras[idx]*u.deg,decs[idx]*u.deg,frame='icrs') # 赤道座標(赤経,赤緯)で指定
        # 地平座標(方位,高度) を格納
        # 方位は南を基点(0度)とし、西回りに360度までの数字で表す(真西が90度、真北が180度、真東が270度)
        sc_altaz = sc.transform_to(AltAz(obstime=current_time,locatin=my_location))
        azs.append(sc_altaz.az.deg);alts.append(sc_altaz.alt.deg);sizes2.append(sizes[idx])
fig=plt.figure(figsize=[24,12])
ax = fig.add_subplot(projection='polar'); ax.set_facecolor('black')
ax.set_rlim([90, 0]); ax.set_rgrids(np.arange(90,0,-10)) # 天頂を中央に描く
ax.set_thetalim([0, 2*np.pi])
ax.set_thetagrids(np.rad2deg(np.linspace(0,2*np.pi,9)[1:]),
    labels=["SW","W","NW","N","NE","E","SE","S"]); ax.set_theta_zero_location("N")
plt.scatter(azs,alts,c='w',s=sizes2) # 方位(azimuth)、高度(altitude)
```

NASA提供のSkyViewを使い、星を見通す仮想天体望遠鏡を作る

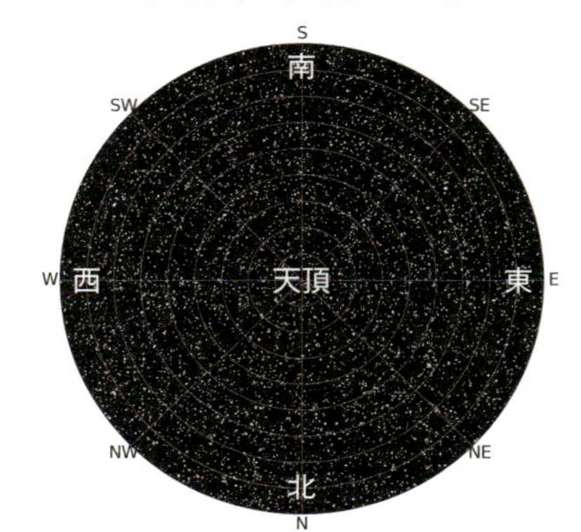

▼図6　場所・時刻に応じた地平座標で、星座早見表的に描いた天体

星空を眺めるだけでなく、夜空に望遠鏡を向けて天体観測をしてみたい、そう思う人もいることでしょう。とはいえ、都会の夜空は天体観測には明る過ぎますし、天体望遠鏡を持っている人も少ないかもしれません。

そこで、都会の夜空でも天体を見通すことができる「仮想天体望遠鏡」を作ってみます。星を見通す仮想天体望遠鏡を実現するしくみ、それは「眺めたい方向や天体に対する観測画像を、NASA運営のSkyViewサービスから取得する」というものです。

Astroqueryパッケージを使うと、さまざまな天体観測画像をSkyViewから簡単に取得できます。使いたい観測データ種を指定して、眺めたい方向や天体に対する観測画像を取得、描画するコード・出力例が**図7**です。この例では、Axel Mellinger氏が北半球(USA)と南半球(南アフリカ)で撮影した画像群から作成した全天画像を検索対象とすることで、アンドロメダ銀河方向の天

▼図7 SkyViewを使って、眺めたい方向（あるいはターゲット天体に関する）天体観測画像を取得・描画するコード例

```
from astroquery.skyview import SkyView

SkyView.list_surveys() # SkyViewで取得できる観測情報の一覧
from astropy.visualization import ImageNormalize, ZScaleInterval, LinearStretch
from astropy.utils.data import Conf; Conf.remote_timeout = 10 # タイムアウトを10秒に設定

# 地平座標（方位と高度）から赤道座標を得る場合
azimuth  = 180 * u.deg # 地平座標を設定　例：180度（南向き）
altitude =  90 * u.deg # 地平座標を設定　例：45度
# 現在地や現在時刻・地平座標（方位と高度）から方向を設定する
altaz_coord=AltAz(az=azimuth,alt=altitude,obstime=current_time,location=my_location)
equatorial_coord=altaz_coord.transform_to(ICRS()) # 赤道座標（赤経, 赤緯）に変換する
target_str=f"{equatorial_coord.ra.deg}, {equatorial_coord.dec.deg}"

# 天体ターゲット名から赤道座標を得る場合（このコードでは、天体名を使って方向を決めるほうが有効になる）
target = SkyCoord.from_name('M31')
target_str = f"{target.ra.deg}, {target.dec.deg}" # 天体ターゲットの赤道座標（赤経, 赤緯）

# 眺める方向（赤道座標）の天体撮影画像を取得する
def get_astro_image(target_str,radius,pixels,surveys):
    images = []            # 各色（RGB）用観測画像の格納用
    for survey in surveys: # 各バンドの観測画像を取得する
        images.append(SkyView.get_images(position=target_str,survey=[survey],
                      radius=radius, pixels=f"{pixels},{pixels}")[0][0].data)
    return images

radius = 3*u.deg # 観測する角度範囲
pixels = 1200    # 欲しい画像の大きさ（ピクセル）
surveys = ['Mellinger Red','Mellinger Green','Mellinger Blue']
# 観測画像群を取得する
imgs = get_astro_image(target_str,radius,pixels,surveys)
# 得られた観測画像群を表示する
plt.figure(figsize=[3*24,3*12]); plt.rcParams["font.size"] = 24
plt.subplot(131),plt.imshow(imgs[0],cmap='gray');plt.title('0'),plt.xticks([]),plt.yticks([])
plt.subplot(132),plt.imshow(imgs[1],cmap='gray');plt.title('1'),plt.xticks([]),plt.yticks([])
plt.subplot(133),plt.imshow(imgs[2],cmap='gray');plt.title('2'),plt.xticks([]),plt.yticks([])

def image_emphasize(img):  # 撮影画像の明暗を調整する関数
    return ImageNormalize(img,stretch=LinearStretch(),interval=ZScaleInterval())(img)

def imgs_to_rgbimg(imgs):  # 撮影画像群の先頭3枚を使い、RGB画像を生成する関数
    return np.dstack((image_emphasize(imgs[0]),
                      image_emphasize(imgs[1]),
                      image_emphasize(imgs[2])))
plt.figure(figsize=[16,16]);plt.imshow(imgs_to_rgbimg(imgs));
plt.xticks([]),plt.yticks([]); plt.show() # 得られた観測画像群を使い、カラー（RGB）画像を表示する
```

利用可能な観測情報の一覧が表示される

観測方向を指定する場合

天体名を指定する場合

・観測方向
・観測サイズ
・観測データ種
を指定して、観測画像を取得

RGB各色に使う観測データを指定する

画像はライセンスの観点から、Adam Evans CC BY 2.0を加工（下記RGB画像も同様）

観測画像に対し画像強調やRGB化を行う

体画像を取得・描画しています[注2]。赤緑青の各色に対する観測データを指定しているのは、surveys=['Mellinger Red','Mellinger Green','Mellinger Blue']という部分です。

注2）図6でのコード説明内の図や、図7～9の出力例については、画像のライセンスの観点から、誌面上ではNASA提供画像などに置き換えています。そのうえで、コードを実行すれば同等以上の画像天体写真を得ることができます。

目に映る可視光だけでなく、いろんな電磁波を通して天体を見る

SkyViewサービスが提供しているのは、可視光で撮影された天体観測画像だけではありません。たとえば、観測データを指定している行を、surveys=['DSS2 IR','DSS2 Red','DSS2 Blue']と変更してみましょう。すると、**図8**の写真で示す、USA・サンディエゴにあるパロマー天文台(北半球)とオーストラリア・サイディング・スプリングのアングロ・オーストラリアン天文台(南半球)で観測した全天観測画像「デジタイズド・スカイ・サーベイ(Digitized Sky Survey＝DSS)」を使って、「アンドロメダ銀河方向の天体画像」を生成することができます(**図9**)。

▼図8 パロマー天文台とアングロ・オーストラリアン天文台

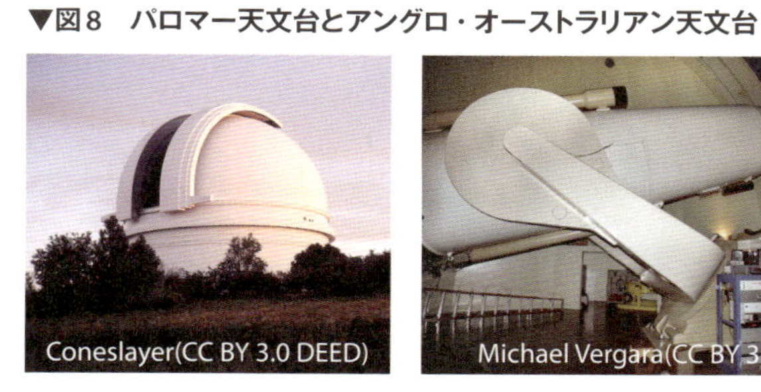

Coneslayer(CC BY 3.0 DEED)　Michael Vergara(CC BY 3.0 DEED)

この記載例では、生成する天体観測画像の赤緑青の各色に対して、赤外線観測画像・可視光赤色観測画像・可視光青色観測画像を割り当てています。そのため、目で見る可視光とは異なる色とはなりますが、はるかに情報量の多い画像を得ることができます。そしてたとえば、ターゲット天体名を'Barnard 33'と変えると、冬の代表的な星座であるオリオン座の方向に見える馬頭星雲、

▼図9 NASA観測のアンドロメダ銀河

NASA

▼図10 DSS観測データで眺めた馬頭星雲

ESO/Digitized Sky Survey 2
Davide De Martin CC BY 4.0 DEED

▼図11 DSS画像で眺めたイータカリーナ星雲

ESO/Digitized Sky Survey 2
Davide De Martin CC BY 4.0 DEED

美しい馬頭のシルエットが浮かび上がってきます(図10)。

あるいは、ターゲット天体名を'NGC 3372'、観測データsurveys=['DSS2 IR','DSS2 Red','IRIS 25']としてみます。すると、北半球から見ることは難しいイータカリーナ星雲(図11)を、DSSの赤外線・可視光データと赤外線天文衛星IRAS(図12)の観測データで眺めることができます。

仮想天体望遠鏡を作り・持ち歩き、目では見えない宇宙の姿を見通そう

電場と磁場が経糸(たていと)と緯糸(よこいと)のように織りなす電磁波は、波長(周波数)ごとに異なる名前で呼ばれます。たとえば、周波数が低いほうから電波・赤外線・可視光線・X線・ガンマ線……。SkyViewサービスを使うと、さまざまな電磁波を介して、宇宙に浮かぶ天体の姿を眺めることができます。

スマホの上で「仮想天体望遠鏡を実現するコード」を走らせたなら、スマホを向けた先にある天体を観測することは簡単です。スマホを上空に向ければ、都会の明るい空の先にある天体の姿が見えてきます(図13)。あるいは、地平線の下にスマホを向けたなら、地球の裏側でしか見えないはずの、美しい宇宙の景色も見えてきます。

仮想天体望遠鏡を使うと、自分の目では見えない宇宙の姿を眺めることができます。手にしたスマホを向けるだけで、ハッブル宇宙望遠鏡から見える馬頭星雲を目にすることも簡単にできるのです(図14)。

▼図12　赤外線天文衛星IRAS

Public Domain(NASA)

▼図13　仮想天体望遠鏡に変身したスマホ

▼図14　ハッブル宇宙望遠鏡観測の馬頭星雲

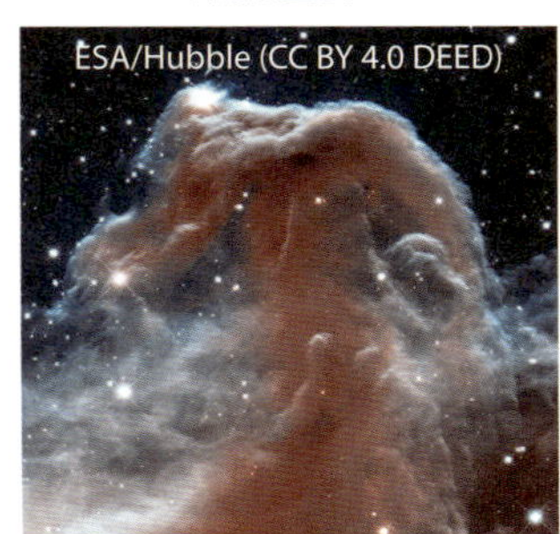

4-6 若者が作る新曲を聴きに未来の世界に行ってみる

バンド演奏動画から「〜風楽曲」を機械学習で作り出す

機械学習でないとダメですか？ 技術が実現したビートルズ新曲

2023年11月、1960年代から1970年にかけて活動していた英国出身のロックバンド、ビートルズ(The Beatles、**写真1**)の「最後の新曲」、“Now and Then”が公開されました。作詞作曲はジョン・レノン(**写真2**)。1980年に亡くなった彼が、1977年頃に自宅録音したデモテープを使い、次のような作業を経て、ビートルズ最後の新曲は作り上げられました[注1]。

▼写真1　ビートルズ(1963年)

まず、ジョンの歌声や演奏、そして雑音含めすべてが混じったデモテープから、機械学習を使った音声分離技術で「ジョンの歌声だけ」を抽出します。そして、ポール・マッカートニーやリンゴ・スター

注1）写真1、2の出典 URL https://en.wikipedia.org/wiki/John_Lennon

▼写真2　ジョン・レノン(1971年)

▼写真3　ジョージ・ハリスン(1986年)

による演奏や歌声をジョンの歌声に重ねます。さらに、2001年に亡くなったジョージ・ハリスン(**写真3**[注2])が1995年に弾いたギター演奏音を加えることで、レコーディングは終了しました。

今回は、こうした「バンド演奏から歌声を抽出して新曲を作る」作業をしてみます。具体的には、バンド演奏から歌声を抽出し、歌のメロディを解析したうえで、そのメロディ風の「新たな曲」を作り出してみます。処理に際してはGPUが必要な機械学習コードを使うため、実行環境は、誰でも無料で使うこともできるGoogle Colaboratoryを使います。

ビートルズ演奏の「マイ・ボニー」、Demucsなら音声分離も簡単

それではバンド演奏音声を、ボーカル音声や演奏パートごとの音声に分ける、音声分離作業をしてみます。その手順は、

①ネットからバンド演奏音声ファイルを入手
②バンド演奏音声ファイルから歌声を分離する

という2段階です。

まずは、YouTubeなどで眺めることができる「バンド演奏動画」をMP3形式の音声ファイルとしてダウンロードします。YouTubeからダウンロード処理が簡単に実行できるyt-dlpパッケージを使い、Google Colaboratory上でYouTube動画をMP3音声ファイルとしてダウンロードするコード例が**図1**です。

注2) 出典 URL https://en.wikipedia.org/wiki/Now_and_Then_(Beatles_song)

▼図1 Google Colaboratory上でYouTube動画をMP3音声ファイルとしてダウンロードするコード例

```
from google.colab import drive

drive.mount('/content/drive')
```

Google Driveをマウント

```
!pip install yt-dlp # YouTube動画のダウンロードのためにyt-dlpを入れる

url="https://www.youtube.com/watch?v=qh9YJ05k4GY" # ダウンロードURL
root="drive/MyDrive"                      # ファイルパスを設定
in_path=root+'/demucs/'; out_path=root+'/demucs_separated/'

from yt_dlp import YoutubeDL
ydl_opts={'format':'bestaudio', 'outtmpl':root+'/demucs/%(title)s.mp3'}
with YoutubeDL(ydl_opts) as ydl:  # YouTube動画をMP3形式で保存する
    result=ydl.download([url])
```

YouTubeから所望のバンド演奏動画を音声(MP3)ファイルとしてダウンロードする

▼図2　Meta（旧Facebook）Research開発のDemucsを使って音声分離を行うコード例

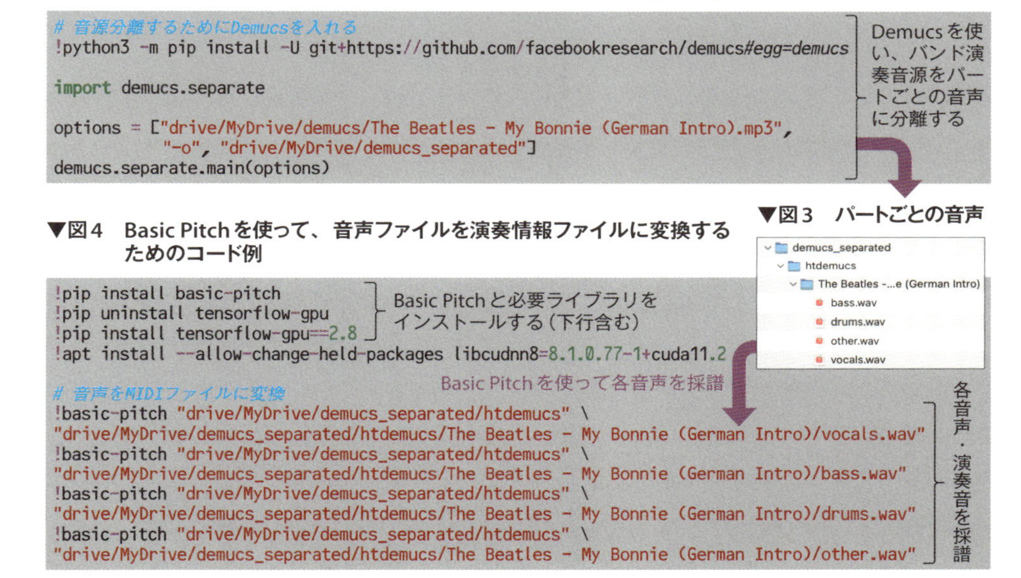

```
# 音源分離するためにDemucsを入れる
!python3 -m pip install -U git+https://github.com/facebookresearch/demucs#egg=demucs

import demucs.separate

options = ["drive/MyDrive/demucs/The Beatles - My Bonnie (German Intro).mp3",
           "-o", "drive/MyDrive/demucs_separated"]
demucs.separate.main(options)
```


▼図3　パートごとの音声

▼図4　Basic Pitchを使って、音声ファイルを演奏情報ファイルに変換するためのコード例

```
!pip install basic-pitch
!pip uninstall tensorflow-gpu
!pip install tensorflow-gpu==2.8
!apt install --allow-change-held-packages libcudnn8=8.1.0.77-1+cuda11.2

# 音声をMIDIファイルに変換
!basic-pitch "drive/MyDrive/demucs_separated/htdemucs" \
"drive/MyDrive/demucs_separated/htdemucs/The Beatles - My Bonnie (German Intro)/vocals.wav"
!basic-pitch "drive/MyDrive/demucs_separated/htdemucs" \
"drive/MyDrive/demucs_separated/htdemucs/The Beatles - My Bonnie (German Intro)/bass.wav"
!basic-pitch "drive/MyDrive/demucs_separated/htdemucs" \
"drive/MyDrive/demucs_separated/htdemucs/The Beatles - My Bonnie (German Intro)/drums.wav"
!basic-pitch "drive/MyDrive/demucs_separated/htdemucs" \
"drive/MyDrive/demucs_separated/htdemucs/The Beatles - My Bonnie (German Intro)/other.wav"
```

この例では、1961年6月にドイツ(ハンブルグ)で録音された、初期ビートルズのバンド演奏をバックに英国出身歌手トニー・シェリダンが歌う「マイ・ボニー」の音声をダウンロードしています。

次に、ビートルズの“Now and Then”を作り上げる際に「デモ演奏テープからジョンの歌声だけを抽出」したのと同じように、ダウンロードしたMP3ファイルを

・ボーカル音声
・ベースギター演奏音
・ドラム演奏音
・そのほかの演奏音

の4つの音声に分離してみます。

音声ファイルを演奏パートごとに音声分離する処理にはMeta(旧Facebook) Research開発のDemucsパッケージを使ってみることにします。Demucsを使って音声分離を行うコード例が**図2**、実行後にGoogle Driveに出力されたファイ

ル群が**図3**です。音声分離された個々のファイルを聴くと、パートごとの音声に分離されていることがわかります。

ちなみに、メンバーが19〜20歳の初期ビートルズの演奏で当時21歳のトニー・シェリダンが歌った「マイ・ボニー」はドイツで発売され、ビートルズがレコード業界に認められていくきっかけともなったレコードです。

歌や演奏音声から、音程や音量音長といったMIDI情報を生成

バンド演奏音声をパート別の音声として分離したら、その次の作業として、歌や各楽器の「音の高さや大きさ、あるいはタイミングや長さ」といった情報に変換したくなります。つまりは「採譜」をしてみたくなります。

図4は、SpotifyのAudio Intelligence Lab.が開発したBasic Pitchパッケージを使い、音声ファイルを演奏情報ファイルに変換するためのコード例です。この例では、音声ファイルから音程や音の長さや音量といった情報を生成して、MIDI(Musical Instrument Digital Interface)ファイルとして保存しています。

保存したMIDIファイルを音楽ソフトから読み込めば、演奏楽器を変えたり、楽器ごと個別に音響効果を変えたりといった、さまざまな音楽加工もできるようになります。

演奏(MIDI)情報ができたら五線譜に描いて眺めてみよう

音声ファイルから聴き取ったメロディを、MIDIファイルとして保存するだけでなく、五線譜形式で眺めてみたくなるはずです。そこで次に使うのは、音楽を解析するためのパッケージ、マサチューセッツ工科大学(MIT)発祥のmusic21パッケージです。music21を使って、トニー・シェリダンが歌うボーカル(歌)パートのMIDIファイルを読み込んで五線譜形式で表示するコード例が**図5**、表示結果が**図6**です[注3]。もちろん、各演奏パートをそれぞれ譜面にすれば「スコア」出力をすることもできます。

また、Google Colaboratory上で動かすには若干の事前コードを書く必要がありますが、`song.show('midi')`とすれば、MIDI音声を再生することもできます。

注3) 「マイ・ボニー」は、昔から歌い継がれてきた古いスコットランド民謡で、著作権は失われています。したがって、五線譜として誌面に載せることができます。

▼図5　music21を使い、ボーカル（歌）パートのMIDIファイルを五線譜形式で表示するコード例

```
!pip install --upgrade music21
!apt-get install musescore
!apt-get install xvfb
!sh -e /etc/init.d/x11-common start
```

music21をインストールするとともにGoogle Colaboratory上で五線譜画面表示を行うために必要なライブラリを入れる

```
import os
os.putenv('DISPLAY', ':99.0')
!start-stop-daemon --start --pidfile /var/run/xvfb.pid \
--make-pidfile --background --exec /usr/bin/Xvfb -- :99 \
    -screen 0 1024x768x24 -ac +extension GLX +render -noreset
```

Google Colaboratory上で五線譜画面表示を行うために必要な環境設定を行う（自PCで動かすのであれば、こうした部分は不要）

```
from music21 import *

us = environment.UserSettings()
us['musescoreDirectPNGPath'] = '/usr/bin/mscore'
us['musicxmlPath'] = '/usr/bin/mscore'
us['directoryScratch'] = '/tmp'
```

music21の五線譜表示は、楽譜作成ソフトのMuseScoreを呼び出して実行するため、その設定をしておく

```
path = 'drive/MyDrive/demucs_separated/htdemucs/vocals_basic_pitch.mid'
song=converter.parse(path)
song.show()
```

歌パートのMIDIファイルを読み込み五線譜表示

▼図6　トニー・シェリダンが歌う「マイ・ボニー」のボーカルパートを五線譜表示した結果

ピアノロールや各種散布図、音程や音長の頻度を可視化する

music21パッケージを使うと、MIDIファイルを五線譜表示するだけでなく、さまざまな形式での情報表示ができます。たとえば、

・メロディをピアノロール形式で表示
・曲に含まれる「音符の音程や音の長さ」を頻度分布として2次元散布図／3次元散布図に表示

するコード例が**図7**、出力例が**図8**です。

▼図7 「マイ・ボニー」のメロディ情報に対してさまざまな可視化表示を行うコード例

```
song.plot('horizontalbar')
song.plot('scatter', 'quarterLength', 'pitch', title='My Bonnie')
song.plot('3dbars')
```

▼図8 メロディのピアノロール表示結果例や、音符の音程・音長の頻度分布を可視化した結果例

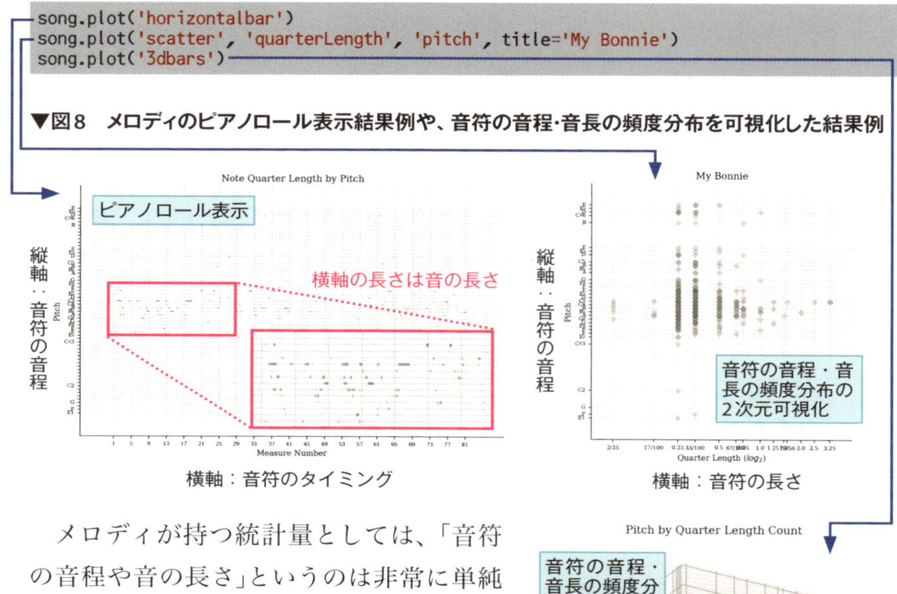

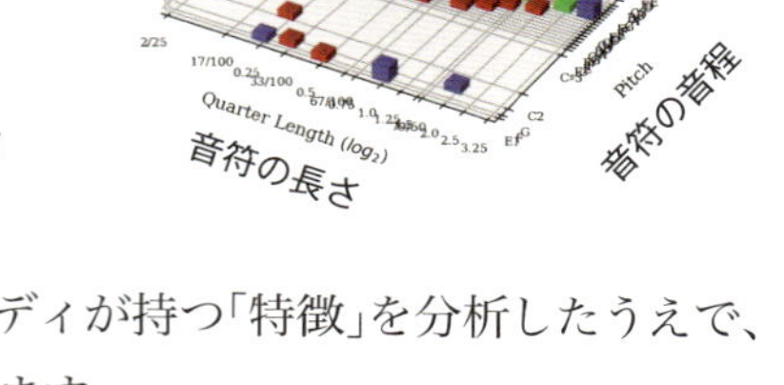

メロディが持つ統計量としては、「音符の音程や音の長さ」というのは非常に単純な例ですが、たとえば、

- どんな高さや長さの音が使われやすいか
- 所定の音の次にどんな音が使われやすいか

といったことを分析したりすると、そのメロディの「特徴」が浮かびあがってきます。

そこで、次の作業として、既存曲のメロディが持つ「特徴」を分析したうえで、その特徴をふまえた「新曲」を作り出してみます。

マルコフ連鎖モデルで作り出す、現在進行形の「若者のすべて」

既存楽曲の特徴をふまえた自動作曲を行う場合、手っ取り早い手法のひとつとして、「マルコフ連鎖モデルを使ったメロディ生成」があります。時間離散的に奏でられるメロディが時々刻々と確率的に決まっていく、そして次の瞬間の音符(や休符)は現在状態だけで決まるとすると、マルコフ連鎖的な確率モデル

(図9[注4])で楽曲を作り出すことができます。

次は、メロディパートのMIDIファイルを読み込み、そのメロディに似た新曲を作り出してみます。元曲として使うのは、フジファブリック「若者のすべて」(2007年発表、2008年"TEENAGER"収録)です。二十代の若さで亡くなった志村正彦が作り、2009年に彼が歌ったビデオ映像[注5]から、そのメロディをふまえた現在進行形の新曲を作り出してみます。

▼図9 現在の音から次の音が確率的に決まるマルコフ連鎖的な確率モデル

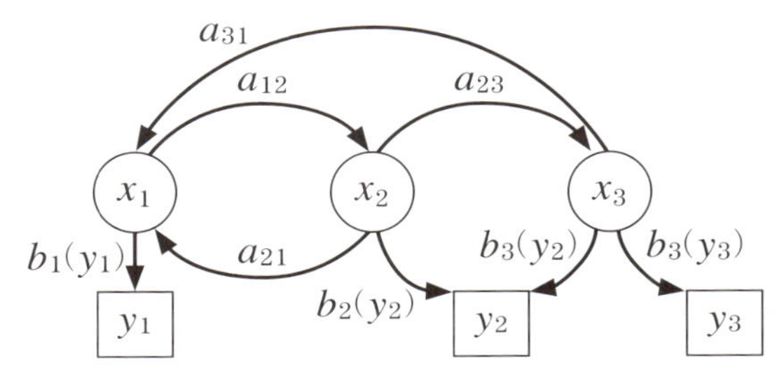

XPICTOCC BY-SA 3.0 DEED

まずは、YouTube上の「マイ・ボニー」動画に対して行ったことをYouTube上の「若者のすべて」動画に対しても行い、ボーカル音声をMIDIファイル化しておきます。

そんな準備作業をしたうえで、メロディパート(ボーカル音声)のMIDIファイルを読み込み、マルコフ連鎖モデルを生成し、新たなメロディを作り出すコード例が**図10**、作成された新曲を五線譜に描いた結果が**図11**です。このコード例では、Machine-Learning-Automatic-Music-Markov-Chainというコード例[注6]に対して若干の変更を行ったライブラリ[注7]を使うことで、MIDIファイルを教師データとした新曲生成をわずか数行で行っています。

注4) 出典:URL https://commons.wikimedia.org/wiki/File:Markov_process-example.svg
注5) URL https://www.youtube.com/watch?v=IPBXepn5jTA
注6) URL https://github.com/DanGOTO100/Machine-Learning-Automatic-Music-Markov-Chain
注7) 本記事コードのサポートURLには、Machine-Learning-Automatic-Music-Markov-Chainを若干変更したPythonコードも含まれています。

▼図10 既存メロディから、マルコフ連鎖モデルによる新たなメロディを作り出すコード例

```
import MachineLearningAutomaticMusicMarkovChain
mylist=MachineLearningAutomaticMusicMarkovChain.ConverMiditoList(
    'drive/MyDrive/demucs_separated/htdemucs/vocals_basic_pitch.mid')
myChainfirstorder=MachineLearningAutomaticMusicMarkovChain.createMarkovChain(mylist)
song = MachineLearningAutomaticMusicMarkovChain.buildsong(myChainfirstorder,500)
song.write("midi",
  "drive/MyDrive/demucs_separated/new_song.mid")
```

- import行:既存コードを読み込む(ipynbファイルと同ディレクトリにMachineLearningAutomaticMusicMarkovChain.pyを置いておく)
- mylist行:既存メロディ(MIDI)を読み込む
- myChainfirstorder行:連鎖を生成
- song行:連鎖にもとづき新メロディ生成
- song.write行:MIDIファイルとして書き出す

▼図11　マルコフ連鎖モデルにより作り出された新たなメロディ例

どんな明日が見えますか？ 若者が作る未来に行ってみよう!

志村正彦が歌った「若者のすべて」のような名曲を、時々刻々のマルコフ連鎖モデルと何かしらの確率モデルから生み出すのは難しいかもしれません。けれど、40年以上前に違う世界に旅立った人が歌う曲を今の技術で録音し直してみたり、15年くらい前に旅に出た人が歌う名曲を今の技術でなぞったりすることも難しくないのが今の時代です。だとしたら、過去の若者がいつか作るかもしれない新曲を、時をかけるバスに乗って、未来のどこかで聴くこともできるかもしれません。

時間は「なぜか不思議に一方通行に流れるもの」というのが常識です。そのうえで、ありとあらゆる常識に逆らう存在がロックバンドだったり若者だったりもします。……そんなスーパーロックな若者が作る未来や明日に、タイムマシンに乗って行ってみたいと思いませんか？

▲DALL-Eが生成した「若者のすべて」画像

4-7 赤外線から紫外線まで!スマホで写す「見えない世界」

画像位置合わせ技術で分光画像の歪みを補正

不要リモコン部品を使えば、スマホが赤外線カメラに早変わり!

家電リモコンを手に取ると、先端に黒色のフィルタが取り付けられていたりします(**図1**)。それは、人間が見ることができる可視光は遮り、リモコン内のLEDから照射された赤外線を通過させる赤外線フィルタです。不要リモコンからフィルタを取り外し、スマホ搭載カメラのレンズ前面に貼り付けると……その瞬間、あなたのスマホは、可視光でなく赤外線を写す「赤外線カメラ」に変身します。

▼図1 リモコン先端の赤外線フィルタ

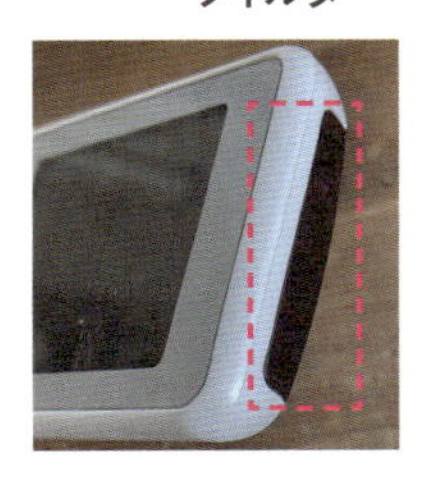

近赤外線で眺める世界は、木々の葉が明るく輝いている!

赤外線カメラに姿を変えたスマホを手に、街中を写した撮影例が**図2**です。赤外線(近赤外線)で眺めると、可視光では色鮮やかな中華街の看板模様が消失し、植物の葉は明るく輝き、普段眺める世界とは何か違う新鮮な景色が浮かび上がってきます。

▼図2 スマホで普通に撮影した風景と、赤外線フィルタをレンズ前面に貼り付けて撮影した風景

2次元分光画像カメラを手軽&高画質&高機能にしたい!

赤外線の風景がおもしろいなら、次は、可視光を挟み赤外線の逆側にある、紫外線の景色を眺めたくなることでしょう。しかし「紫外線フィルタ」は1万円程度、けっして安価なものではありません。

今回は、以前(前著『なんでもPYTHONプログラミング』)解説した「スマホを2次元分光画像カメラにする手法」を簡単にできるようにしつつ、機能追加をすることで、近赤外線や近紫外線を含めた分光画像撮影を手軽にできるようにしてみます。

DVDを「魚の開き」にすると、光を分ける回折格子が手に入る!?

まずは、スマホで分光撮影ができるようにするための撮影キットを作りましょう。

最初に作るのは、回折シート(回折格子)、光を波長ごとに分けるための光学素子です。以前の記事では、Amazonなどで100円程度で売られている回折シート(回折格子)を使いましたが、今回は普通の材料を流用して作ります。

不要なDVDやDVD-Rの側面にカッター刃を押し当てます。すると、「魚の開き」状にDVDを2枚におろすことができます。片方は銀色+虹色に反射する側、もう片方は虹色に透過して見える側です。本記事では、後者を透過式回折シートとして使います(図3)。

3Dプリンタと100円部品で、スマホ用お手軽撮影キットを作る!

DVDから切り出した回折格子(1mmあたり約1,350本の溝が刻まれている)

▼図3 DVDから波長ごとに光を分光する透過式回折シートを作る

▼図4 3Dプリント物+100円ショップ部品+DVD回折シートで完成!

の特性をふまえ、設計したスマホ用アタッチメントの3Dモデルが**図4**です。この3Dモデルは、100円ショップで売られているスマホ用レンズキットの部品を使うことで、簡単にスマホに脱着できるように作られています。

それでは、組み立てていきましょう。最初に100円ショップで買ったスマホ用レンズのクリップ部分に、DVDを割って作った回折シートを貼り付けます。次に、3Dプリンタで出力したモデルにクリップ部をはめ込みましょう。最後に、先端にスリット穴が開いたパーツと合体します。

これで、簡単に2次元分光画像撮影ができるスマホ用キットの完成です。

スマホ用キットを使った2次元分光画像撮影は超簡単!

スマホ用キットを使った2次元分光画像撮影は、次のように行います。

まず、スマホに撮影キットを取り付けます。取り付け方はとても簡単。クリップでスマホを挟みます。そして、虹模様が垂直に見えるようにスリット開口部の向きを回します。

次に、カメラの向きを変えながらパノラマ風の動画撮影を行います。カメラを動かす方向は、虹模様と直交する向きです(**図5**)。

最後に、通常の撮影もしておきます(必須ではありません)。これだけで撮影は終わります。

撮影した動画から、2次元分光画像を生成するPythonコードが**図6**です[注1]。**図6**中に示した例では、パノラマ撮影により取得した2次元分光画像情報から、630nm(赤色)、532nm(緑色)、467nm(青色)の波長の光情報を抜き出して、RGB画像を作り出しています。

▼図5　2次元分光画像の撮影方法

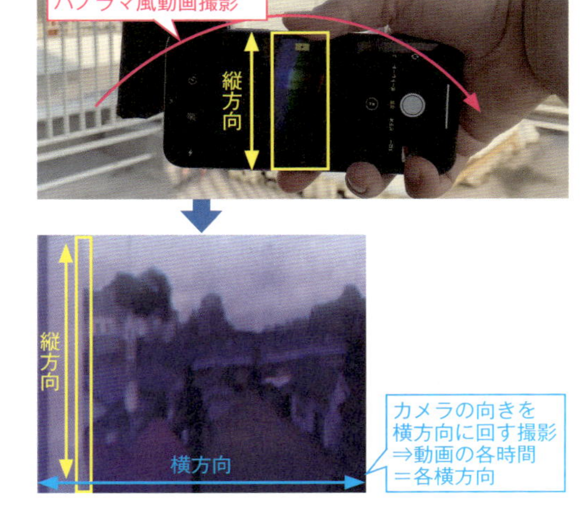

注1）今回作成したコードは、分光計測器での校正を必要とした前著の掲載コードとは違い、虹模様を分光情報へ簡易変換します。

▼図6　パノラマ撮影動画から、2次元分光画像を生成するPythonコード

```
import numpy as np
import matplotlib.pyplot as plt
import cv2
spec_file = 'IMG_3693.MOV' # 分光撮影パノラマ動画 ──── パノラマ風撮影動画ファイル名
# 分光撮影動画読み込み
cap = cv2.VideoCapture(spec_file) ──── 動画読み込み
w = round(cap.get(cv2.CAP_PROP_FRAME_WIDTH))
h = round(cap.get(cv2.CAP_PROP_FRAME_HEIGHT))
frame_n = round(cap.get(cv2.CAP_PROP_FRAME_COUNT))
# 動画の全フレームを平均化する
sumImg = np.zeros((h,w,3),float)
while(cap.isOpened()):
    ret, frame = cap.read()
    if ret:
        sumImg=sumImg+frame[:,:,::-1]
    else:
        break
cap.release()

plt.figure(figsize=(48, 64),dpi=120)
plt.axis('off');plt.imshow(sumImg/np.max(sumImg))

# RGBの各色ピーク箇所を抽出する
Rs=np.zeros((h),float);Gs=np.zeros((h),float);Bs=np.zeros((h),float)
box=np.ones(20)/20
for y in range(h):
    Rs[y]=np.argmax(np.convolve(sumImg[y,:,0],box,mode='same'))
    Gs[y]=np.argmax(np.convolve(sumImg[y,:,1],box,mode='same'))
    Bs[y]=np.argmax(np.convolve(sumImg[y,:,2],box,mode='same'))

plt.plot(Rs,c='r');plt.plot(Gs,c='g');plt.plot(Bs,c='b')
plt.xlabel("Vertical coordinate(pix)")
plt.ylabel("X coordinate at peak(pix)")

# 分光撮影動画・RGB波長のピーク位置を与え、指定波長の分光画像を生成する
def make_image_at_wavelength(filename,wl,Rs,Gs,Bs):
    cap=cv2.VideoCapture(filename)
    w=round(cap.get(cv2.CAP_PROP_FRAME_WIDTH))
    h=round(cap.get(cv2.CAP_PROP_FRAME_HEIGHT))
    frame_n=round(cap.get(cv2.CAP_PROP_FRAME_COUNT))
    spectorImg=np.zeros((h,frame_n),float)
    n=0
    while(cap.isOpened()):
        ret,frame=cap.read()
        if ret:
            for y in range(h):
                X=int((wl-467)*((Rs[y]-Bs[y])/(630-467))+Bs[y])
                spectorImg[:,n]=(frame[:,X,0].astype(float)/255
                                +frame[:,X,1].astype(float)/255
                                +frame[:,X,2].astype(float)/255)
            n = n+1
        else:
            break
    cap.release()
    return spectorImg

# rgb3チャンネル画像格納用行列を作成する
rgbImg = np.zeros((h,frame_n,3),float)
rgbImg[:,:,0]=make_image_at_wavelength(spec_file,630,Rs,Gs,Bs)
rgbImg[:,:,1]=make_image_at_wavelength(spec_file,532,Rs,Gs,Bs)
rgbImg[:,:,2]=make_image_at_wavelength(spec_file,467,Rs,Gs,Bs)
rgbImg=cv2.resize(rgbImg, (1280,471))
rgb_file="rgbImg.png";cv2.imwrite(rgb_file,255*rgbImg)
plt.figure(figsize=(6, 9),dpi=120);plt.axis('off');plt.imshow(rgbImg)
```

パノラマ風に撮影した動画の平均画像

X coordinate at peak(pix) / Vertical coordinate(pix)

R（赤）・G（緑）・B（青）の色画素の横方向強度ピーク位置

ノイズ除去目的で、画像横方向に平均化

パノラマ風撮影動画から縦方向各位置での分光情報の横位置を推定

467nm（青色）

532nm（緑色）

630nm（赤色）

2次元分光画像から生成したRGB画像

任意波長の分光画像生成

通常撮影画像を基準にすれば分光画像の変形を補正できる!

図6中の出力例では、波状の揺れや横方向に伸び縮みが生じています。これらは、パノラマ撮影時の「カメラの揺れ」「カメラを動かす速さのバラツキ」が原因です。次は、この「揺れや伸び縮み」を補正してみましょう。

よくある対策は、パノラマ動画撮影時に加速度センサや磁気センサ値を同時取得することで、「カメラの動き」をふまえた"手振れ"補正をするといったやり方です。しかし、この方法では、カメラ動画と各種センサ値を同時取得する特殊撮影が必要になります。そこで、今回は別手法、「通常撮影を同時に行い、通常画像を基準として位置合わせを行い、分光画像の変形補正をする」という方法を行ってみます。

通常撮影画像を基準に分光画像の変形を補正するPythonコードが**図7**です。このコードは、グニュグニュとゴムのような変形に対する位置合わせも行うことができるソフトウェアのElastixをPythonから扱うパッケージを使い、通常撮影画像を手掛かりに、分光画像の変形を補正します。具体的には、

- 分光画像と通常撮影画像の間で、「緑色に相当する画像」を比較して「分光画像の変位マップ」を作成する
- 「分光画像の変位マップ」を使い、任意波長の分光画像の変形を補正する

という手順を行います。出力例(**図8**)を眺めると、分光画像が通常撮影画像ときれいに重なるように、変形補正がされていることがわかります。また、今回は試しませんが、通常撮影画像の情報を使えば、分光画像の高解像度化などを実現することもできます。

可視光以外の波長を抜き出せば近赤外/近紫外線カメラに変身する!

図6のコードは、指定波長の画像を生成する機能を備えています。したがって、可視光より長い波長を指定すれば、近赤外線画像を生成できます。あるいは可視光より短い波長を指定すれば、スマホが近紫外線カメラに変身します。**図9**に示した例は、スマホで撮影した、近紫外線(380nm)と近赤外線(700nm)で眺めた風景です。**図8**の可視光風景とは、まったく違う世界が浮かび上がっています。

▼図7　通常撮影画像を基準に分光撮影画像の変形を補正するPythonコード

```python
import itk # pip install itk-elastix, itkwidgets
fixed_image = itk.imread('target.png')  # 通常撮影画像
moving_image = itk.imread(rgb_file)     # 分光画像
fixed_ndImg = np.asarray(fixed_image).astype(float)/255.
moving_ndImg = np.asarray(moving_image).astype(float)/255.

def reg(fix_img,mov_img,parameter_object):
    result_image, result_transform_parameters=itk.elastix_registration_method(
        fixed_ndImg[:,:,1], moving_ndImg[:,:,1],
        parameter_object=parameter_object,
        output_directory='./'
    )
    return result_image, result_transform_parameters
parameter_object = itk.ParameterObject.New()
# まずは平行移動および回転で位置合わせを行う
parameter_map_rigid = parameter_object.GetDefaultParameterMap('rigid')
parameter_object.AddParameterMap(parameter_map_rigid)
result_image, result_transform_parameters=reg(
    fixed_ndImg[:,:,1],moving_ndImg[:,:,1],parameter_object)
# 次に拡大縮小やせん断変形も使った位置合わせを行う
parameter_map_affine= parameter_object.GetDefaultParameterMap('affine')
parameter_object.AddParameterMap(parameter_map_affine)
result_image, result_transform_parameters=reg(
    fixed_ndImg[:,:,1],moving_ndImg[:,:,1],parameter_object)
# 最後に「グニュグニュ」した変形による位置合わせを行う
parameter_map_bspline = parameter_object.GetDefaultParameterMap('bspline',2)
parameter_object.AddParameterMap(parameter_map_bspline)
result_image, result_transform_parameters=reg(
    fixed_ndImg[:,:,1],moving_ndImg[:,:,1],parameter_object)
result=itk.transformix_deformation_field(
    itk.image_from_array(result_image),
    result_transform_parameters)
warp_x=itk.GetArrayFromImage(result)[:,:,0]
warp_y=itk.GetArrayFromImage(result)[:,:,1]

def deform_img_warpmap(image,warp_x,warp_y):
    deform_image=np.zeros_like(image)
    height,width=image.shape
    for x in range(width):
        for y in range(height):
            Y=int(y+warp_y[y,x])
            X=int(x+warp_x[y,x])
            if 0<=Y and Y<height:
                if 0<=X and X<width:
                    deform_image[y,x]=image[Y,X]
    return deform_image

# ワープマップをもとに、RGB波長画像を位置合わせする
moving_rgb_image=np.zeros_like(moving_ndImg)
for i in range(3):
    moving_rgb_image[:,:,i]=deform_img_warpmap(moving_ndImg[:,:,i],warp_x,warp_y)
```

▼図8　通常撮影画像を基準にして、分光撮影画像の変形を補正した例（きれいに重なる）

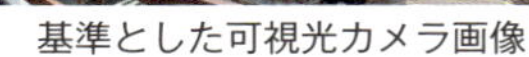
基準とした可視光カメラ画像

変形補正した2次元分光撮影画像

位置合わせした分光画像＋可視光画像

▼図9　可視光の外にある波長の光を抽出すれば、紫外線や赤外線撮影もできる

```
# 近紫外線画像
uvImg=make_image_at_wavelength(spec_file,380,Rs,Gs,Bs) #700nm⇒近赤外線
uvImg=cv2.resize(uvImg, (1200,400));plt.figure(figsize=(6, 9),dpi=120)
plt.axis('off');plt.imshow(uvImg,cmap="gray")
```

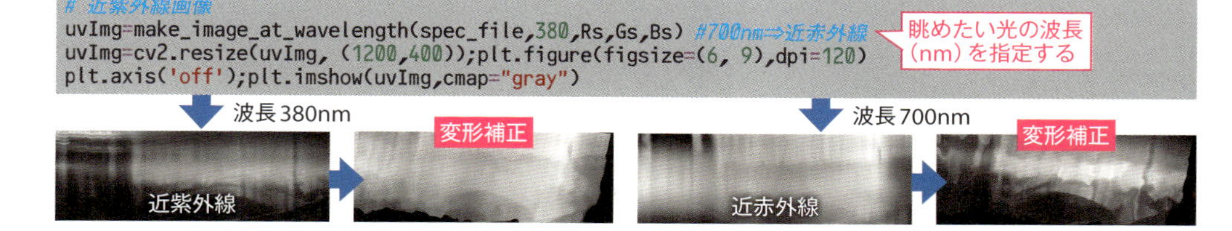

近紫外線ではまったく姿が違う!? モンシロチョウのオスとメス

春から秋にかけて、空を舞うモンシロチョウを見かけます。可視光下で眺めるモンシロチョウは、オス／メスがほとんど同じ姿に見えます。けれど、紫外線下で眺めると、彼ら／彼女らはまったく異なり、メスは明るく輝いて見え、オスは逆に真っ黒に見えます(図10)。モンシロチョウは近紫外線を見ることができるので、彼ら・彼女らは異性を簡単に識別できるということになります。

「大気の窓」を通って届く太陽光、地表は紫外～赤外線だけが照らす

摂氏5,500度の太陽は、可視光領域にピークがある電磁波を放射します。そして、地球を包む大気は、可視光近辺から電波と呼ばれるあたりの波長しか通しません。そのため、地表に届き、地表を明るく照らす太陽光は、紫外～可視光～赤外線あたりの光(と電波)に限られます。

自分の目で見ることができる可視光以外の光、近紫外線や近赤外線で照らされた地表の景色。そんな風景をスマホを介して眺めてみるのはいかがでしょうか？　そこには、とても新鮮な世界が広がっているはずです。

▼図10　モンシロチョウのオスとメスは、可視光下では同じように見えるが、紫外線下ではまったく違う

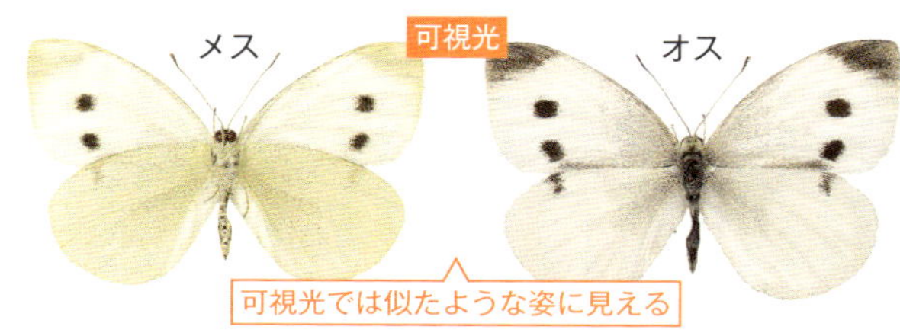

By Didier Descouens(CC BY-SA 4.0 DEED)

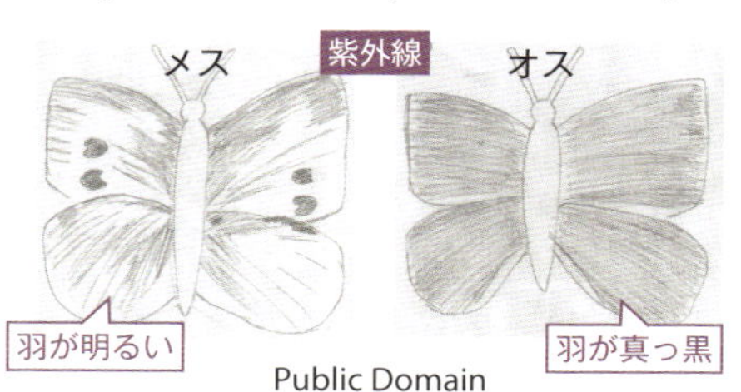

Public Domain

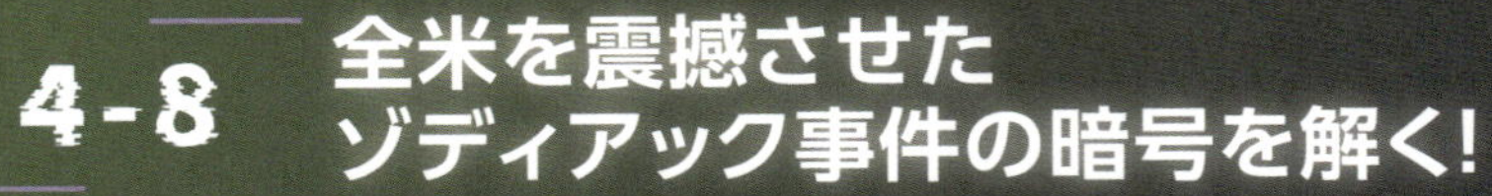

4-8 全米を震撼させた ゾディアック事件の暗号を解く!

日本が舞台の歌劇を好んだ、20世紀の未解決凶悪事件犯

全米を震撼させた未解決連続殺人、劇場型犯罪「ゾディアック事件」

▼図1 ゾディアック事件犯の犯行時姿や似顔絵

不気味な姿をしたゾディアック　ゾディアックの似顔絵

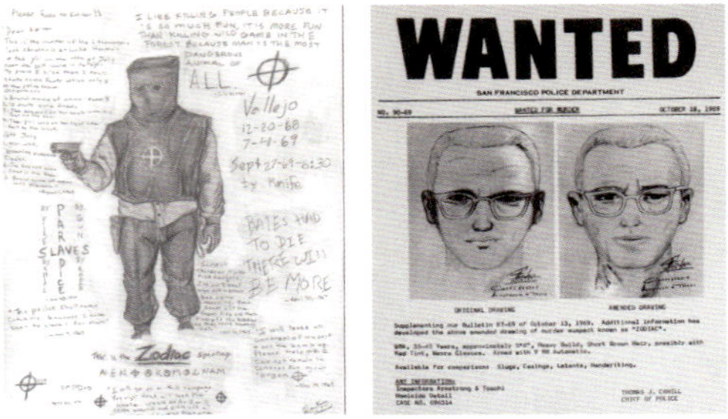

(©Panzram31614 Renick Wooley (CC BY-ND 3.0) https://www.deviantart.com/panzram31614/art/The-Zodiac-260963645)

1960年代後半から1970年代にかけて、サンフランシスコ周辺で続いた連続殺人事件が全米を震撼(しんかん)させました。若いカップルや女性を殺害する男(図1)は、自らをゾディアック(Zodiac)と称し、円と十字を組み合わせた記号を自らの署名として現場に残したり、新聞社にメッセージを繰り返し送ったりしました。今も未解決の劇場型犯罪として広く知られています。

ゾディアックから送られたメッセージには、暗号文も含まれていました(図2)。まず1969年8月、サンフランシスコの新聞社3社宛に、各136字(合計408字)からなる奇妙な文字で埋まった暗号が届けられます。そして同年11月、新聞社宛に340字からなる暗号が届きました。さらに、1970年4月消印の「私の名前は……」という文に続いて13字の暗号が書かれた手紙が届いています。最後に届いたのは、1970年6月消印の手紙に書かれた32字の暗号です。

今回は、いまだ謎に包まれている連続殺人事件の犯人が書いた「暗号文」を解読してみます。

最初のゾディアック408字暗号文、わずか20時間で教師夫妻が解読

最初の暗号文、新聞社3社宛に送られた408字暗号は、ゾディアックが「暗号文を新聞に掲載しなければ、さらなる犯行を行う」と脅迫していたことから、

▼図2 ゾディアックが新聞社に送ったメッセージに含まれていた4つの暗号文

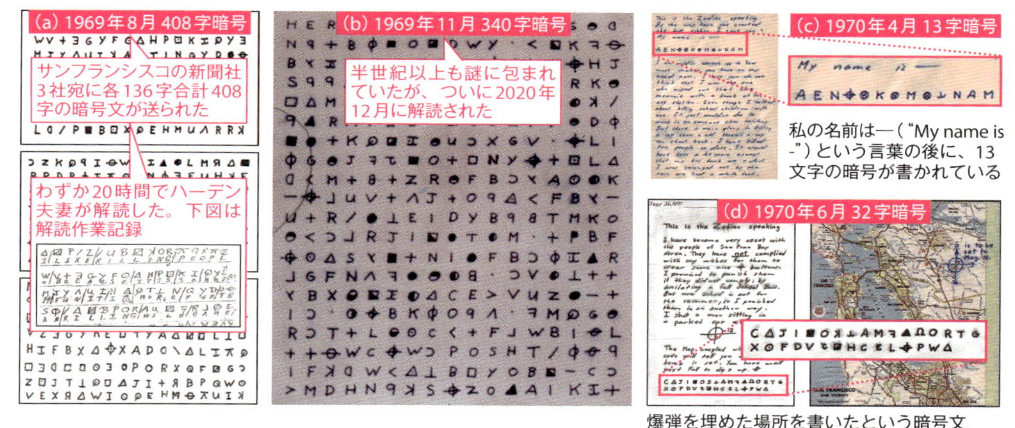

各社の新聞に掲載されました。すると、驚くべきことに、高校教師ドナルドと妻ベティのハーデン夫妻がわずか20時間ほどで暗号を解読したのです[注1]。

まずは、彼らが直感と手作業で行った「ゾディアックの最初の暗号」の解読を、Pythonを使って行ってみることにします。

「文字出現比率」を消し去る同音換字式暗号を使う殺人鬼

暗号として、単純かつ古典的な手法が「換字」です。つまり、平文(=暗号化する前の文)の各文字を「違う文字に置き換える」手法です。408字暗号も、こうした換字式暗号だと想定して解読作業をしてみましょう。

手始めに、408字暗号を処理・表示するコードを書いてみます。**図3**は、ゾディアック暗号文字(記号)を表すフォント[注2]を使い、408字暗号を文字列として処理・表示・分析するコード例です。

換字式暗号でアルファベットを扱う際には、解読を困難にするために「単語間にスペースは入れない」「大文字と小文字は区別しない」のが普通です[注3]。そのため、平文で扱う文字は最大でも26種です。一方、**図3**コード内で算出され

注1) URL https://zodiackiller.fandom.com/wiki/Donald_Harden
注2) URL http://www.zodiackillerciphers.com/new-zodiac-ciphers-font/
URL http://zodiackillerciphers.com/combined-fonts/z340-z408-combined-font-monospaced-webfont.ttf
注3) 「3-5 マリー・アントワネットの『暗号』を解く」を参照。

▼図3　ゾディアック暗号文字フォントを使い、408字暗号を文字列処理・表示・分析するコード例

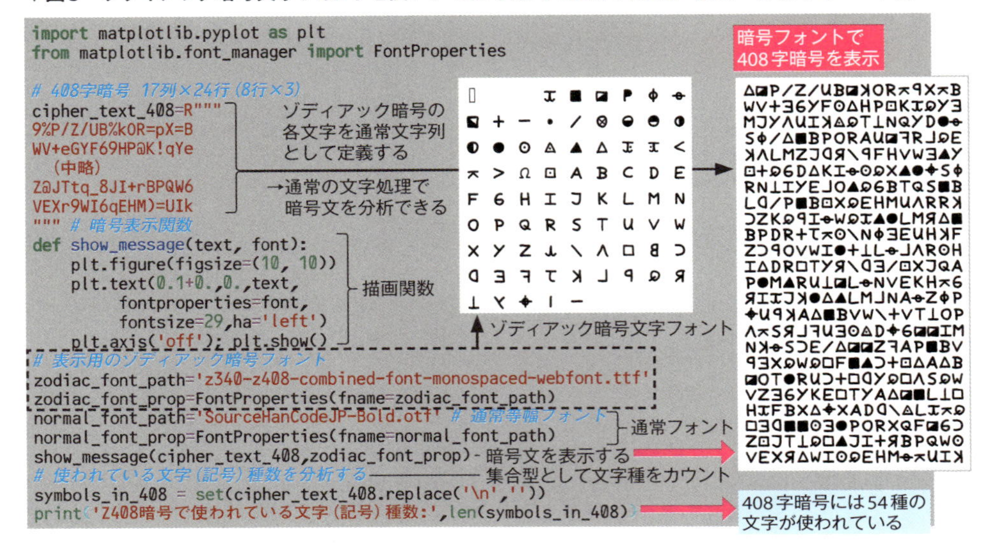

▼図4　408字暗号について、各文字(54種)の使用頻度を分析するコード例と出力結果

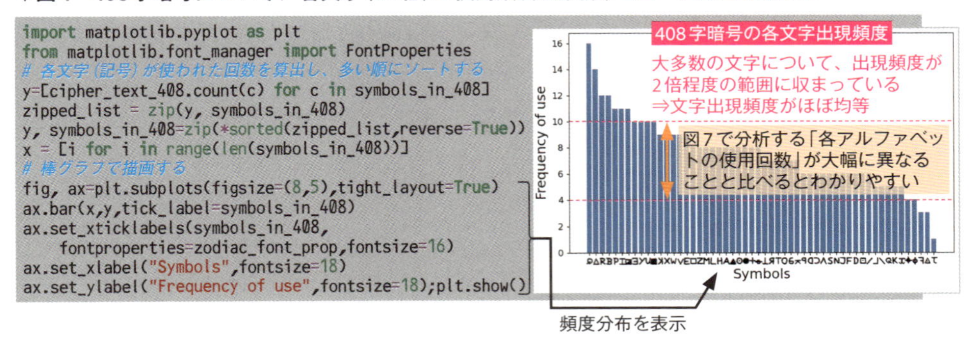

た「408字暗号に使われている文字種」は54種もあります。したがって、408字暗号は平文と暗号文字種を1対多(1対0や1対1も含む)で対応させる同音換字式暗号が使われていることがわかります。

同音換字式は、平文での使用頻度が高い文字を複数種文字に置き換えることで、暗号解読の手掛かりとなる文字出現回数の偏りを減らす手法です。実際、408字暗号で使われている54種の各文字の使用頻度を分析すると(**図4**)、頻度分布が比較的均等です。そのため「通常の英文では圧倒的にEの出現頻度が高く、

その次に多いのがT、A、O、……という文字である[注4]」といった、各文字の使用頻度を手掛かりとした解読は適用できません。

そこで次は、「個々の文字出現を独立に考える」のではなく「連続する2文字の特徴」に着目してみます。つまり、unigram的な特徴ではなく(N-gramでN＝2である)bi-gram的な分析をしてみることにします。

文字つながりと直感を手掛かりに「換字辞書」を見つけ出していく

408字暗号から「2連続する同文字」を検索してみます(**図5**)。すると、文字3種が2連続して出現している箇所があることがわかります(◪：2ヵ所、■：1ヵ所、R：1ヵ所)。1939年出版の暗号解説本、“SECRET and URGENT - The Story of Codes and Ciphers” p. 259[注5]によれば、「英文に出現する同文字2連続」で圧倒的に多いのは“LL”(1,000単語あたり19回)です。したがって、連続出現が2回ある◪はLでしょう。そして、1回出現している■■に加えて◪■というつながりも見つかることから、■もやはりLを表していると推定できます。さらに、■Bというつながりが5ヵ所も出現しているので、BもLを表す文字でしょう。つまり、Lを表す文字種には◪■Bが含まれている、というわけです。

次は犯人心理のプロファイリングです。「報道機関にメッセージを送る劇場型犯罪の犯人は自己顕示欲が強く、冒頭は“I”(私)で始まる」「KILLという語句を冒頭近くから使うはず」と想定すると、冒頭12文字

Δ◪P/Z/UB◪ꓘOR

は、本来の平文文字を赤字で表すならば、

ILPKZKILLꓘOR

となり、次の英文が浮かび上がります。

ILIKEKILLING

注4) 「2-5 『モールス符号』で学ぶ『文字符号化』」を参照。
注5) ドナルド・ハーデン氏の蔵書にも含まれていたといいます。

▼図5 408暗号から「2連続する同文字」を探すと、3ヵ所見つかる(◪：2ヵ所、■：1ヵ所、R：1ヵ所)

```
from collections import Counter
def count_double_leters(s): # 「2つ連続する同じ文字」を抽出・カウント
    return Counter(s[i:i+2] for i in range(len(s)-1) if s[i]==s[i+1]
print(count_double_letters(cipher_text_408.replace('\n','')))
```

→ Counter({'%%': 2,'RR': 1,'##': 1})

◪2ヵ所　R1ヵ所　■1ヵ所

(I like killing. 私は殺人が好きだ)

……このように、連なる文字間の関係性を手掛かりに「換字辞書という名のクロスワードパズル」を埋めていくと、408字暗号を平文に復元することができます(復元コード例が図6)。ハーデン夫妻は、こうした解読を手作業で行ったのです。

▼図6 換字辞書を使い408字暗号を平文化するコード例

```
# 408字暗号の英文文字に割り当てられた文字(記号)
substitution_dict_408 = {            ┐各アルファベット文字に対し
    'A': ['l','G','8','S'],          ├複数(もしくは0ないし1個の)
       (中略)                         │交換文字を定義する
    'Z': []}                          ┘
# 交換文字変換関数
def decrypt_symbol(cipher_text, substitution_dict):
    plain_text=""   # 平文
    used_symbols={} # 平文アルファベットの交換文字使用履歴
    symbols=[]      # 登場した交換文字
    for char in cipher_text:— 暗号文の各文字について
        is_not_found=True
        if char=="\n":              ┐改行コードは変換しない
            plain_text+="\n"        ┘
        else:
            for key,value in substitution_dict.items():
                # 交換文字に対応するアルファベットを算出する
                if char in value:
                    plain_text+=key;is_not_found=False
                    # 使われた交換文字一覧
                    if not char in symbols:
                        symbols.append(char)
                    # 平文の各文字にどの交換文字が使われたか
                    if key in used_symbols.keys():
                        used_symbols[key].append(char)
                    else:
                        used_symbols[key]=[char];break
    return plain_text, used_symbols, symbols
# 交換文字辞書を使って平文に変換する
plain_text_408,used_symbols_408,                      ┐交換文字
    symbols_408=decrypt_symbol(                       ├辞書を使って、
    cipher_text_408,substitution_dict_408)            ┘平文文字変換
print(plain_text_408.replace('\n',''))— 平文文字を出力
```

(左側注記:各アルファベット文字に対して使われた交換文字や使用順をリストに格納する)

↓ 408字暗号を同音換字変換(交換文字変換)

```
ILIKEKILLINGPEOPLEBECAUSEITISSOMUCHFUNITISMOREFUNTHANK
ILLINGWILDGAMEINTHEFORRESTBECAUSEMANISTHEMOATDANGERTUE
ANAMALOFALL…KILLSOMETHINGGIVESMETHEMOATTHRILLINGEXPER
ENCEITI…ITHAGIRLTHEB
ESTPART…RADICESNDALL
THEIHAV…VEYOUMYNAMEB
ECAUSEY…NGOFSLAVESFO
RMYAFTE…
```

I LIKE KILLING PEOPLE. BECAUSE IT IS SO MUCH FUN. IT IS MORE FUN THAN KILLING WILD GAME IN THE FORREST. BECAUSE, MAN IS THE …という不気味なメッセージが浮かび上がる

同音換字の「文字出現順」それは暗号解読の手掛かりだ

408字暗号で使われた換字辞書と、暗号文字の使用頻度・使用順を出力するコード例と出力結果が図7です。出力結果を眺めると、暗号文字の出現頻度を均等にするために、平文文字に対する暗号文字が巡回的(周期的)に選択されていることがわかります。こうした「暗号文字の出現順番」は、暗号解読を行う際の手掛かりや妥当性の目安となります。

次は、そんな手掛かりを使って解かれた、2番目のゾディアック暗号を解いてみます。

半世紀以上も謎の340字暗号、2020年ついに解読に成功する

1969年11月、ゾディアックは2番目の暗号、340字暗号を送りつけてきました。最初の408字暗号は瞬時に解読されましたが、340字暗号は難攻不落で、半世紀以上も暗号文の内容は不明のままでした。そんな中、2020年12月、米国・豪州・ベルギーのソフトウェアエンジニアや数学者ら3人が暗号解読に成功して、世界を驚かせました。

▼図7 408字暗号の換字辞書と、各文字の使用頻度や使用順を表示するコード例と出力結果

暗号文字の出現順を分析すると、最有力は「19文字間隔の転置」

340字暗号は、最初の408字暗号とほぼ同じような63種の文字が使われています。したがって、同音換字式暗号だと想定されます。その一方「同音換字のみで暗号解読を試みてもまったく解読できない」ため、別の暗号化手法も使われていると予想されていました。

そこで、単純で古典的な暗号手法、文字順を入れ替える“転置”が使われていると考えた人々が「さまざまな文字順入れ替え」を試みた結果「19字間隔で読み出すと同文字連続が有意に増える／文字出現順の周期性が高まる」といった手掛かりが確認されました。

2020年に340字暗号を解読した3人は、自作ソフトウェアを使い「19文字間隔で文字を読み出すさまざまな転置パターンに対し、同音換字式の辞書推定をしらみつぶしに行う」ことで、最終的に暗号解読に成功しました。

2番目の暗号の冒頭文字も、1番目暗号と同様に"I"(私)だった

2020年に発見された「転置パターン」と「340字暗号の同音換字辞書」を使うと、340字暗号を平文文字に戻すことができます。2020年に見つけ出された340字暗号の転置(文字の読み順)パターンは、17字×20行に書かれた340字の文字を17字×9行+17字×9行+17字×2行に分け、"大雑把には"19文字ごとに文字を読み出すというものでした(**図8**(b))。そんな転置や換字の変換・復元を行うコード例と出力結果が**図8**(a)(c)です。

340字暗号の解読文、その冒頭は"I hope you are having lots of ..."と始まります。「メッセージ冒頭は"I"(私)で始まる」というハーデン夫妻の半世紀以上前の予想どおり、2番目の340字暗号の冒頭も"I"(私)で始まります。

3番目の13字暗号を解読すれば、ゾディアックの名前が明らかに!?

ゾディアックは、複数回にわたり、日本が舞台の歌劇『ミカド』をふまえたメッセージを書いています。事件の犯人とうわさされた人の中には、第二次大戦時中に米国海軍で暗号解読の任務を行った父を持ち、日本で暮らして日本語を使った暗号作成や解読で遊んだ経験も持ち、「ミカド」に会ったことがあるという人物もいます。

ゾディアックから送られた4つの暗号のうち、残る3番目と4番目は、それぞれ13文字と32文字とあまりに短く、暗号解読は不可能だと言われています。しかし、半世紀の時を経て解読された340字暗号の例もあります。

3番目の暗号は、"My name is - "という英文に続いて13字の暗号が書かれています(**図2**(c))。20世紀に起きた有名な未解決凶悪連続殺人事件、真犯人を解き明かすことができるのは、日本に住む/コンピュータ技術を使いこなす、未来のあなたかもしれません。

▼図8　340字暗号の転置パターン（読み出し順）をふまえて平文文字に戻すコード例・出力結果

(a) 340字暗号の文字順入れ替えコード

```
import numpy as np
# 順序ファイル(17列x20行)を読み込む
order= np.loadtxt('order.csv',delimiter=",").astype(int)
order[0:9,:]=order[0:9,:]-1
order[9:18,:]=order[9:18,:]-154
order[18:20,:]=order[18:20,:]-307
# 順序ファイルにしたがって、文字順を入れ替える関数
def re_order(txt, order, part, is_fix=False):
    re_ordered_txt=''
    if part==0:
        part_txt=txt.replace('\n','')[0:17*9]
        part_order=order[0:9,:].reshape([17*9])
    if part==1:
        part_txt=txt.replace('\n','')[17*9:17*9*2]
        if is_fix:
            part_order=order[9:18,:].reshape([17*9])
        else:
            part_order=order[0:9,:].reshape([17*9])
    if part==2:
        part_txt=txt.replace('\n','')[17*9*2:]
        part_order=order[18:,:].reshape([17*2])
    for i in range(len(part_order)):
        re_ordered_txt+=part_txt[
            np.where(part_order==i)[0][0]]
    return(re_ordered_txt)
# 文字(記号)変換をする
plain_text_340,used_symbols_340,symbols_3409=\
    decrypt_symbol(cipher_text_340,substitution_dict_340)
# 暗号文の順番を変える
plain_text_340_with_step19=re_order(plain_text_340,order,0)\
    +re_order(plain_text_340,order,1,True)\
    +re_order(plain_text_340,order,2)
print(plain_text_340_with_step19)
```

転置パターン（読み出し順）ファイル

①最初の9行　②次の9行　③最後2行

同音換字変換

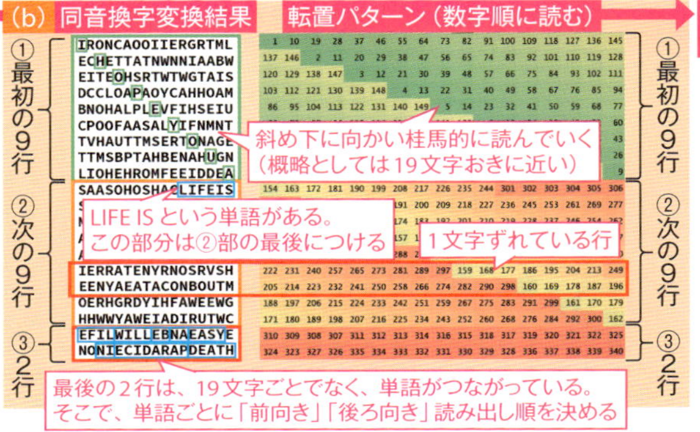

340字暗号の読み出し順
①部（9行）：斜め下に桂馬的に右端⇒左端・下端⇒上端に進む
②部（9行）：LIFE ISの例外部と6行目文字ずれ以外 ①部と同じ
③部（2行）：単語ごとに順・逆順に読み出す

(c) 同音換字変換＋転置結果

IHOPEYOUAREHAVING
L TSOFFANTNTRYTNG
TC ATCHMETHATWASN
ETOPARADLCEALLTHE
SOOHERBECAUSEENOW
HAVEENOUGHSLAVESI
OWORVFORMEWHEREEV
ERYONEELSEHASNOTH
INGWHENTHEYREACHP
ARADICESOTHEYAREA
FRAIDOFDEATHIAMNO
TAFRAIDBECAUSEIVN
OWTHATMYNEWLIFEIS
LIFEWILLBEANEASYO
NEINPARADICEDEATH

"I hope you are having lots of …"と始まる文章が復元される

おわりに

ありとあらゆることに立ち向かう知的冒険を書いた魔法の教科書は、このページで終わりです。自由自在に魔術を使いこなす魔法使いになった今、あなたが眺める世界は少し変わって見えてきたのではないでしょうか。

こんなことに気づかれたかもしれません。「いろんな魔法を使ったけれど、唱えた呪文はいつも同じような科学や知識と似たようなPythonコードだった」

それは当然の真理です。なぜなら、科学や知識は、古今東西ありとあらゆるものを相手に共通に使うことができる魔法を手短にまとめたものだから。そして、プログラミングは「動きや決まり」を定めて、新たな世界の創造主となる全能の武器だから。そうであれば、魔法の教科書に記された魔術を因数分解すると、魔術＝科学や知識×プログラミング、と単純に表されてしまうのも自然の摂理です。

本書はSoftware Design誌に、「万能IT技術研究所」として2022年6月号から2024年11月号に書いた連載記事が原型です。それぞれの話を読み返してみると「いろんなことを見聞きして、何かを感じて理解したい」という動機で、ジャンル不問の冒険を続けてきた気がします。たとえば過去から未来まで、目の前の場所から地球の果てや宇宙の彼方まで、自分とは違う他人が眺める世界やその人たちの感情まで……。いろんなものを眺めて実感してみたい。そんな気持ちを燃料にして、奇妙な冒険を続けているように思います。

今年、21世紀も25年が過ぎようとしています。次の四半世紀が始まり、先の未来に進んでいくあなたが「できるかな？」といつか感じたとき、その瞬間に始まる冒険の手助けができたら良いなと、心から願っています。

平林純＠hirax

INDEX

索引

数字

欧文

A, B

C

D〜F

G

H, I

J〜M

N~O

P~Q

R, S

T~W

和文

ア行

INDEX

カ行

サ行

タ行

ナ行

ハ行

マ行

ヤ〜ワ行

著者プロフィール

平林純（ひらばやしじゅん）

京都大学大学院理学研究科修了。画像処理技術関連の開発やコンサルティング、科学実験サポートなどを行っている。日本画像学会フェロー。著書に『信長もビックリ!? 科学でツッコむ日本の歴史～だから教科書にのらなかった～』（集英社）、『論理的に プレゼンする技術［改訂版］聴き手の記憶に残る話し方の極意』（SBクリエイティブ）、『思わず人に話たくなる「確率」でわかる驚きの日本』（監修・廣済堂出版）、『なんでもPYTHONプログラミング』（当社）など多数。また、『タモリ倶楽部』、『世界一受けたい授業』、『明石家電視台』など、数多くのテレビ番組にも出演。

■Staff
本文設計・組版 ≫ マップス（石田昌治）
装丁 ≫ Typeface
カバーイラスト ≫ 456
担当 ≫ 池本公平
Webページ ≫ https://gihyo.jp/book/2025/978-4-297-14710-5
※本書記載の情報の修正・訂正については当該Webページおよび
著者のWebページなどでも行います。

Python科学技術研究所
——分析・解析の超プログラミング

2025年2月 1日 初版 第1刷発行
2025年4月18日 初版 第2刷発行

著　　者　平林 純
発 行 者　片岡 巌
発 行 所　株式会社技術評論社
東京都新宿区市谷左内町21-13
電話 03-3513-6150 販売促進部
03-3513-6170 第5編集部（雑誌担当）
印刷／製本　日経印刷株式会社

定価はカバーに表示してあります。
本書の一部または全部を著作権法の定める範囲を越え、無断で複写、複製、転載、あるいはファイルに落とすことを禁じます。

©2025 平林純

造本には細心の注意を払っておりますが、万一、乱丁（ページの乱れ）や落丁（ページの抜け）がございましたら、小社販売促進部までお送りください。送料負担にてお取替えいたします。
ISBN978-4-297-14710-5 C3055
Printed in Japan

お問い合わせについて

- ご質問は、本書に記載されている内容に関するものに限定させていただきます。本書の内容と関係のない質問には一切お答えできませんので、あらかじめご了承ください。
- 電話でのご質問は一切受け付けておりません。FAXまたは書面にて下記までお送りください。また、ご質問の際には、書名と該当ページ、返信先を明記してくださいますようお願いいたします。
- お送りいただいた質問には、できる限り迅速に回答できるよう努力しておりますが、お答えするまでに時間がかかる場合がございます。また、回答の期日を指定いただいた場合でも、ご希望にお応えできるとは限りませんので、あらかじめご了承ください。

■問合せ先
〒162-0846
東京都新宿区市谷左内町21-13
株式会社技術評論社 第5編集部
「Python科学技術研究所」係
FAX 03-3513-6179